建筑防水工程师
实用技术手册

陈宏喜　唐东生　文　忠　左一琪　主编

中国建筑工业出版社

图书在版编目（CIP）数据

建筑防水工程师实用技术手册/陈宏喜等主编.

北京：中国建筑工业出版社，2025. 1. -- ISBN 978-7
-112-30896-5

Ⅰ. TU761.1-62

中国国家版本馆 CIP 数据核字第 2025S7V382 号

本书依据《建筑与市政工程防水通用规范》GB 55030—2022、《地下工程防水技术规范》GB 50108—2008、《屋面工程技术规范》GB 50345—2012 等编写。建设工程渗漏目前仍然是工程建设中的短板，影响人们的日常工作与生活，危及结构的安全性和耐久性。全书共 10 章，主要内容包括：概论；工程建设防水保温防腐常用术语释义；建筑防水材料参考配方；建筑防水保温防腐常用器具与机械设备；建筑防水保温防腐施工工艺与工法简介；积极推广混凝土结构自防水；建筑防水保温防腐施工质量控制；建筑防水保温防腐安全管理；建筑防水保温防腐运维管理；工程经典案例。

本书图文并茂，通俗易懂，实用性强，可供施工人员、质量人员、监理人员、装饰装修人员、防水人员、设计人员、材料人员使用，也可作为培训教材使用。

责任编辑：刘颖超　郭　栋

责任校对：姜小莲

建筑防水工程师实用技术手册

陈宏喜　唐东生　文　忠　左一琪　主编

*

中国建筑工业出版社出版、发行（北京海淀三里河路9号）

各地新华书店、建筑书店经销

北京光大印艺文化发展有限公司制版

鸿博睿特（天津）印刷科技有限公司印刷

*

开本：787毫米×1092毫米　1/16　印张：18¼　字数：365千字

2025年4月第一版　　2025年4月第一次印刷

定价：**89.00**元

ISBN 978-7-112-30896-5

（44058）

本书编委会

主　　　　编：陈宏喜（湖南省建筑防水协会）

唐东生（建筑修缮施工技术实操培训基地·创马）

文　忠（北京卓越金控高科技有限公司）

左一琪（杭州左工建材有限公司）

常 务 副 主 编：陈云杰（沈阳晋美建材科技工程有限公司）

张　翔（株洲飞鹿高新材料技术股份有限公司）

唐　灿（湖南创马建设工程有限公司）

副　　主　　编：周　义（湖南深度防水防腐保温工程有限公司）

郑祯国（中国铁路南昌局集团有限公司福州工务段）

刘军华（重庆华式土木建筑技术开发有限公司）

孙　敏（江苏闪电维修服务有限公司）

罗永瑞（海南鲁班建筑工程有限公司）

技 术 总 顾 问：沈春林（教授）

专项技术顾问：张道真（教授）　　赵灿辉（博士）　　乔君慧（博士）

陈森森（教授级高工）　　　　　王玉峰（秘书长）

邹常进（高工，注册检测工程师）　　康小兵（副教授）

编　　　　委：丁　杰　　王继飞　　王　琳　　李国强　　廖石泉

宋　婷　　易　乐　　文　京　　文　卓　　文　举

王海东　　姜命强　　赵永磊　　李亚军　　高　岩

李　旻　　胡金亮　　胡世新　　薛　杨　　左向华

高广良　　丁志良　　郭志强　　潘文斌　　吴　青

姚志强　　陈修荣　　陈长文　　唐　倩　　张　强

许　模　　王大祥　　张纪平　　李小辉　　李　康

孙晨让　　顾生丰　　叶　锐　　祁兆亮　　刘青松

王　斌　　魏全力　　王国湘

参编单位与友好支持单位：

南京康泰建筑灌浆科技有限公司
湖南爱因新材料有限公司
湖南美汇巢防水集团有限公司
湖南欣博建筑工程有限公司
湖南神舟防水有限公司
湖南帅旗防水有限公司
湖南贵禾防水工程有限公司
中建材苏州防水研究院有限公司
中国建筑学会建筑防水专业委员会
中国水利水电第八工程局有限公司
天津天大天海新材料有限公司
辽宁九鼎宏泰防水科技有限公司
沈阳农业大学
中山市悟空防水补强工程有限公司
湖南高速铁路职业技术学院先科桥隧房产业学院
成都理工大学环境与土木工程学院
湖南创马精修工程服务有限公司
成都理工博大工程科技有限公司
广州鑫达防水工程有限公司
贵州房修汇科技有限公司
荆州市信越建筑材料有限公司
中国铁路广州局集团有限公司怀化房建工务段

韩国吴祥根题词

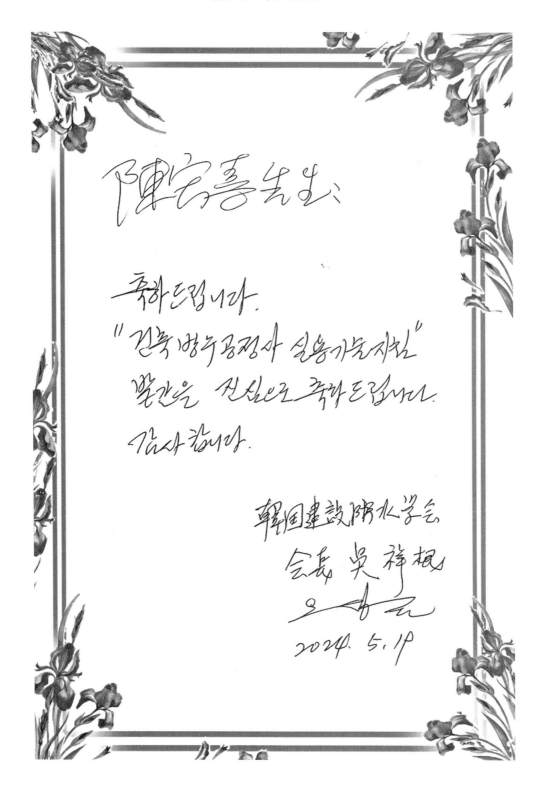

陈宏喜先生：

축하드립니다.
"건축방수공정사 실용기술지침"
발간을 진심으로 축하드립니다.
감사합니다.

韓国建設防水学会
会長 吴祥根
2024. 5. 18

赵灿辉译文

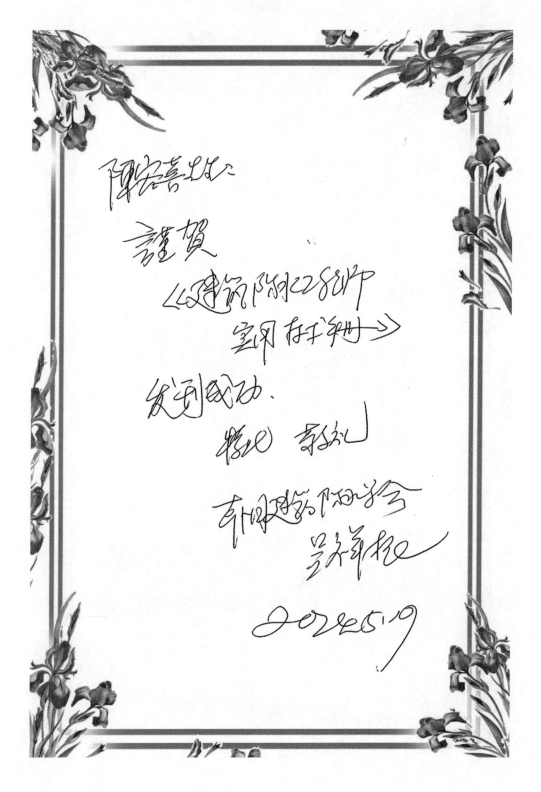

主编简介

追梦防水五十载，发挥余热不停步

湖南省建筑防水协会顾问　陈宏喜

　　我今年 86 岁，1938 年出生于湖南祁东县，1957 年毕业于湖南第一师范学校（毛主席母校），1974 年开始接触建筑防水，2014 年辞去湖南神舟防水公司总工回到湘潭养老。1978—1979 年曾荣获全国科学大会及省地市科学大会奖励。

　　2014 年，《中国建筑防水》杂志社"我与防水 30 年"主题征文集中，撰写了《我在建筑防水行业学习、探索与追梦 45 年》一文，总结了我半辈子在建筑防水摸爬滚打与学习进步的经历。退居二线的这 10 年，我仍然关心防水，以湖南省建筑防水协会顾问的身份做一些力所能及的工作，继续为行业发展发挥余热。

活到老学到老

　　建筑防水需要化学、物理、建筑多方面的知识，我深感自身学识浅薄，并且知识也在不断老化，有些事情做起来力不从心。于是尽管退到了家里，我也约束自己每天学习两小时左右，主要阅读《中国建筑防水》《新型建筑材料》《建筑施工》等专业杂志及介绍化学与土建知识的相关文章，近些年来所做笔记不知不觉已有十来本。

　　这几年，凡中国硅酸盐学会防水材料专业委员会、中国建筑学会建筑防水学术委员会举行的年会与技术交流会，我尽量争取

读书笔记

参加，聆听专家们的报告，收集会议资料与展品。有几次大会，我还撰写了防水防腐保温方面的文章，意为抛砖引玉。

通过"充电"不断深化对行业发展的认知，补自身短板，也在此过程中深深悟到了书本是智慧的窗户、学习促人进步的道理。

主编与参编防水专著

2005 年，我自编了《宏喜建筑防水文集》，全书 40 多万字，由香港天马出版有限公司出版发行。这是我前半辈子工程实践的小结。从 2017 年开始，每年主编或参编一部 30 多万字的防水保温防腐专著，由中国建材工业出版社出版。

2023 年 10 月开始，我集中精力编撰《建设工程渗漏治理手册》，这是我近年主编或参编的第 9 部防水专著。该书于 2024 年 5 月与读者见面。

通过近几年不断编书，我深刻领悟到：每一部专著都是我与行业同仁工程实践的总结，是集体智慧的结晶；同时，主编、参编技术专著也是一个很好的自我提升的过程。主编专著是一项艰辛的脑力劳动，在编撰阶段，我会无时无刻不在脑海中浮现书中图文，有时夜难入眠，有时深更半夜爬起来，非要修改好一段文字才能作罢。

近年主编与参编的防水专著

实践出真知

为真实了解各部分防水材料在自然环境下的温度变化与使用效果情况，为行业设计、选材与施工收集参考资料。我因地制宜，从 2015 年开始在我家房前一歇台做试验，坚持测温 8 年多，积累了大量原始数据。

我家住 6 层楼房的 3 楼，房前有一条内空 5.5m 宽 70 多 m 长的折线弧形歇台，歇台外侧有砖砌 240mm 厚的围护墙，高 1.32m。2015 年我在围护墙内侧用 HX-28 同一胶粘剂粘贴了 6 种卷材小片，又刷涂了 5 种不同的涂料，另在歇台平面分厢缝嵌填了水性沥青密封膏与塑料油膏，定时观察它们在自然环境中的变化。此外，我还在房前屋面、小区通道路面与小区农贸市场波瓦屋顶进行气温实测。8 年多，共用坏了 5 个红外测温枪，测温原始数据共 7 万个以上。

防水材料屋面应用环境温度实测原始数据

为同行排忧解难

中冶集团 23 冶建公司在陕西承建了一个地下室基础工程，混凝土内掺 CCCW（水泥基渗透结晶型防水材料）密实防渗。后来个别地方出现湿痕，总包方不承认混凝土底板内掺了结晶密实材料，上告法院，要求赔偿经济损失。开庭时我受托代表施工方出面进行辩解，从 CCCW 的特性、作用机理剖析了其防渗原理，并对"抽芯取样"的错误做法进行分析，然后断定原告无理，为施工方挽回了经济损失与信誉影响。

中建三局论证武汉某重大工程屋面防水保温设计，邀我分析原设计的缺陷与改进方案，我经过几天的准备，从我国现有规范的规定比对现有设计，提出了符合实际的性价比更优的改进方案。

长沙市展览馆、湘潭体育中心屋面、湘潭大学蓄水池、湘潭市民之家屋面、湘潭博物馆屋面等重大重点工程出现与防水有关的问题，我均受业主邀请，或独自或与业内防水专家一起，亲临现场勘查，分析渗漏原因，商讨治理方案。近 10 年，我共为省内外 10 多项重大重点工程渗漏治理奉献了智慧。

做好传帮带

防水事业要后继有人，老同志做好传帮带责无旁贷。这方面，我也身体力行。

•张翔，原是暨南大学硕士研究生，毕业后应聘为湖南路桥建设集团有限责任公司一名科研人员，负责路桥防渗防护产品与施工技术的开发。受路桥公司邀请，我陪同他在实验室工作了 17 天，后结为师徒关系。多年来，我与张翔切磋不断，张翔也不负所望，逐步成长为技术骨干，现就职于株洲飞鹿防腐防水技术工程有限责任公司研究所。

•唐东生，原是衡阳市盛唐高科防水工程有限公司的创始人与董事长，在防水行业著名专家沈春林教授与我的共同引领下，他刻苦钻研，自学成才，探索了 60 多种防水保温防腐新工艺工法，积累了丰富的堵漏经验，2019 年被《中国建筑防水》杂志社悦居防水服务平台评为首届"防水堵漏民间高手"之一（全部共 6 人上榜），2023 年当选中国建筑学会建筑防水学术委员会常务委员。

•文举，2009 年在长沙某学院毕业后就职于湖南神舟防水有限公司。当时我担任湖南神舟防水有限公司总工程师，在领导安排下，我带着他边工作边学习，长达三年。文举领悟力强，也很刻苦，很有进取心，凭自己努力考评拿到了建造师、造价师证书，已完成 2000 多项标书 / 施工方案的编制，现为湖南神舟防水有限公司的技术骨干。

结　语

目前，我一年一部专著的目标已经完成，老家湘潭的测温尚在继续，为行业后辈提供咨询指导的工作仍在进行中。我愿在有生之年，继续为行业发展尽一点绵薄之力。

（本文原载《中国建筑防水》2024 年第 4 期）

从业建筑防水建筑修缮 40 年的知名专家
唐东生简介

唐东生主编，男，1965 年出生于湖南衡阳市，大专学历，高级工程师。

唐工谦虚好学，在前辈的指引下，挤时间抢机遇，刻苦攻读化学、建材与建筑防水保温防腐及建筑修缮方面的专业知识。理论联系实际，掌握了 60 多种治理渗漏与注浆、加固核心施工技术，擅长防水工程施工、建筑修缮、堵漏抢险、加固抢险、保温隔热、防腐防护等多类施工应用技术。参与指导施工千多项（栋）治漏工程，得到建设方的点赞与青睐。

现是湖南省建筑防水协会副会长兼专家委员会委员、中国建筑学会建筑防水学术委员会常务委员、中国散装水泥推广发展协会建筑防水与保温专业委员会智库专家、江西省建筑业协会建筑防水分会智库专家、衡阳市建筑防水协会名誉会长兼总工。

主编与参编防水堵漏加固多部专业著作，发表论文 60 多篇，在行业同仁中享有较高声誉与好评。2019 年曾荣获《中国建筑防水》悦居平台首届"防水堵漏民间高手"的美誉。

2023 年 10 月当选为中国建筑学会建筑防水学术委员会第二届常务委员。

唐工为了提升建筑修缮从业人员实操技能水平，拿出多年积累的 700 多万元，在衡阳创建教学实操面积约 3 万 m^2 的"建筑修缮施工技术实操培训基地"。经过近两年的努力，培训基地已经竣工，各类一比一实景模型手把手教学，集结各类特型建筑修缮材料，各类先进施工机具，设施基本到位，云集建筑修缮各领域顶级专家，全方位打造建筑修缮全能型技术人才，将为我国建筑防水行业造就一批又一批高素质人才贡献智慧与力量。

文忠简介

文忠，男，1969 年 4 月出生于江西安福，北京航空航天大学毕业，研究生学位，高级工程师，现就职于北京卓越金控高科技有限公司与康泰卓越（北京）建筑科技有限公司。

1. 分别担任中国建筑金属结构、幕墙门窗、工业及建筑玻璃、建筑建材行业、化工行业、特殊材料等近十个行业专家成员。

2. 中国国家标准化管理委员会专家、全国缺陷消费品召回专家。

3. 参与《北京地铁盾构隧道维修养护技术规程》制定。

4. 参与制定《中国建筑防水堵漏修缮定额标准》。

5. 参与北京地铁、南京地铁、苏州地铁、长沙地铁、汕头海湾超大隧道古盐田隧道、南京过江盾构隧道、江西吉安大型过江坝底隧道、日照大型地下室渗漏等近 300 项病害治理。

6. 拥有发明专利近 20 项，参与及审定相关国家、行业标准近 100 项。

7. 2024 年与陈宏喜、唐东生等共同主编了《建设工程渗漏治理手册》。

8. 1996 年独资创办了北京卓越金控高科技有限公司，专业研究生产多种高性能新型防水保温防腐材料。公司产品应用于数千项工程，并出口到东南亚、欧美等国家和地区。

左一琪简介

左一琪，男，1997 年出生于安徽省铜陵市。2018 年毕业于浙江大学建筑学专业，从业建筑防水 7 年，是行业知名的年轻防水专家，参与主编《建设工程渗漏治理手册》。

杭州左工建材有限公司是 21 世纪初由左向华先生白手起家创建的，是中国防水协会的会员单位。经过近 20 年的艰苦努力，拥有一级施工资质，获得国家 6 项发明专利、2 项实用性专利。

左工建材以"科技、创新、环保、健康"的理念为基准，9S企管模式，运营生产、施工、品控，真情服务客户与社会，所做工程，均受点赞，保持零投诉。

左工防水擅长别墅防水防潮抗渗防霉，走"专精特新"的路子，打造舒适的别墅环境，是行业独具特色的一个企业！地下室防水防潮一定要找正规的厂家！

左工专利技术为结构性防水防潮定制系统。

空气潮湿不是别墅地下室墙壁地面潮湿的根本原因，只有解决混凝土结构中漫渗水、湿气，才能从根本上解决别墅地下室潮湿发霉的问题。

别墅地下室做U形结构性保护壳（在别墅地下室墙面、地面做左工地下室抗渗防水防潮防霉定制系统），它起到两个作用：一是切断水汽源，形成一个封闭结构；二是起到保温作用，切断冷桥，这个保护壳始终是干燥的，虽然直接接触混凝土墙板底板，但它接近地下室地面上空气温度，不会形成很大的温差。

地下室形成结露的必要条件：湿度 + 温差，现在都没有了！

所以，一个永久干燥的别墅地下室就打造成功了。

左工别墅地下室防水防潮定制系统

左工别墅地下室防水防潮抗渗U形保护壳

隔断水汽源，地下室持久干燥

由长期从事防水材料生产、施工与防水技术应用的陈宏喜、唐东生、文忠、左一琪等领衔主编，防水行业有关专家、学者、工程技术人员及企业家共同编写的《建筑防水工程师实用技术手册》，经多年调研、收集资料、编写等工作，现正式出版，面向全国发行。

伴随着我国基本建设事业的高速发展和城镇化建设推进，人民群众对住房的需求已从"有没有"向"好不好"转变，建筑不渗漏的房屋已成为城市建设提质和内涵提升一项极其重要的基础性工作。基于各项建设工程防水防护的需要与让老百姓住上更安全、更宜居、更绿色、更智慧的好房子，让城市成为人民群众美好生活的空间载体，《建筑防水工程师实用技术手册》从防水材料生产、防水工程施工工艺、防水工程施工过程质量控制及防水工程运维管理等方面，提出了系统技术措施，并总结了从事防水技术应用中成功经验与失败教训，不仅是建筑防水工程师实用的工具书，同时也是供防水人和与防水相关读者学习的有益教材，是一部值得在防水行业推荐的、专业技术性强的好书。

建筑防水是建筑与市政工程建设重要的功能保障行业，我们应严格执行国家现行有关标准规定，同时应积极采用防水创新技术，使防水工程做到设计科学、选材合理、施工精心、管理严格、安全环保、耐久可靠的要求。防水行业的专家、同仁，让我们继续共同努力，为城乡建设的高质量、可持续发展做出新贡献，为和谐社会建设奉献智慧与力量。

中国建筑学会建筑防水专业委员会名誉主任

曹和富

2024 年 7 月 于北京

　　陈宏喜、唐东生、文忠、左一琪是我国建筑防水行业的知名同仁，他们在百忙之中挤时间把他们的学习笔记与实践经验整理成文，并邀请若干专家、学者将亲历的创新技术编辑成《建筑防水工程师实用技术手册》。这是一件好事，对我国建筑防水保温防腐的发展起着推动作用。

　　我国建筑防水行业从业人员粗略估计已有 400 万～500 万人，其中从事研发、设计、生产、施工、营销、质控、检测的职业人员数以万计，此乃行业的宝贵财富。他们各有自己的特长与专业知识，但也有局限性，渴求更新更多的化学建材、防水专业及建筑学等方面的新养料，以便更好地为行业服务。

　　《建筑防水工程师实用技术手册》是一部技术工具书，全书共分 10 章，第 1～9 章是建筑防水保温防腐方面一些基本理论知识和常识，第 10 章是相关技术人员工程实践的经典案例，两者融合，为行业技术人员与管理人员提供有益参考，也可作为大专院校的辅助教材。

　　值此机会，向本书的主编与为本书提供文稿的专家、学者及以不同形式提供帮助的名企名人致以衷心感谢！

沈春林

2024 年 7 月

CONTENTS

目 录

第1章
概论

1.1 建筑防水工程师的含义

建筑防水工程师是从事建筑防水保温防腐设计、材料生产、施工、产品研发、质安监控及产品检测的专业技术人员群体，也包括生产与施工的工匠（高级技工）和企业家人群。建筑防水工程师是保障建筑防水保温防腐工程质量的领航人与把关人员。本书将他们统称为防水工程师。

1.2 防水工程师应具备的基本条件

1. 具有大专学历以上的文化水平
2. 具有数理化、建筑学及力学方面的基础知识
3. 具备识图与草绘施工详图的能力
4. 在建筑防水行业有传道、授业、解惑的技能
5. 在本岗位有攻克与破解"老大难"问题的能力
6. 具有较强的组织能力与管理能力
7. 具有公平、公正、实事求是、不弄虚作假的价值观
8. 具有热爱祖国、热爱党、热爱人民的人生观

总之，防水工程师对防水行业必须知识广泛、技能多样，能为行业排忧解难，引领行业向节能减排、绿色环保、优质高效的方向不断创新奋进。

1.3 防水工程师的职责

1）贯彻执行党与国家对防水行业的有关政策、规范、规程的规定。

2）严肃执行设计师的意图，对设计要求有异议的部分，及时提出深化设计的有益意见。

3）认真做好本职工作，不断总结经验教训。

4）根据实际情况，不断地有所发现、发明和创新，推进我国防水保温防腐向更高水平、向防水强国迈进。

5）反对低价恶性竞争，反对偷工减料，反对弄虚作假，预防与根治防水行业形形色色的贪腐行为，为净化防水行业作出贡献。

6）要有"包青天"的勇气，敢于担当，公正判案，合情合理处理问题，助推建筑防水行业的净化。

1.4 我国防水技术发展概况

1）远古时期，古人利用"巢洞"避雨挡风，其后利用天然树枝、树皮搭建房屋。春秋战国时期开发了"秦砖、汉瓦"，建造了公房，大大提升了房屋的质量。

西安秦王墓、北京十三陵地宫、长沙马王堆古墓等地下墓穴，历经几百年到两千多年的自然考验，具有良好的防渗防潮防腐功能。

2）民国时期，我国广大农村建造"干打垒"土墙（土筑墙）、草屋盖坡屋顶为主的民居，少数富有者用砖砌墙瓦盖顶建造房屋。

3）中华人民共和国成立后到 1978 年十一届三中全会前，我国城镇建筑以烧结砖为墙、烧结瓦为顶的多层（2～6层）建筑为主，少量工业与民用建筑和公共建筑利用水泥建造钢筋混凝土融合烧结砖建造钢混结构的公房。其中，混凝土屋顶利用沥青、油毡、油膏防水。

4）十一届三中全会以后，京津沪与沿海地区带头建造高层、超高层房屋。屋面采用油毡、改性沥青卷材、高分子卷材防水。地下室、隧洞、桥梁亦采用新材料新技术进行防渗、堵漏、防护。

5）现代建筑需要较好的防水保温防腐材料。目前，我国建筑防水行业所用材料按其外观形态及性能特性分类如图 1-1 所示。

1.5 我国常用主要防水材料简介

我国现有防水材料约有近百个品种、千余个规格型号。本书分门别类地简介常用材料的常识，供工程技术人员与管理人员参考。

1. 热熔型施工的改性沥青卷材

这类材料是在施工现场采用丙烷喷枪或汽油喷灯对卷材涂盖的沥青胶加热熔化随即铺贴在基面的卷材，常用主要品种有 SBS 改性沥青卷材、APP 改性沥青卷材、SBR 改

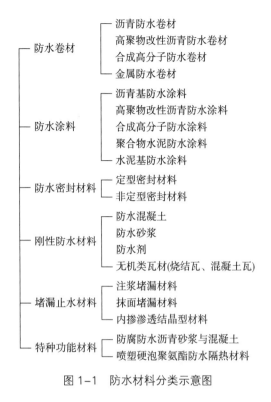

图 1-1　防水材料分类示意图

性沥青卷材、氯丁胶改性沥青卷材等。

2. 冷胶粘高分子防水卷材

这类材料是在现场采用相应的胶液冷粘贴在基面的卷材，常用主要品种有三元乙丙橡胶卷材、氯化聚乙烯卷材、氯丁橡胶卷材、乙烯 - 丙纶复合卷材、聚氯乙烯卷材、聚烯烃 TPO 卷材等。

3. 热风焊接卷材

这类材料是在施工现场，采用丙烷火焰热风对卷材与卷材搭接部位进行热熔焊接的卷材。常用主要品种有 EVA 卷材、GCB 卷材、聚乙烯卷材、塑料防水板等。

4. 自粘卷材

高分子片材与改性沥青卷材在工厂生产时，对母材涂敷一层自粘压敏胶，并用隔离膜（又叫离型膜）覆面保护。现场施工时，揭去隔离膜，自粘胶与干净基面或洁净胶面排气粘合成一整体。

5. 湿铺 / 预铺防水卷材

1）湿铺防水卷材是一种非外露防水工程，采用水泥净浆或水泥砂浆使其与混凝土基层粘结，卷材之间采用自粘搭接的一类卷材。按产品粘结表面的不同，可分为单面粘合（S）和双面粘合（D）。产品执行《湿铺防水卷材》GB/T 35467—2017。

湿铺防水卷材按增强材料不同，可分为高分子膜基卷材和聚酯胎基卷材（PY 类），高分子膜基卷材又可分为高强度类（H 类）和高延伸率类（F 类），高分子膜可以位于卷材表层或中间。

2）预铺防水卷材由主体材料、自粘胶、隔离层构成。预铺卷材的主体材料有塑料、橡胶、沥青，按主体材料不同，可分为预铺塑料卷材（P 类）、预铺沥青基聚酯胎卷材（PY 类）和预铺橡胶卷材（R 类）。产品执行《预铺防水卷材》GB/T 23457—2017。

6. 种植屋面用耐根穿刺防水卷材

适用于种植屋面耐根穿刺防水层使用的，具有耐根穿刺能力的一类防水卷材。产品执行《种植屋面用耐根穿刺防水卷材》GB/T 35468—2017，如表 1-1 所示。

种植屋面用耐根穿刺防水卷材基本性能及相关要求　　表 1-1

材料名称	要求
弹性体改性沥青防水卷材	《弹性体改性沥青防水卷材》GB 18242—2008 中 II 型全部要求
塑性体改性沥青防水卷材	《塑性体改性沥青防水卷材》GB 18243—2008 中 II 型全部要求
聚氯乙烯防水卷材	《聚氯乙烯（PVC）防水卷材》GB 12952—2011 中相关要求（外露卷材）
热塑性聚烯烃（TPO）防水卷材	《热塑性聚烯烃（TPO）防水卷材》GB 27789—2011 中相关要求（外露卷材）
改性沥青聚乙烯胎防水卷材	《改性沥青聚乙烯胎防水卷材》GB 18967—2009 中 R 类全部要求
高分子防水卷材	《高分子防水材料　第 1 部分：片材》GB/T 18173.1—2012 中相关要求

此外：

1）耐根穿刺防水卷材还应具有耐霉菌腐蚀性要求，防霉等级应达 0 级或 1 级；

2）接缝剥离强度达如下要求：SBS ≥ 1.5N/mm、塑料类防水卷材粘结强度 ≥ 1.5N/mm、塑料类卷材 ≥ 3.0N/mm 或卷材破坏、橡胶类防水卷材粘结强度 ≥ 1.5N/mm；

3）热老化后，粘结强度保持率 ≥ 80% 或卷材破坏。

7. 道桥用改性沥青防水卷材

适用于水泥混凝土为面层的道路、桥梁表面、机场跑道、停车场等的防水卷材，产品执行《道桥用改性沥青防水卷材》JC/T 974—2005。

8. 土工膜

土工膜是以高分子聚合物为基础原料，加入多种添加剂在流水生产线上，所生产的一类防水阻隔型材料。基础原料目前主要采用聚乙烯树脂、乙烯共聚物、聚氯乙烯树脂、氯化聚乙烯树脂。这类材料目前量大面广常用的产品为聚乙烯土工膜。产品执行《土工合成材料　聚乙烯土工膜》GB/T 17643—2011。

聚乙烯土工膜根据采用的原料不同，可分为高密度聚乙烯土工膜、低密度聚乙烯土工膜、线性低密度聚乙烯土工膜等产品。其产品分类及代号如表1-2所示。

聚乙烯土工膜的分类及代号　　　　　　　　　　表1-2

分　类	代号	主要原材料
普通高密度聚乙烯土工膜	CH-1	
环保用光面聚乙烯土工膜	CH-2S	中密度聚乙烯树脂
环保用单粗面高密度聚乙烯土工膜	CH-2T1	高密度聚乙烯树脂
环保用双粗面高密度聚乙烯土工膜	CH-2T2	
低密度聚乙烯土工膜	CL-1	低密度聚乙烯树脂、线性低密度聚乙烯树脂、乙烯共聚物等
环保用线性低密度聚乙烯土工膜	CL-2	线性低密度聚乙烯树脂、茂金属线性低密度聚乙烯树脂

聚乙烯土工膜平均厚度（mm）：≥ 0.3、≥ 0.5、≥ 0.75、≥ 1.00、≥ 1.25、≥ 1.50、≥ 2.00、≥ 2.50、≥ 3.00，厚度极限偏差为 -10%。

聚乙烯土工膜单卷长度不应小于 40m，偏差控制在 ±1% 的范围内。宽度尺寸为 2000～9000mm。

9. 钠基膨润土防水毯

膨润土是指以蒙脱石为主要矿物成分的一类非金属矿产，其有钠基膨润土、钙基膨润土、氢基膨润土、有机膨润土等类型。

适用于地铁、隧道、人工湖、垃圾填埋场、机场、水利、路桥、建筑等领域的防水、防渗工程使用的，以钠基膨润土为主要原料，采用针刺法、针刺覆膜法或胶粘法生产的钠基膨润土防水毯（简称 GCL），已发布建筑工业行业标准《钠基膨润土防水毯》JG/T 193—2006。该标准不适用于存在高浓度电解质溶液的防水、防渗工程。

1）产品的分类和标记

（1）产品的分类

A. 钠基膨润土防水毯按其产品类型的不同，可分为针刺法钠基膨润土防水毯、针刺覆膜法钠基膨润土防水毯和胶粘法钠基膨润土防水毯（图1-2）。针刺法钠基膨润土防水毯是由两层土工布包裹钠基膨润土颗粒针刺而成的一类毯状材料，用 GCL-NP 表示。针刺覆膜法钠基膨润土防水毯，是在针刺法钠基膨润土防水毯的非织造土工布外表面上复合一层高密度聚乙烯薄膜，用 GCL-OF 表示。胶粘法钠基膨润土防水毯，是用胶粘剂将膨润土上颗粒粘结到高密度聚乙烯板上压缩生产的一种钠基膨润土防水毯，用 GCL-AH 表示。

B. 钠基膨润土防水毯按其膨润土品种的不同，可分为人工钠化膨润土，用 A 表示；

天然钠基膨润土，用 N 表示。

C. 钠基膨润土防水毯按其单位面积质量的不同，可分为 4000g/m²、4500g/m²、5000g/m²、5500g/m² 等，用 4000、4500、5000、5500 等表示。

D. 钠基膨润土防水毯按其产品规格的不同进行分类，产品主要规格以长度和宽度区分，推荐系列如下：

产品长度以 m 为单位，用 20、30 等表示。产品宽度以 m 为单位，用 2.5、5.0、5.85 等表示。

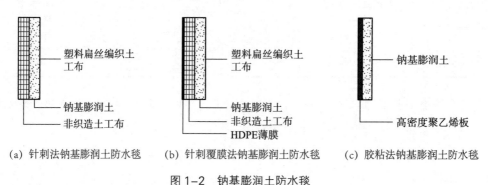

(a) 针刺法钠基膨润土防水毯　(b) 针刺覆膜法钠基膨润土防水毯　(c) 胶粘法钠基膨润土防水毯

图 1-2　钠基膨润土防水毯

特殊需要可根据要求设计。

（2）产品的标记

钠基膨润土防水毯按其产品类型（GCL-NP、GCL-OF、GCL-AH）、膨润土品种（N、A）、单位面积质量（以 g/m² 为单位）、产品规格：长度 - 宽度（以 m 为单位）、执行标准编号的顺序进行标记。

标记示例：

长度 30m、宽度 5.85m 的针刺法天然钠基膨润土防水毯，单位面积质量为 4000g/m² 可表示为：GCL-NP/N/4000/30-5.85 JG/T 193—2006。

2）产品的技术性能要求

（1）原材料要求

A. 产品使用的膨润土应为天然钠基膨润土或人工钠化膨润土，粒径在 0.2~2mm 范围内的膨润土颗粒质量应至少占膨润土总质量的 80%。

B. 产品使用的聚乙烯土工膜应符合《土工合成材料　聚乙烯土工膜》GB/T 17643 的规定，其他膜材也应符合相应标准的要求。

C. 产品使用的塑料扁丝编织土工布应符合《土工合成材料　塑料扁丝编织土工布》GB/T 17690 的要求，并宜使用具有抗紫外线功能的单位面积质量为 120g/m² 的塑料扁丝编织土工布。

D. 宜使用单位面积质量为220g/m² 的非织造土工布。

（2）外观质量

表面平整，厚度均匀，无破洞、破边，无残留断针，针刺均匀。

（3）尺寸偏差

长度和宽度尺寸偏差应符合表1-3的要求。

钠基膨润土防水毯的尺寸偏差

（依据《钠基膨润土防水毯》JG/T 193—2006）　　　　表 1-3

项目	指标	允许偏差（%）
长度（m）	按设计或合同规定	-1
宽度（m）	按设计或合同规定	-1

（4）物理力学性能

产品的物理力学性能应符合表1-4的要求。

钠基膨润土防水毯的物理力学性能指标

（依据《钠基膨润土防水毯》JG/T 193—2006）　　　　表 1-4

项目		技术指标		
		GCL-NP	GCL-OF	GCL-AH
膨润土防水毯单位面积质量（g/m²）		≥ 4000 且 不小于规定值	≥ 4000 且 不小于规定值	≥ 4000 且 不小于规定值
膨润土膨胀指数［mL/（2g）］		≥ 24	≥ 24	≥ 24
吸蓝量［g/（100g）］		≥ 30	≥ 30	≥ 30
拉伸强度［N/（100mm）］		≥ 600	≥ 700	≥ 600
最大负荷下伸长率（%）		≥ 10	≥ 10	≥ 8
剥离强度 ［N/（100mm）］	非织造布与编织布	≥ 40	≥ 40	—
	PE 膜与非织造布	—	≥ 30	—
渗透系数（m/s）		≤ 5.0×10^{-11}	≤ 5.0×10^{-12}	≤ 1.0×10^{-12}
耐静水压		0.4MPa，1h， 无渗漏	0.6MPa，1h， 无渗漏	0.6MPa，1h， 无渗漏
滤失量（mL）		≤ 18	≤ 18	≤ 18
膨润土耐久性［mL/（2g）］		≥ 20	≥ 20	≥ 20

10. 防水沥青混凝土

沥青混凝土是由碎石或砾石、砂、矿粉、纤维与沥青组成的混合料，经压实硬化所得的材料。沥青混凝土种类很多，在建设工程中应用最多的是石油沥青混凝土。在设计未注明的情况下，通常是指石油沥青混凝土，一般称为沥青混凝土。沥青混凝土又细分为建筑沥青混凝土、道路沥青混凝土与水工沥青混凝土。

沥青混凝土具有良好的防水性，耐稀酸和抗渗性好，整体无缝，开裂后自愈能力较强，价格低廉，且施工后不需要采取措施养护。因此，广泛用于建筑物的基础、地面、楼面等部位防水防潮、防酸碱溶液的腐蚀。

沥青混凝土有热拌热摊、冷拌冷摊和热拌冷摊的施工工艺。最受欢迎的是热拌冷摊工法，它是将粗集料和沥青在加热状态（60～90℃）下拌和，在冷状态（环境温度下，但不低于5℃）下摊铺和压实。

1）沥青混凝土配比设计

沥青混凝土配比设计是保证沥青混凝土质量的关键，并决定着沥青混凝土的性能，因此必须精心设计。

（1）理论依据与计算

A. 集料级配：根据集料组成，以"最大密度曲线"理论为基础而确定最优级配比例，最大密度曲线，在沥青混凝土中应用最多的为美国富勒（Fuller）提出的最大密度曲线公式：

$$P=100\sqrt{\frac{d}{D}}$$

式中：P——通过筛选为 d 的集料质量，%；

　　　d——筛选尺寸，mm；

　　　D——最大粒径，mm。

B. 沥青用量的计算，采用计算公式为：

$$G=\frac{n_0}{y_0}$$

式中：G——沥青用量，kg；

　　　n_0——压实后矿物混合料的空隙率，%（体积百分率）；

　　　y_0——压实后矿物混合料的密度，kg/m³。

（2）通过马歇尔稳定度试验验证

矿料最佳级配和沥青最佳用量计算后，还应通过马歇尔稳定度试验，反复试验、反复调整，才能得出最佳矿料级配与最佳沥青用量。

（3）经验法确定建筑沥青混合料配比

不需理论计算，以在工程实践中证明了的物料级配是可行的，混合料颗粒级配见表 1-5。

粉料和集料混合物的颗粒级配　　　　　表 1-5

种类	混合物累计筛余量（%）								
	25	15	5	2.5	1.25	0.63	0.315	0.16	0.08
沥青砂浆			0	20～38	33～57	75～71	55～80	63～86	70～90
细粒式沥青混凝土		0	22～37	37～60	47～70	55～78	65～88	70～88	75～90
中粒式沥青混凝土	0	10～20	30～50	43～67	52～75	60～82	68～87	72～92	77～92

沥青用量占粉料和集料混合料质量百分率为：沥青砂浆，11%～14%；细料式沥青混凝土，8%～10%；中粒式沥青混凝土，7%～9%。

当采用平板振动器或热滚筒压实时，沥青标号宜为 30 号石油沥青；当采用碾压机械压实时，宜采用 60 号石油沥青。

2）道路石油沥青混凝土配合比设计

依据密级配理论为计算基础，再经反复试验和实践证明是可行的沥青混凝土配合比表，见表 1-6、表 1-7。

3）水工沥青混凝土配合比

在水利工程建设中应用的沥青混凝土称为水工沥青混凝土，主要用于水库大坝的防渗。世界上第一次将沥青混凝土应用到水利工程中始于 1934 年德国的高达 12m 的阿德基（Amecker）坝。1936 年，随着阿尔及利亚高达 72m 埃尔·格里布（El·Ghrib）沥青混凝土防渗斜墙大坝的问世，在世界各地才广为推广。目前，世界上已建成沥青混凝土防渗墙的土石坝达 400 余座，最高达 125 m。

我国用沥青混凝土筑坝始于 20 世纪 70 年代，山西省绛县里册峪水库，采用了沥青混凝土防渗斜墙。该水库坝高 57m，集水面积 73km²，库容 627 万 m³，防渗面积 12000m²，于 1976 年 4 月建成蓄水。经过 30 年的蓄水使用，运行情况良好，未发现有大的渗漏水隐患。水库利用河道山势形如石门的特点，采用定向爆破新技术进行筑坝，筑坝快，成本低，只须在平整后的迎水面铺筑一层约 300mm 厚的沥青混凝土防渗斜墙便可蓄水。目前，在我国沥青混凝土用于土石坝的防渗工程达 40 余项。其标准配合比如表 1-8～表 1-11 所示。

沥青混合料矿料级配及沥青用量范围（方孔筛）

表 1-6

		级配类型	通过下列筛孔（方孔筛，mm）的质量百分率（%）											沥青用量（%）
			53.0	37.5	26.5	16.0	13.2	9.5	4.75	2.36	1.18	0.6	0.3	
沥青混凝土	粗粒	AC-30 I		100	79~92	59~77	52~72	43~63	32~52	25~42	18~32	13~25	8~18	4.0~6.0
		II		100	65~85	45~65	38~58	30~50	18~38	12~28	8~20	4~14	3~11	3.0~5.0
		AC-25 I			95~100	62~80	53~73	43~63	32~52	25~42	18~32	13~25	8~18	4.0~6.0
		II			90~100	52~70	42~62	32~52	20~40	13~30	9~23	6~16	4~12	3.0~5.0
	中粒	AC-20 I			100	75~90	62~80	52~72	38~58	28~46	20~34	15~27	10~20	4.0~6.0
		II			100	65~85	52~70	40~60	26~45	16~33	11~25	7~18	4~13	3.0~5.0
		AC-16 I				95~100	75~90	58~78	42~63	32~50	22~37	16~28	11~21	4.0~6.0
		II				90~100	65~85	50~70	30~50	18~35	12~26	7~19	4~14	3.5~5.5
	细粒	AC-13 I				100	90~100	70~88	48~68	36~53	24~41	18~30	12~22	4.5~6.5
		II				100	90~100	60~80	34~52	22~38	14~28	8~20	5~14	4.0~6.0
		AC-10 I					100	95~100	55~75	35~58	36~43	17~33	10~24	5.0~7.0
		II						100	90~100	40~60	24~42	15~30	9~22	4.5~6.5
	砂粒	AC-5 I						100	95~100	55~75	35~55	20~40	12~28	6.0~8.0

表 1-7

沥青混合料矿料级配及沥青用量范围（圆孔筛）

级配类型		通过下列筛孔（方孔筛，mm）的质量百分率（%）									沥青用量（%）
		50	40	30	20	10	5	1.2	0.6	0.3	
沥青混凝土 粗粒	LH～40 I	100	90～100	77～89	58～78	41～61	30～50	18～32	13～25	8～18	3.5～5.5
	LH～40 II	100	90～100	78～93	43～64	28～48	13～38	8～20	4～14	3～11	3.0～5.0
	LH～35 I		100	82～95	59～79	41～60	30～50	18～32	13～25	8～18	4.0～6.0
	LH～35 II		100	78～93	43～64	28～48	18～38	8～20	4～14	3～11	3.0～5.0
	LH～30 I			95～100	60～80	41～60	30～50	18～32	13～25	8～18	4.0～6.0
	LH～30 II			90～100	50～70	30～50	18～40	9～23	6～16	4～12	3.0～5.0
中粒	LH～25 I				75～90	50～70	36～56	20～34	15～27	10～20	4.0～6.0
	LH～25 II				63～85	38～58	24～45	11～25	7～18	4～13	3.5～5.5
	LH～20 I				95～100	56～76	40～60	22～38	16～29	11～21	4.0～6.0
	LH～20 II				90～100	50～70	28～50	12～26	7～19	4～14	3.5～5.5
细粒	LH～15 I				100	70～88	48～68	24～41	18～30	12～22	4.5～6.5
	LH～15 II				100	60～80	34～54	14～28	8～20	5～14	4.0～6.0
	LH～10 I					95～100	55～75	26～43	17～33	10～24	5.0～7.0
	LH～10 II					90～100	40～60	15～30	9～22	6～15	4.5～6.5
砂粒	LH～5 I					100	95～100	35～55	20～40	12～28	6.0～8.0

胶结层沥青碎石标准配合比 表1-8

筛孔（mm）	25	20	13	5	2.5	0.074
通过质量分数（%）	100	100～80	50～36	19～8	17～7	5～1

标准沥青含量：3%

整平层粗级配沥青混凝土标准配合比 表1-9

筛孔（mm）	13	5	2.5	0.6	0.3	0.15	0.074
通过质量分数（%）	100～95	65～51	45～35	32～22	23～13	16～6	9～5

标准沥青含量：6%

上层、下层密级配沥青混凝土标准配合比 表1-10

筛孔（mm）	13	5	2.5	0.6	0.3	0.15	0.074
通过质量分数（%）	100～95	83～69	70～60	50～40	36～26	24～14	14.5～10.5

标准沥青含量：8.5%

排水层开级配沥青混凝土标准配合比 表1-11

筛孔（mm）	20	13	5	2.5	0.6	0.3	0.15	0.074
通过质量分数（%）	100～95	64～50	31～17	23～13	18～8	14～4	11～2	6～2

标准沥青含量：4%

11. 立方盾—恒温降噪防结露纳米涂料

由苏州立方盾新材料科技有限公司开发。致力于营造恒温环境，降低空调地暖使用费用；解决地下空间结露、冷凝水问题；降低噪声穿透。一款涂料，四季如春（兼具持久恒温和降噪）。

以纳米微珠为主要原料，在物体基面形成封闭微珠连接在一起的三维网络空间结构，形成无数个单独恒温降噪单元，有效阻止热量传导，实现恒温降噪，让空调、地暖使用费用减少30%～50%。

权威认证，更加健康、环保。

一款涂料，两种机理（兼具隔热保温及吸湿效果）。

立方盾防结露作用机理三个阶段，如图1-3所示。

（1）适用广泛：可应用于更多场景，混凝土、腻子、金属、木材表面均可以使用。

（2）安心入住：无添加，更环保。

（3）未添加苯系物、VOC、可溶性重金属等有害物质。

（4）在具体结露、温差、发霉、噪声等症状治理上，能根治结露水，长效恒温降噪。

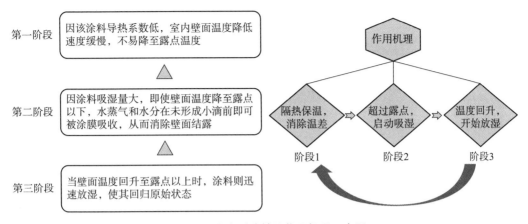

图 1-3 立方盾防结露作用机理示意图

12. 液体防水卷材

1）产品概述

CBS-ZL610 液体防水卷材是将多种功能橡胶、抗氧化剂、抗老化剂、紫外线吸收剂、无机银离子阻霉剂等多种助剂与优质的沥青在高温改性氧化釜中聚合形成有特殊抗老化功能的改性沥青，采用独特高速剪切工艺形成的橡胶沥青防水涂料，由于沥青在高温改性阶段中加入多种功能助剂，有效解决了橡胶沥青的热 – 氧老化，热 – 光 – 氧老化问题。特别是 OMMT 和纳米层状硅酸盐等稳定类材料的高温加入，与橡胶沥青结合形成网状分布的结构，阻隔了氧在沥青中的渗透和轻组分的流失，阻断了沥青氧化脱氢反应的发生，提升了橡胶沥青在外露使用中的抗老化性能。施工时开桶即用、绿色环保、便捷易喷涂，现场经过一布二涂或一布三涂形成的高弹无缝防水卷材，适用于任何复杂异形结构的屋面工程。

2）技术优势

该产品涂层耐候、耐酸碱、耐老化性能优越，复合施工可做到质保十年。

开桶即用，与金属、木质、水泥、老旧 SBS 卷材基面均可粘接，尤其与热熔后的老旧 SBS 防水卷材基面可完美融合，形成连续无接缝防水层。

液体防水卷材可外露使用，具有超强附着力、抗光抗氧化性能优越，粘结强度高、弹性好，可有效抵抗基层细小的开裂。

该产品为水性涂料，无毒无味、安全可靠，采用喷涂、辊涂均可，冷施工，操作简单。

3）适用范围

适用于各类工业与民用建筑屋面、外墙、阳台、天沟、厕卫间和地下室等，特别适用于异形屋面及桥梁隧道等工程，还可应用于古建筑翻新修缮工程。该产品可与 SBS

系列防水卷材复合使用。产品物理性能见表 1-12。

物理性能指标 表 1-12

序号	检测项目		检测指标
1	固体含量（%） ≥		55
2	表干时间（h） ≤		8
3	实干时间（h） ≤		24
4	耐热性（℃） ≥		110℃，无流淌、滑动、滴落
5	粘接强度（MPa） ≥		0.4
6	不透水性		（0.3MPa、30min）无渗水
7	低温柔性	无处理	−20℃，无裂纹
		加热处理	−15℃，无裂纹
		碱处理	
		紫外线处理	
8	拉伸强度（MPa）		0.5
9	断裂延伸率	无处理（%） ≥	800
		加热处理（%） ≥	600
		碱处理（%） ≥	600
		紫外线处理（%） ≥	600

4）工程案例

北京故宫博物院、北京大兴国际机场、北京首都机场、北京电影艺术研究中心、北京邮电大学、金雅光大厦、九江高铁站、西府景园小区、盛世长安小区、悠唐国际皇冠假日酒店、中储粮北安直属库、中储粮北京顺义直属库、中储粮大同直属库、中储粮西安直属库、中储粮忻州直属库、中储粮虎林直属库等重点工程案例如图 1-4 所示。

13. 户外建筑专用保护膜

由湖北高正新材料科技有限公司自主研发。

1）简介

雅铠建筑膜是湖北高正新材料科技有限公司自主研发的一款专用的外露型高耐候 PVDF 复合膜，基膜采用高性能的 PET 膜，通过先进的工艺复合而成。雅铠建筑膜不仅具有 PVDF 超强的户外耐候特性，同时具备 PET 优异的力学性能，产品特别适用于有户外耐候要求的产品，如金属氟素覆膜、外露型自粘防水卷材等。

图 1-4 液体防水卷材在重大重点工程应用示意图

2）户外建筑专用保护膜的理化性能如表 1-13 所示。

户外建筑专用保护膜的理化性能 表 1-13

检测项目	单位	测试标准	测试方法	基准值	测定值
厚度	μm	《塑料薄膜和薄片 厚度测定 机械测量法》GB/T 6672—2001	测厚仪	100±10	102
宽度	mm	《塑料薄膜和薄片长度和宽度的测定》GB/T 6673—2001	直尺	1020±10	1020

续表

检测项目		单位	测试标准	测试方法	基准值	测定值
色差		—	《色漆和清漆 色漆的目视比色》GB/T 9761—2008	3nh 色差仪	$\triangle E \leqslant 2$	1.39
表面光泽度		GU	《色漆和清漆 不含金属颜料的色漆漆膜的20°、60°和85°镜面光泽的测定》GB/T 9754—2007	60°入射角	$\leqslant 25$	6
拉伸性能		N/（50mm）	《塑料拉伸性能的测定 第3部分：薄膜和薄片的试验条件》GB/T 1040.3—2006	100mm/min	$\geqslant 100$	685
最大拉力时伸长率		%				110
热收缩率		%	《包装用聚乙烯热收缩薄膜》GB/T 13519—2016	150℃，30min	$\leqslant 3$	1.5
表面硬度		H	《色漆和清漆 铅笔法测定漆膜硬度》GB/T 6739—2022	铅笔法	$\geqslant 1$	1
耐磨性		转（r）	《色漆和清漆 耐磨性的测定 旋转橡胶砂轮法》GB/T 1768—2006	Taber	$\geqslant 2000$	2200
层间剥离力		N	《胶粘带剥离强度的试验方法》GB/T 2792—2014	180°剥离	$\geqslant 4$	4.2
耐老化性（氙灯）		—	《塑料 实验室光源暴露试验方法 第2部分：氙弧灯》GB/T 16422.2—2022	12000	$\triangle E \leqslant 4$	1.9
耐老化性（紫外）		—	《塑料 实验室光源暴露试验方法 第3部分：荧光紫外灯》GB/T 16422.3—2022	4000h	$\triangle E \leqslant 2$	1.57
耐化学稳定性	盐酸	10%	《色漆和清漆 耐液体介质的测定》GB/T 9274—1988	点滴法 24h	无褪色、溶胀、离层	无变化
	硫酸	10%				无变化
	次氯酸钠	10%				无变化
	氢氧化钠	10%				无变化
	乙醇	次	《建筑幕墙用铝塑复合板》GB/T 17748—2016	200次擦拭	无褪色、溶胀、离层	无变化

3）优越性

多重结构，万无一"湿"。九州安澜 P+ 系列防水卷材，表面采用的 POLEX 保护膜为高正新材基于光伏改性材料的技术优势，结合 HMWPO 材料改性研发制成，在户外环境中可为卷材提供耐老化保护，并且卷材表面的薄膜太阳光反射率≥80%，使用卷材最高可实现室内外温差≥18℃；强力抗裂层提高卷材耐湿热老化能力，并将底部自粘层与膜层牢牢连接；将自研高耐候技术应用于丁基胶水的优化调和上，使超耐候丁基胶性能远超国家标准，具有更优秀的耐候性、耐久性，10 年时光变迁，卷材依旧提供全面防水保护。其构造组成如图 1-5 所示。

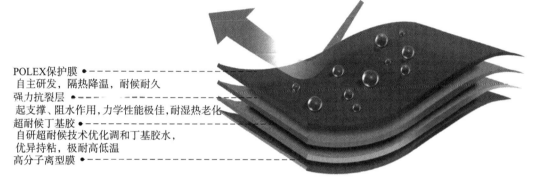

POLEX保护膜
自主研发，隔热降温，耐候耐久
强力抗裂层
起支撑、阻水作用，力学性能极佳，耐湿热老化
超耐候丁基胶
自研超耐候技术优化调和丁基胶水，
优异持粘，极耐高低温
高分子离型膜

图 1-5　户外建筑专用保护膜的构造示意图

4）K 系列 15 年质保：如表 1-14 所示。

K 系列相关产品性能表　　　　　　　　　表 1-14

项目	执行标准	产品性能
耐高低温性	《环境试验 第 2 部分：试验方法 试验 N：温度变化》 GB/T 2423.22—2012	100 次循环测试，无开裂、老化
耐湿热性	《环境试验 第 2 部分：试验方法 试验 Cab：恒定湿热试验》 GB/T 2423.3—2016	湿度 85%、温度 85℃，1000h，无起皱、开裂、脱层
抗紫外老化性	《塑料 实验室光源暴露试验方法 第 3 部分：荧光紫外灯》 GB/T 16422.3—2022	200kW·h，$\triangle E$（色差）：0.86，无起皱、开裂、脱层
抗窜水性	《预铺防水卷材》GB/T 23457—2017	0.6MPa/35mm，4h，无窜水
胶体加热下垂性	《带自粘层的防水卷材》 GB/T 23260—2009	（120±2）℃，2h，无流淌、龟裂、变形
不透水性	《建筑防水卷材试验方法 第 10 部分：沥青和高分子防水卷材 不透水性》 GB/T 328.10—2007	（23±2）℃，0.3MPa，120min，不透水

续表

项目	执行标准	产品性能
隔热性	《建筑反射隔热涂料》JG/T 235—2014	辐射积分法（23±2）℃，太阳光反射比≥80%
持粘性	《自粘聚合物改性沥青防水卷材》GB 23441—2009	（23±2）℃，50min
热稳定性	《预铺防水卷材》GB/T 23457—2017	（70±2）℃，24h，无起鼓、流淌，覆膜材料未卷边
胶体低温折弯性	《丁基橡胶防水密封胶粘带》JC/T 942—2022	（-40±2）℃，无裂纹

14. 360° 全包覆复合瓦

由广东中和防水新材料有限公司开发。BLW 氟特节能瓦是一种以超耐候高分子膜为覆面材料，复合镀锌板的超耐候节能瓦。氟碳膜丁基胶防水卷材将金属板全包覆，隔绝了紫外线、空气、水分与金属板的接触，从而杜绝了锈蚀情况的发生；另外，820 角驰型暗扣瓦，屋面没有穿透性螺钉，最大限度地减少了漏水情况的发生。该复合瓦与普通彩钢瓦相比，具有耐候性佳、耐酸碱腐蚀优异、防水、绝缘、隔热等性能。降温效果可达 10～20℃，使用寿命可达 25 年。

1）复合瓦的规格：见表 1-15。

复合瓦的规格 表 1-15

型号	复合彩钢板尺寸（厚度 × 宽度）	复合瓦型	产品说明
BLW-CF	0.9mm×1000mm	820 角驰型暗扣瓦	0.6mm 厚镀锌板包覆0.3mm 氟碳膜丁基胶防水卷材

2）复合瓦的构造：如图 1-6 所示。

图 1-6 360° 全包覆复合瓦的构造及应用示意图

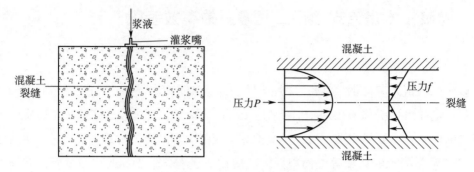

图 1-7　混凝土裂缝灌浆示意图

虽然灌浆技术已在土木工程领域得到了广泛的应用，但灌浆过程十分复杂，在土体、岩体和混凝土缺陷中灌浆既有相似之处又各自有不同的特点，涉及材料学、地质学、土力（质）学、有（无）机化学、流体力学、结构力学多学科，工程实践超前、理论研究相对滞后，有关灌浆机理的研究还不够深入。因此，对灌浆机理的理论研究应加强，在灌浆反应方式、浆液运移机制、灌浆体耐久性和强度理论等方面还有待进一步突破。

4. 常用灌浆材料

如图 1-8 所示。

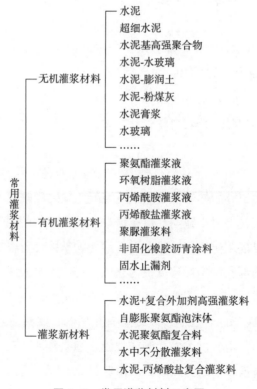

图 1-8　常用灌浆材料示意图

5. 常用灌浆机具设备

详见本书第 4 章。

第2章
工程建设防水保温防腐常用术语释义

1）建筑工程：通过对各类房屋建筑及其附属设施的建造与其配套线路、管道、设备等的安装所形成的工程实体。

2）检验：对被检验项目的特征、性能进行量测、检查、试验等，并将结果与标准规定的要求进行比较，以确定项目每项性能是否合格的活动。

3）进场检验：对进入施工现场的建筑材料、构配件、设备及器具，按相关标准的要求进行检验，并对其质量、规格、型号等是否符合要求作出确认的活动。

4）见证检验：施工单位在工程监理单位或建设单位的见证下，按照有关规定从施工现场随机抽取试样，送至具备相应资质的检测机构进行检测的活动。

5）复验：建筑材料、设备等进入施工现场后，在外观质量检查和质量证明文件核查符合要求的基础上，按照有关规定从施工现场抽取试样送至试验室进行检验的活动。

6）检验批：按相同的生产条件或按规定的方式汇总起来供抽样检验用的，由一定数量样本组成的检验体。

7）验收：建筑工程质量在施工单位自行检查合格的基础上，由工程质量验收责任方组织，工程建设相关单位参加，对检验批、分项、分部、单位工程及其隐蔽工程的质量进行抽样检验，对技术文件进行审核，并根据设计文件和相关标准以书面形式对工程质量是否达到合格作出确认。

8）主控项目：建筑工程中对安全、节能、环境保护和主要使用功能起决定性作用的检验项目。

9）一般项目：除主控项目以外的检验项目。

10）抽样方案：根据检验项目的特性所确定的抽样数量和方法。

11）计数检验：通过确定抽样样本中不合格的个体数量，对样本总体质量做出判定的检验方法。

12）计量检验：以计样样本的检测数据计算总体均值、特征值或推定值，并以此判断或评估总体质量的检验方法。

13）错判概率：合格批被判为不合格的概率，即合格批被拒收的概率，用 α 表示。

14）漏判概率：不合格批被判为合格的概率，即不合格批被误收的概率，用 β 表示。

15）观感质量：通过观察和必要的测试所反映的工程外在质量和功能状态。

16）返修：对施工质量不符合标准的部位采取的整修等措施。

17）返工：对施工质量不符合标准规定的部位采取的更换、重新制作、重新施工等措施。

18）高压射流：以高压泵打出高压力低流速水，经过增压管路到达旋转喷嘴，转换为具有很高的冲击动能的低压高流速射流，用以冲击被清洁表面。

19）女儿墙：房屋外墙高出屋面的短墙。

20）压顶：露天的墙顶上用砖、瓦、石料、混凝土、钢筋混凝土、镀锌薄钢板等筑成的覆盖层。

21）檐沟：屋面檐口处的排水沟。

22）天沟：屋面上的排水沟。

23）防水层：为了防止雨水进入屋面，地下水渗入墙体、地下室及地下构筑物，室内用水渗入楼面及墙面等而设的具有阻水功能的材料层。

24）防潮层：为了防止地面以下土壤中的水分进入墙体而设置的阻水材料层。

25）渗漏：建筑物的屋面、地面、墙面及地下工程，在水压作用下若出现水滴或水流称为漏水；若只出现润湿（湿斑）称为渗水。漏水和渗水现象统称为渗漏。

26）防水层耐用年限：防水层能满足工程正常使用要求的期限。

27）一道防水设防：具有单独防水能力的一个防水层次。

28）沥青防水卷材：用原纸、纤维织物、纤维毡等胎体材料浸涂沥青，表面撒布粉状、粒状或片状材料，经浸渍辊压制成可卷曲的片状防水材料，俗称油毡。

29）高聚物改性沥青防水卷材：以合成高分子聚合物改性沥青为涂盖层，纤维织物或纤维毡为胎体，粉状、粒状、片状或薄膜材料为覆面材料，经浸渍辊压制成可卷曲的片状防水材料，如 SBS/APP 改性沥青卷材。

30）合成高分子防水卷材：以合成橡胶、合成树脂或它们两者的共混体为基料，加入适量的化学助剂和填充料等，经塑炼、混炼、辊压或挤出成型的可卷曲的片状防水材料；或把上述材料与合成纤维等复合形成两层或两层以上可卷曲的片状防水卷材。

31）玛琋脂（沥青胶）：由石油沥青、填充料等配制而成的沥青胶结材料。热用型玛琋叫热玛琋脂，用溶剂稀释后冷用型叫冷玛琋脂。

32）基层处理剂：为了增强防水材料与基层之间的粘结力，在防水层施工前，预先涂 / 喷在基层上的涂料，又称冷底料、冷底子油。

33）分格缝：为了减少裂缝，在基面找平层、刚性防水层、刚性保护层上预先留设缝槽，内嵌弹塑性密封胶，称为分格缝，也称分厢缝或分仓缝，缝距一般为 4～6m。

34）满粘法（全粘法）：铺贴防水卷材时，卷材与基层采用全部粘结的施工方法。

35）空铺法：铺贴防水卷材时，卷材与基层仅在四周一定宽度内粘结，其余部分不粘结的施工方法。

36）条粘法：铺贴防水卷材时，卷材与基层采用条状粘结的施工方法。每幅卷材与基层粘结面不少于两条，每条宽度不小于150mm。

37）点粘法：铺贴防水卷材时，卷材或打孔卷材与基层采用点状粘结的施工方法。每平方米粘结不少于5个点，每点面积为100mm×100mm。

38）热熔法：采用火焰加热器熔化热熔型防水卷材底层的热熔胶进行粘结的施工方法。

39）冷粘法（冷施工）：采用胶粘剂或冷玛琦脂进行卷材与基层、卷材与卷材的粘结，而不需要加热施工的方法。

40）自粘法：采用带有自粘胶的防水卷材，环境气温在12℃以上，不用热熔施工，也不须涂胶结材料，而进行卷材与基面或卷材与卷材冷粘结的施工方法。

41）热风焊接法：采用热空气焊枪进行防水卷材搭接粘合的施工方法。

42）沥青基防水涂料：以沥青为基料配制成的水乳型或溶剂型的防水涂料。

43）高聚物改性沥青防水涂料：以沥青为基料，用高分子聚合物进行改性，配制成的水乳型或溶剂型的防水涂料。

44）合成高分子防水涂料：以合成橡胶或合成树脂为主要成膜物质，配制成的单组分或多组分的防水涂料。

45）胎体增强材料：在涂膜防水层中增强用的化纤无纺布、玻璃纤维网格布等材料。

46）改性沥青密封材料：用沥青为基料，用适量的合成高分子聚合物进行改性，加入填充料和其他化学助剂配制而成的膏状密封材料。

47）合成高分子密封材料：以合成高分子材料为主体，加入适量的化学助剂、填充料和着色剂，经过特定的生产工艺加工而成的膏状密封材料。

48）接缝位移：在混凝土或金属板系统中，因温度、外力引起接缝间隙的变化。

49）拉伸－压缩循环性：反映密封材料在使用过程中，因温度变化引起接缝位移而经受周期性拉、压循环后，保持密封的能力。

50）背衬材料：为控制密封材料的嵌填深度，防止密封材料和接缝底部粘结，在接缝底部与密封材料接触界面设置一道可滑动、变形的隔离材料。

51）正置式屋面：将防水层设置在找坡层、保温层之上的屋面，又称顺置式屋面。

52）倒置式屋面：将保温材料设置在防水层上的屋面。

53）蓄水屋面：在屋面防水层上蓄一定高度的水，起到隔热作用的屋面。

54）种植屋面：在屋面或地下车库顶板防水层上覆土或铺设锯末、蛭石等松散材料，并种植植物，起到隔热、保温、绿化作用的屋面。

55）架空隔热屋面：用烧结普通砖或混凝土薄型制品，覆盖在屋面防水层上并架设一定高度的空间，利用空气流动加快散热，起到隔热作用的屋面。

56）压型钢板：以薄质不锈钢板、镀锌钢板或铝板为基材，经成型机轧制，并敷以防腐耐蚀涂层或彩色烤漆而制成的轻型金属屋面材料。

57）泛水：屋面与突出屋面结构连接处的防水构件或构造。

58）变形缝：将建筑物、构筑物用垂直的缝分为若干单独部分，使各部分能独立变形。这种垂直分开的缝称为变形缝。一般缝宽 30～50mm，缝距 30～50m。它包括伸缩缝、沉降缝、防震缝。

59）施工缝：混凝土施工不能连续作业时，留置的临时间断处。

60）止水带（片）：地下防水工程受水压作用时，在防水混凝土结构中与变形缝垂直的方向设置的橡胶、塑料或金属带。

61）翘边、皱折：卷材翘边是指卷材边变形产生不规则弯曲；皱折是指卷材基胎产生收缩变形表面不平整。

62）抗渗性能：混凝土抵抗压力水渗透的性能。

63）混凝土强度等级：混凝土结构件强度的技术指标。它是指标准试件在压力作用下直到破坏时，单位面积上所能承受的最大应力。它是用来作为评定混凝土质量的技术指标。

64）蜂窝：混凝土局部酥松，砂浆少、石子多，石子之间出现空隙，形成的蜂窝状孔洞。

65）孔洞：混凝土结构内有空腔，局部没有混凝土或蜂窝特别大。

66）麻面：混凝土表面局部缺浆、粗糙或有许多小凹坑，但无露筋现象。

67）裂缝：混凝土硬化过程中，由于混凝土脱水，引起收缩，或者受温度高低的温差影响，引起胀缩不均匀面产生的缝隙。

68）温度应力：由于温度变化，结构或构件产生伸或缩，而当伸缩受到限制时，结构或构件内部便产生应力，称为温度应力。

69）权重：在质量评价体系中，将一个工程分为若干评价部位、系统，按各部位、系统所占工作量的大小及影响整体能力的重要程度规定的所占比重。

70）结构工程：在房屋建筑中，由地基与基础和主体结构组成的结构体系，能承受预期荷载的工程实体。

71）渗漏修缮：对已发生渗漏部位进行维修或翻修等防渗封堵的工作。

72）维修：对房屋局部不能满足正常使用要求的防水层采取定期检查更换、整修等措施进行修复的工作。

73）翻修：对房屋不能满足正常使用要求的防水层及相关构造层，采取重新设计、施工等恢复防水功能的工作。

74）隔汽层：阻止室内水蒸气渗透到保温层内的构造层。

75）隔离层：消除相邻两种材料之间粘结力、机械咬合力、化学反应等不利影响的构造层。

76）复合防水层：由彼此相容的卷材和涂料组合而成的防水层。

77）附加层：在易渗漏及易破损部位设置的卷材或涂膜加强层。

78）防水垫层：设置在瓦材或金属板材下面，起防水、防潮作用的构造层。

79）持钉层：能够握裹固定钉的瓦屋面构造层。

80）平衡含水率：在自然环境中，材料孔隙中所含有的水分与空气湿度达到平衡时，这部分水的质量占材料干质量的百分比。

81）相容性：相邻两种材料之间互不产生有害的物理和化学作用的性能。

82）喷涂硬泡聚氨酯：以异氰酸酯、多元醇为主要原料加入发泡剂等添加剂，现场使用专用喷涂设备在基层上连续多遍喷涂发泡聚氨酯后，形成无接缝的硬泡体。

83）现浇泡沫混凝土：用物理方法将发泡剂水溶液制备成泡沫，再将泡沫加入到由水泥、骨料、掺合料、外加剂和水等制成的料浆中，经混合搅拌、现场浇筑、自然养护而成的轻质多孔混凝土。

84）玻璃采光顶：由玻璃透光面板与支承体系组成的屋顶。

85）瓦面：在屋顶最外面铺盖块瓦或沥青瓦，具有防水和装饰功能的构造层。

86）简单式种植屋面：仅种植地被植物、低矮灌木的屋面。

87）花园式种植屋面：种植乔灌木和地被植物，并设置园路、坐凳等休憩设施的屋面。

88）容器种植：在可移动组合的容器、模块中种植植物。

89）耐根穿刺防水层：有防水和阻止植物根系穿刺功能的构造层。

90）排（蓄）水层：能排出种植土中多余水分（或具有一定蓄水功能）的构造层。

91）过滤层：防止种植土流失，且便于水渗透的构造层。

92）种植土：具有一定渗透性、蓄水能力和空间稳定性，可提供屋面植物生长所需养分的田园土、改良土和无机种植土的总称。

93）植被层：种植草本植物、木本植物的构造层。

94）地被植物：用以覆盖地面的、株丛密集的低矮植物的统称。

95）缓冲带：种植土与女儿墙、屋面凸起结构、周边泛水及檐口、排水口等部位之间，起缓冲、隔离、滤水、排水等作用的地带（沟），一般由卵石或陶粒构成。

96）溶剂型防水涂料：以有机溶剂为分散介质，靠溶剂挥发成膜的防水涂料。

97）地下防水工程：对房屋建筑、防护工程、市政隧道、地下铁道等地下工程进行防水设计、防水施工和维护管理等各项技术工作的工程实体。

98）明挖法：敞口开挖基坑，再在基坑中修建地下工程，最后用土石等回填的施工方法。

99）暗挖法：不挖开地面，采用从施工通道在地下开挖、支护、衬砌的方式修建隧道等地下工程的施工方法。

100）胶凝材料：用于配制混凝土／砂浆的硅酸盐水泥及粉煤灰、磨细矿渣、硅粉等矿物掺合料的总称。

101）水胶比：混凝土配制时的用水量与胶凝材料总量之比。

102）锚喷支护：锚杆和钢筋网之间喷射混凝土联合使用的一种围岩支护形式。

103）地下连续墙：采用机械施工方法成槽、浇灌钢筋混凝土，形成具有截水、防渗、挡土和承重作用的地下墙体。

104）盾构隧道：采用盾构掘进机全断面开挖，钢筋混凝土管片作为衬砌支护进行暗挖法施工的隧道。

105）沉井：由刃脚、井壁及隔墙等部分组成井筒，在筒内挖土使其下沉，达到设计标高后进行混凝土封底。

106）逆筑结构：以地下连续墙兼作墙体及混凝土灌注桩等兼作承重立柱，自上而下进行顶板、中楼板和底板施工的主体结构。

107）注浆止水：在压力作用下注入灌浆材料，切断渗漏水流通道的方法。

108）吕荣值 Lu：是指透水率指标，是灌控工程设计的依据。各类不同坝高、坝型和不同岩性的水坝，其地基和坝肩的岩体透水率一律不得大于 $1\sim10$Lu。

109）MJS 灌浆法：MJS 工法是一种多孔管全方位高压（喷射压力不小于 40MPa）喷射灌浆的工艺工法。

110）无机类灌浆材料：主要由基料（水泥）、水、外加剂和其他胶凝材料，按照一定比例配制而成的颗粒状溶液。

111）有机类灌浆材料：是指石油化工产品为主剂与有机溶剂、外加助剂，按一定比例配制而成的真溶液。

112）钻孔注浆：钻孔穿过基层渗漏部位，在压力作用下注入灌浆材料并切断渗漏水通道的方法。

113）压环式注浆嘴：利用压缩橡胶套管（或橡胶塞）产生的胀力在注浆孔中固定自身，并具有防止浆液逆向回流功能的注浆嘴，又称牛头嘴。

114）埋管（嘴）注浆：使用速凝堵漏材料埋置的注浆管（嘴），在压力作用下注入灌浆材料并切断渗漏水通道的方法。

115）贴嘴注浆：对准混凝土裂缝表面粘贴注浆嘴，在压力作用下注入浆液的方法。

116）浆液阻断点：注浆作业时，预先设置在扩散通道上用于阻断浆液流动或改变浆液流向的装置。

117）内置式密封止水带：安装在地下工程变形缝背水面，用于密封止水的塑料或橡胶止水带。

118）止水帷幕：利用注浆工艺在地层中形成的具有阻止或减小水流透过的连续固结体。

119）壁后注浆：向隧道衬砌与围岩之间或土体的空隙内注入灌浆材料，达到防止地层及衬砌形变、阻止渗漏等目的的施工过程。

120）聚合物水泥防水涂料：以聚合物乳液和水泥为主要原料，加入其他添加剂制成的双组分防水涂料。

121）高分子自粘胶膜防水卷材：以合成高分子片材为底膜，单面覆有高分子自粘胶膜层，用于预铺反粘法施工的防水卷材。

122）预铺反粘法：将覆有高分子自粘胶膜层的防水卷材空铺在基面上，然后浇筑结构混凝土，使混凝土浆料与卷材胶膜层紧密结合的施工方法。

123）暗钉圈：设置于基层表面，并由与塑料防水板相热焊的材料组成，用于固定塑料防水板的垫圈。

124）预注浆：工程开挖前使浆液预先充填围岩裂隙或空隙，以达到堵塞水流、加固围岩的目的所进行的注浆。

125）衬砌前围岩注浆：工程开挖后，在衬砌前对毛洞的围岩加固和止水所进行的注浆。

126）回填注浆：在工程衬砌完成后，为充填衬砌和围岩间空隙所进行的注浆。

127）衬砌后围岩注浆：在回填注浆后需要增强衬砌的防水能力时，对围岩进行的注浆。

128）复合管片：钢板与混凝土复合制成的管片。

129）密封垫：由工厂加工预制，在现场粘贴于管片密封垫沟槽内，用于管片接缝防水的密封材料。

130）螺孔密封圈：为防止管片螺栓孔渗漏水而设置的密封垫圈。

131）脱层或起鼓：当施工作业基面的表面有浮灰或油污时，防水层或保温层从作业基面上拱起或脱离，即为脱层或起鼓。

132）挤塑聚苯乙烯泡沫塑料板（XPS）：以聚苯乙烯树脂或其共聚物为主要成分，添加少量添加剂，通过加热挤塑成型的具有闭孔结构的硬质泡沫塑料板。

133）模塑聚苯乙烯泡沫塑料板（EPS）：采用可发性聚苯乙烯珠粒经加热预发泡后，在模具中加热成型的具有闭孔结构的泡沫塑料板。

134）泡沫玻璃：由碎玻璃、发泡剂、改性添加剂和发泡促进剂等，经过细粉碎和均匀混合、高温熔化、发泡、退火而制成的无机非金属玻璃材料。

135）综合管廊：建于城市地下用于容纳两类及以上城市工程管线的构筑物及附属设施。国外有些国家叫共同沟。

136）集水坑：用来收集地下工程内部渗漏水或管道排空水等的池坑。

137）受力裂缝：作用在建筑上的力或荷载在构件中产生内力或应力引起的裂缝，也可称为"荷载裂缝"或"直接裂缝"。

138）变形裂缝：由于温度变化、体积胀缩、不均匀沉降等间接作用导致构件中产生强迫位移或约束变形而引起的裂缝，也可称为"非受力裂缝"或"间接裂缝"。

139）87 型雨水斗：具有整流、阻气功能的雨水斗。其排水流量达到最大值之前，斗前水位变化缓慢；流量达到最大值之后，斗前水位急剧上升。

140）无机保温板：以无机轻骨料或发泡水泥、泡沫玻璃为保温材料，在工厂预制成型的保温板。

141）保温砂浆：以无机轻骨料或聚苯颗粒为保温材料，无机、有机胶凝材料为胶结料，并掺加一定的功能性添加剂而制成的建筑砂浆。

142）外墙外保温系统：由保温层、保护层和固定材料（胶粘剂、锚固件等）构成并且适用于安装在外墙外表面的非承重保温构造总称。

143）桥面防水系统：由桥面铺装中的沥青混凝土面层或混凝土面层、过渡层、防水层、基层处理剂、混凝土基层及桥面排水口、渗漏管等与防排水有关构造构成的整体。

144）桥面防水层：在桥面铺装中，起到防止其上桥面水渗入其下桥面结构中作用的隔水层。

145）垃圾填埋场防渗系统：在垃圾填埋场场底和四周边坡上为构筑渗沥液防渗屏障所选用的多种材料组成的体系。

146）建筑反射隔热涂料：具有较高太阳热反射比和半球发射率，可以达到明显隔热效果的涂料。

147）固结体强度：浆液在试验室条件下配制的样品，经标准强度试验测得的强度值。强度试验包括单轴抗压强度、抗折（或抗剪）强度和抗拉强度试验。

148）劈裂注浆：在压力作用下，浆液克服地层的初始应力和抗拉强度，引起岩石和土体结构的破坏和扰动，使其沿垂直于小主应力的平面劈裂，或使地层中原有的裂隙或孔隙胀开，并使浆液充填裂隙或孔隙的一种注浆方式。

149）热惰性指标（D）：表征围护结构抵御温度波动和热流波动能力的无量纲指标，其值等于各构造层材料热阻与蓄热系数的乘积之和。

150）防水透气膜：具有防水和透气功能的合成高分子膜状材料。

151）环氧树脂自流平砂浆地面材料：指环氧树脂自流平涂料在生产过程或施工现场中加入适当比例的级配砂、粉等填充料，并配制均匀，可直接采用手工抹涂或机械涂装，且固化后涂膜平整、光滑，防护及耐冲击效果良好的地面材料。

152）剪力墙：房屋或构筑物中主要承受风荷载或地震作用引起的水平荷载和竖向荷载（重力）的墙体，防止结构剪切（受剪）破坏。

剪力墙按结构材料可以分为钢板剪力墙、钢筋混凝土剪力墙和配筋砌块剪力墙。剪力墙又称抗风墙、抗震墙、结构墙。

153）混凝土强度等级：C20、C30是指混凝土浇筑后28d（常温）的抗压强度为20MPa、30MPa。

154）防水混凝土：是指比普通混凝土更加密实、抗渗能力更强的混凝土，但它不能独立承担一、二级工程的防水任务。

155）结构自防水混凝土：通过调整混凝土的配合比与添加特种复合防水剂，固结体比防水混凝土更密实、抗渗能力更强，能独立承担一、二级工程防水任务的结构混凝土。但变形缝与细部节点必须采用柔性材料辅助。

3.1 改性沥青卷材

1. 热熔施工改性沥青卷材

1）弹性体改性沥青卷材

10 号石油沥青	1000	SBS	90
60 号石油沥青	500	再生胶粉	90
机油	360	滑石粉	650

2）塑性体改性沥青卷材

90/70 号石油沥青	100	滑石粉	30
APP/APAO 塑性体	13	方解石粉	30
机油	25		

2. 改性沥青自粘卷材

90 号石油沥青	32	填料	32
环烷油	14	芳烃油	4
SBS	5	增黏剂	3
再生胶粉	15		

3. 改性沥青阻燃卷材

1）沥青中掺入溴化物和三氧化锑；

2）沥青中掺入 3%～10% 氢氧化铝、氢氧化镁、硬脂酸钙；

3）沥青中掺入 2%～5% 膨胀化合物、石墨、多磷化合物。

4. 改性沥青耐腐卷材

沥青中掺入适量防腐剂可制成耐腐卷材。

5. 改性沥青防霉卷材

沥青中掺入适量丙烯酸树脂防霉剂，可制成防霉卷材：

A－溴化肉桂醛	10%	三聚磷酸钠	10%
乙二醇	5%	二氧化硅	84%

6. 公路道桥改性沥青卷材

		最佳配方
100 号道路沥青	53%～55%	100
SBS	9%～10%	13
增塑剂（环烷油）	7%	7
耐高温助剂（$T_g > 90℃$）	4%～5%	8
滑石粉	25%	双飞粉适量

7. 科顺防水张军等研发出一种耐高温（115℃）、超低温（−45℃）SBS 改性沥青卷材

涂盖料基本配方如下：

90 号重交沥青	39.75	61 号基础油（4 种原料复配）	20
1301–HSBS	10	改性剂 FS（复配）	17
防老剂 4010	0.25	滑石粉	13

8. 阻燃沥青涂盖料（中建材苏州防水研究院王晓莉、董州、杨胜）的基本配方

10 号石油沥青	10～13	改性剂 SBS	2
70 号道路沥青	5～15	胶粉	8
阻燃剂（复合）	20～30	滑石粉	40%

助剂：硅烷偶联剂、增稠剂、抗紫外线剂分别为 1%～3%。

3.2　高分子卷材

1. 聚氯乙烯（PVC）卷材

PVC 树脂	100	填料（复合料）	100 左右
SIS	15		（可调）
二丁酯	10	六偏磷酸钠	6
硬脂酸钙	3	抗氧剂	6

说明：欧洲 PVC 卷材增塑剂改用 D1NP，不用二丁酯 / 二辛酯。

2. PVC 柔毡

煤焦油	100	重苯	10
PVC 树脂	12	赤泥	25
PVC 塑料薄膜	25	芳烃	5
滑石粉	70（可调）		

3. 聚氯乙烯（PVC）—氯化聚乙烯（CPE）共混防水防腐卷材

PVC	100	氯化石蜡	30
CPE	100	六偏磷酸钠	8
二丁酯 / 二辛酯	20	填料	适量
硬脂酸钙	2	颜料	适量

4. TPO 卷材

TPO 树脂	60%	抗氧剂（1010）	适量
$CaCO_3$	40%		

5. 氯化聚乙烯（CPE）卷材

CPE 树脂	100	钛白粉	10
三盐基硫酸铅	3	二辛酯	20
硬脂酸钙	2	填料	330
软化剂	15	颜料	2～5

6. 氯磺化聚乙烯卷材

氯磺化聚乙烯橡胶	80	填料	110
防老剂	1.8	助剂	27

7. 硫化型三元乙丙橡胶（EPDM）卷材

三元乙丙橡胶	60	活化剂	6
丁基橡胶	40	补强剂	60
硫化剂	1.5	增塑剂	40
促进剂	1.5	高耐磨炭黑	60
硫磺	1.5		

3.3　建筑防水涂料与胶粘剂

1. 聚氯乙烯（PVC）胶粘剂

1）

PVC 树脂	100	四氢呋喃	100
甲乙酮	200	有机锡	1.5
二辛酯	20	甲基异丁基酮	适量

2）

PVC 碎屑	适量	甲乙酮	60
三恶烷（CH_2）$_4O_3$	20	二辛酯	2
甲　醇	12	异佛尔酮	3
冰磺酸	2		

2. 香蕉水

醋酸乙酯	25	乙醇	4
醋酸丁酯	2	苯	66
丙酮	3		

混合均匀即可。

3. 橡胶水

纯苯	93%	酒精（90%）	0.53%
丙酮	0.53%	生橡胶	3.5%
松香（2级）	0.36%	四氯化碳	1.22%

冷溶冷混即可。

4. 海波

硫代硫酸钠，又名大苏打。

小苏打（$NaHCO_3$），又名碳酸氢钠、重碳酸钠。

5. 防水剂

泡花碱	3600	明矾	25
硫酸铜	25	硫酸亚铁	10
重铬酸钾	5	水	2025

【用途】池、塔、库、渠、屋顶等防渗防水，用药水和水泥拌合能即刻堵水外冒。

6. 氯化钠—二乙醇胺早强剂

氯化钠	0.5%	三乙醇胺	0.05%

用于无筋混凝土

50kg 水泥所需早强剂为溶有 250g 氯化钠和 25g 三乙醇胺的溶液 2L。

7. 聚羧酸系高性能减水剂

甲基丙烯酸磺酸钠	1～1.5mol
甲基丙烯酸（MAA）	4.5mol
聚氧乙烯基丙酯（PA23）	1～1.5mol
过硫酸胺	适量

本品系清华大学研制。

8. 水泥活化剂

三异丙醇胺	水泥量的 0.05%
硫酸亚铁	水泥量的 0.3%

9. 水泥速凝剂

铝氧熟料	1	碳酸钠	1
氧化钙（石灰）	0.5		

本品掺量为水泥重的 3%，1～5min 速凝。

10. 膨胀珍珠岩吸声材料（室内顶棚墙壁用）

酯酸乙烯乳液（50%）	2.5%	五氯酚钠	0.1%
108 胶（10% 固量）	12.5%	水	50%
羧甲基纤维素	0.62%	膨胀珍珠岩	8%
六偏磷酸钠	0.13%	滑石粉	26%
乙二醇	0.15%		

11. 防水隔热粉

硬脂酸	25	碳酸钙	100

滚动式加热（130±10）℃充分搅拌，一步反应而成。

12. 四矾防水剂

硅酸钠（水玻璃）	400	绿矾	1
明矾（12 水合硫酸铝钾）	1	红矾钾（重铬酸钾）	1
蓝 矾	1	水	40

四矾防水剂为拌合水，加水泥、砂子拌合，快速堵漏（比例=1：0.5）。

13. 模板工程脱模剂

1）皂角 1　　　　　　　水 1.5　　　　　　　滑石粉（适量）

2）废机油 1　　　　　　汽油 0.15　　　　　滑石粉 1.3　　　　　水 0.4

3）废机油 1　　　　　　水泥 0.4～1.2　　　水 0.4

4）石蜡 1　　　　　　　柴油 3～5　　　　　滑石粉 4

5）白灰 1～1.3　　　　　黏土 1～1.3

14. 水泥预制构件脱模剂

硅酸钠沉淀（水玻璃生产废物）100

磷酸钠	1	废机油	1.5
碳酸钠	1	水	207

15. 聚乙烯醇多用途脱模剂

聚乙烯醇（1700～1800）	25%	丙酮	10%
乙醇	15%	自来水	50%

可用于金属、木质、玻璃钢、水泥、石膏、玻璃等材料的模具上。

16. 通用型水固化聚氨酯涂料

A 组分		B 组分	
聚醚多元醇	100	防老剂	0.3～0.5
MDI	20～24	软化剂	25～30
稳定剂（苯酚）	1	表面处理剂	0.4～0.5
其他助剂	10	增塑剂	10～15
		颜填料	40～50
		触变剂	3～5
		CO_2 吸收剂	10～15
		催化剂	0.3～0.5

17. 彩色 EVA 涂料（上海市建筑科学研究院检测达 802 要求）

EVA 乳液	8000	六偏磷酸钠	24
二丁酯	840	钛白粉	1800
水	1000	双飞粉	1300
OP-10	2.4	滑石粉	1100
醚酸三丁酯	16	硅灰粉	800
柠檬酸钠	24	轻钙粉	400
钠基膨润土	48	防霉剂	微量

18. SBS 改性沥青溶剂型涂料

10 号石油沥青	1000	机油	200
SBS	250	重苯	700
滑石粉	400	轻钙	150
萘酸钴	3	膨润土	30

19. 丙烯酸酯彩色弹性涂料

丙烯酸乳液	350	柠檬酸钠	1.2
二丁酯	14	双飞粉	49
水	80	滑石粉	77
OP-10	1.2	硅灰粉	66
磷酸三丁酯	0.8	轻钙	1
膨润土	2.5	防霉剂	微量
六偏磷酸钠	1.2		

20. 环氧树脂涂料与砂浆基础配方（质量比）

1）底涂（基层处理剂）

环氧树脂 E44	100	丙酮	40～50
低毒胺类固化剂	15～20		

2）环氧胶泥

环氧树脂 E44	100	稀释剂	20～30
低毒胺类固化剂	10～15	水泥	150～200

3）环氧砂浆

环氧树脂	100	水泥	150～200
低毒胺类固化剂	15～20	石英砂	250～300
稀释剂	10～20		

4）环氧树脂 E44（参考配方）

双酚 A	114	环氧氯苯烷	125
氢氧化钠（30%）	129	纯苯	适量

21. 聚氯乙烯冷用涂料

1）溶剂型冷涂料

（1）煤焦油　　100　　甲苯与丙酮混合液　　127.5

　　PVC 树脂　　7.5

（2）煤焦油　　100　　填料（土粉、滑石粉、轻钙粉）

　　PVC 树脂　　7　　　　　　　　　　　　80 左右

　　环己酮　　21

2）水乳型冷涂料

煤焦油	100	钠质膨润土（粉重）	27
PVC 塑料薄膜	24	OP–10	微量
二辛酯	4	清洁水	180 左右

3）冷粘胶

（1）环己酮　　100　　香焦水　　适量

　　PVC 树脂　　8

　　或　PVC 薄膜　　18

（2）环己酮　　100　　PVC 树脂　　100

　　二辛酯　　40　　甲苯　　200

（3）环己酮 50 CX-401/404 40

　　二辛酯 20 PVC 树脂 4

（4）硬质 PVC 胶粘剂

　　PVC 树脂 20 四氢呋喃 40

　　二丁酯 4～5 环己酮 40

（5）软质 PVC 胶粘剂

　　PVC 树脂 20 四氢呋喃 40

　　二丁酯 10 环己酮 40

22. 聚合物水泥防水砂浆施工配合比（质量比）

1）聚丙烯酸酯乳液水泥砂浆

	1 号	2 号
水泥	100	100
砂	100	200
乳液	25	42

2）氯丁胶乳水泥砂浆

	1 号	2 号
水泥	100	100
砂	150	250
阳离子胶液	45	65

3）乙烯—醋酸乙烯共聚乳液（EVA 乳液）水泥砂浆

水泥 100　　砂 200　　乳液 25～30

23. 单组分聚合物水泥防水浆料

42.5 级普通硅酸盐水泥	40	纤维素醚 E230X	0.1
砂	100	木质纤维 1004-7N	0.4
干粉消泡剂	0.07	憎水剂 SEA180	0.1
淀粉醚	0.03	可再分散胶粉 FX7000	7
300 目重钙	15	减水剂 F151	0.4

24. 地下水中混凝土修补材料配方

1）液料　　　　　　　　　　　　2）填料

丙烯酸环氧共聚物	100	水泥	60
PU 预聚体	25	砂	60

DPO（引发剂）	2
DMA（促进剂）	0.2
三乙醇胺	0.4
稀释剂（活性）	30%～40% 适宜
	液料与填料（水泥、砂）比为 1 ∶ 1

25. 非固化橡胶沥青防水涂料

1）
100 号石油沥青	17.5	SBS	3
母　料	12.8	环烷油	13.5
芳烃油	17.5	800 目重质轻质碳酸钙	35.7

2）
70 号沥青	45%	芳烃软化油	18%
C5 树脂	10%	8903 助剂	3%
SBR	5%	400 目轻质碳酸钙	19%

26. 喷涂速凝橡胶沥青防水涂料（A ∶ B=10 ∶ 1）

A 组分		B 组分	
乳化沥青	70%	CaCO$_3$ 溶液	浓度 10%
氯丁胶乳	30%		
助剂	适量		

27. 喷涂聚脲防水防腐涂料

A 组分		B 组分	
聚氧化丙烯多元醇	15%	扩链剂 E300	32%
		CAD-2000	53%
		CAT-5000	10%
		助剂（抗氧剂 1076、紫外稳定剂 UV531）、	
		填料	5%

28. 手刷型聚脲防水防腐涂料

A 组分		B 组分	
HDE（六亚甲基二异氯酸酯三聚体）	50%	D-200（端氨基聚醚）	15%
		E300（扩链剂）	30%
		马来酸二乙酯	5%

29. 藏木水电站廊道修补技术

界面层：长江科学院研制的 CW720 改性丙烯酸酯乳液 1 ∶ 水泥 1.1

修补层：1∶1.5 水泥砂浆（灰乳比为 1∶0.2，水灰比为 40%）

面层：水泥 3∶丙乳 1.5∶钛白粉 0.25

30. 三元乙丙橡胶防水涂料（青岛恒泰、山西四方恒泰，闫峰、王大伟推介）

A 组分 300

EPDM	100	增塑剂	30
颜填料	110	氧化锌	7.5
硬酯酸	2	ST	2
SD-1	2	增黏剂	5
交联剂	7.5	溶剂	30
特殊助剂	3		

B 组分 10

31. 反辐射节能涂料

白胶	500	分散剂	3
瓷土	100	钛白粉	100
重质碳酸钙	100	硅灰粉	100
空心微珠	50	紫外光吸收剂	10

3.4 建筑密封材料

1. 丙烯酸密封膏（单组分）

1) 163 乳胶

163 乳胶	600	石英粉	200
二丁酯	120	重晶石粉	180
OP-10	14	钛白粉	20
丙二醇	10	增黏剂	60
乙二醇	20	石膏粉	适量
重钙粉	200		

2) 丙烯酸酯密封膏

丙烯酸乳液		六偏磷酸钠	2
（固含量 50%）	50	抗冻剂	2
苯二甲酸酯	10	颜料	1.5
填料	50	水	适量

2. 彩色（多组分）聚氨酯密封膏

TDI	103.26	气相 SiO_2	31
N330	405	钛白粉	31～37
N210	25	炭黑	2.5
N220	76	固化剂	83
HCL	0.04	有机锡	0.4
滑石粉	171	1010	2.28
消泡剂	171	CA	0.57

3. 改性沥青胶粉油膏（冷用型）

1）
60 号石油沥青	400	重松焦油	160
再生橡胶粉	80	机油	150
硫磺	3.6	滑石粉	240
松节油	48	石棉粉	240

2）胶粉沥青油膏
60 号石油沥青	100	旧废再生胶粉	25
填料（滑石粉 / 瓷土）	20	烷环油	适量（调节稠度）

4. SBS 改性沥青油膏

1）
10 号石油沥青	1500	氯化石蜡	250
SBS	165	双飞粉	1500
机油	250	柴油	250

2）
90 号石油沥青	100	环烷油	20
SBS	6	填料	100
再生胶粉	10	芳烃油	10（可调）

5. 中性硅酮密封胶

$\alpha \cdot W$ 二羟基聚二甲基硅氧烷与苯乙烯、丙烯酸丁酯接枝共聚物	100
甲基三丁酮肟基硅烷	7
四乙氧基硅烷二丁基锡	2.8

6. 聚氨酯密封胶

1）
聚苯基多异氰酸酯	300	二甲苯	140
甲苯二异氰酸酯	50	二丁酯	30
N500 聚醚树脂	80		

2）双组分聚氨酯密封膏（胶）

甲组分：聚氨酯预聚体　　100

乙组分：

甘油	2	有机锡	0.02
蓖麻油	10	生石灰	10
钛白粉	10	颜料	适量
二丁酯	3		

7. 氯丁橡胶密封胶

氯丁橡胶	100	硅藻土	60
酚醛树脂	10	三氯乙烯	44
石蜡	10	甲乙酮	适量
硬酯酸锌	2		

8. 双组分聚硫密封胶

甲组分：

液体聚硫橡胶	100	酚醛树脂	5
二丁酯	35	二氧化硅	2
碳酸钙	25	硫磺	0.1
无水硅酸铝	30	硬脂酸	1
钛白粉	10		

乙组分：

二氧化铅	7.5	硬酯酸	0.75
二丁酯	6.75		

甲组分：乙组分 =100：7.5

9. 聚硫—环氧密封胶

聚硫橡胶	100	MnO_2	1
炭黑	30	环氧树脂	8
气相 SiO_2	1	丙酮	5
钛白粉	10		

室温固化 10d 或 100℃固化 8h

10. 丁基密封胶

丁基橡胶	100	炭黑	75
三元乙丙橡胶	15	聚丁烯	10
铝粉	15		

密炼热处理成条

11. 聚氯乙烯（PVC）胶泥

1）热用 PVC 胶泥

煤焦油	100	硬酯酸钙	1
PVC 树脂	8～10	填料	20
二丁酯	10		

2）冷用 PVC 嵌缝胶

环己酮	50	碳酸钙	适量
二辛酯	20	助剂	少量
PVC 树脂	30		

12. PVC 塑料油膏

煤焦油	100	填料	80
旧 PVC 薄片	20	重苯	20
二辛酯	10		

13. 蓖麻油嵌缝膏（常温冷用型）

蓖麻油		石棉粉	5
240℃左右热聚合	40	200 号溶剂油	适量
滑石粉	50		

14. 硅烷改性聚醚密封胶（MS 密封胶）

	A 组分	B 组分
端硅烷改性聚醚	100	0
增塑剂	50	100
纳米碳酸钙	90	50
重质碳酸钙	90	250
紫外线吸收剂	1.5	催化剂 40
光稳定剂	1.5	
触变剂	10	

15. 新型膨胀止水橡胶

丁腈橡胶	100	白碳黑	40
硬酯酸	1	硫磺	1
氧化锌	5	聚丙烯酸钠	30 左右
促进剂 DM	4		

3.5 灌浆堵漏材料

1. 无机堵漏材料

1）速凝型（1～5min）

2）缓凝型（5～20min）

3）水玻璃–矾类防水剂材料配比表见表 3–1。

水玻璃（密度1.63）矾类防水剂材料组成与配比表　　表 3–1

材料名称	硅酸钠（水玻璃）$NaSiO_3$	硫酸铝钾（明矾）$KAl(SO_4)_2$	硫酸铜（胆矾、蓝矾）$CuSO_4 \cdot 5H_2O$	硫酸亚铁（绿矾）$FeSO_4 \cdot 7H_2O$	重铬酸钾（红矾钾）$K_2GrO_7 \cdot 2H_2O$	硫酸铬钾（铬钾矾、紫矾）$KGr(SO_4)_2 \cdot 12H_2O$	水 H_2O
五矾防水剂	400	1	1	1	1	1	60
四矾防水剂	720	5	5	1	1	—	400
	360	2.5	2.5	1	0.5	—	200
	400	1.25	1.25	1.25	—	1.25	60
	400	1	1	—	—	—	60
	400	1	—	1	1	1	60
三矾防水剂	400	1.66	1.66	1.66	—	—	60
二矾防水剂	400	—	1	—	1	—	60
	442	—	2.87	—	1	—	60
颜色	无色	白色	水蓝色	蓝绿色	橙红色	深紫红色	无色

2. 水性聚氨酯补漏材料

聚氧化丙烯三元醇与 TDI 预聚体　　　　　　100

丙酮　　　　　　　　　　　　　　　　　　15

水性硅油　　　　　　　　　　　　　　　　1

有机锡　　　　　　　　　　　　　　　　　0.5 左右

二辛酯　　　　　　　　　　　　　　　　　约 5

吐温　　　　　　　　　　　　　　　　　　1

1.6　灌浆技术是治理建设工程渗漏的有效手段

1. 灌浆技术发展概况

原始社会古人居住于土洞与岩洞，曾利用土质材料或石灰黏土材料封堵洞穴的孔洞与缝隙，创建人们挡风避雨的生活条件。19 世纪 20 年代，随着硅酸盐水泥的发明，现代意义的灌浆技术开始在英、法、美、德等国家的大坝基础、桥梁基础与房屋建筑基础的加固及矿井漏水的堵漏等方面得到广泛应用。随着化学工业的快速发展，工程师们尝试在工程中采用化学浆料进行灌浆获得成功。到了 20 世纪中叶，灌浆技术日渐成熟，其应用也越来越广。

我国现代灌浆技术起步较晚，从 20 世纪 50 年代末起，中国科学院广州化学研究所、长江科学院、中国电建集团华东勘测设计研究院、煤炭科学研究总院、中国铁道科学研究院、黄河勘测规划设计研究院等单位的科学家与工程技术人员先后开展了对灌浆材料和灌浆工艺的系统研究与应用，开发了水泥、水玻璃、甲基丙烯酸甲酯、丙烯酰胺、脲醛树脂、铬木质素、聚氨酯、环氧树脂等化学灌浆材料。

近 20 年来，随着灌浆技术的广泛应用，我国科技人员不断探索不断创新，进一步开发了不少的灌浆新材料、新技术，使灌浆成为建设工程治漏、加固不可或缺的重要手段。

2. 灌浆技术方法

灌浆技术方法有 10 多种，根据灌浆压力大小可细分为：

1）静压灌浆：灌浆压力＜ 5MPa。

2）高压灌浆：灌浆压力为 5～35MPa。

3）超高压灌浆：灌浆压力＞ 35MPa。

3. 混凝土缺陷灌浆机理

混凝土缺陷灌浆主要针对混凝土结构构件缺陷（如贯穿性裂缝、构件内部的蜂窝、孔洞）进行。与土体灌浆和岩体灌浆不同，对混凝土缺陷灌浆并不能使被灌混凝土的性质产生质的改变，浆液在混凝土缺陷部位充填空（缝）隙、胶结骨料，起防渗堵漏、补强加固的作用，可修复混凝土结构缺陷、恢复结构的整体性。根据流体力学原理，灌浆浆液在混凝土裂缝或内部孔洞中运移可视为在压力作用下浆液于两块具有一定间隙的平行平板间或一圆管中进行流动，浆液运移的阻力来自浆液的内摩擦力、前进方向的阻力和侧壁的摩擦力（图 1-7）。若孔洞或裂缝中有充填物，灌浆前需要采用水冲或气冲的方式将充填物清理干净。对开度大的孔洞或裂缝，灌浆浆液以充填形式运移；对开度小的孔洞或裂缝，灌浆浆液以渗透方式运移。由此可见，混凝土结构构件缺陷的灌浆机理基本符合渗透和充填的机理性质。

3. 环氧注浆补漏材料

环氧树脂 E51	100	MA 水下固化剂	30
氧化铝粉	50	DMP-30	3
二辛酯	20	石棉粉	适量

混合均匀即可使用。

4. 天津地铁灌浆材料——双液灌浆

42.5 级水泥：水灰比 1：1

水玻璃：模数 28，浓度 40 波美度，无公害。

水泥浆与水玻璃质量比为 1：1

灌浆压力：0.2～1.5MPa

灌浆流量：20～40L/min

结石体抗压强度为 5～20MPa

5. 南京水利科学研究院研制的 MU 无溶剂环氧浆材，环保型

固化剂不用乙二胺，用 810、T31、X-89、脂环胺（CH）、硬质 SPUA 材料（聚脲）

A 组分		B 组分	
炭化二亚胺	60	聚醚	61.1
PPG-2000	40	扩链剂（二乙基甲苯二胺）	28.2
MCO	16%	颜填料	10.2

体积比 A：B=1：1，质量比为 1.04，NCO 指数为 1.05。

6. 环氧灌注结构胶

E51	100	固化剂（421）	20
丁基缩水甘油醚	20	聚醚胺固化剂（D230）	20

以上合计为 50%：石英粉（800 目）50%

7. 室内装修用丙烯酸酯密封胶

醋丙乳液	1	硅丙乳液	4
增塑剂（二异葵酯）	适量	填料	65%

8. 2003 年 7 月上海越江隧道抢险技术

1）注浆材料（一）

水玻璃 1：水泥浆（水灰比为 0.7）1（系体积比）

双浆单管注浆，SYB50-50 柱塞泵两台，凝结时间 1～4min，孔深 21m。

2）注浆材料（二）

油溶性聚氨酯浆液，凝结时间 2min。

可控硅无级调速齿轮泵，最大流量 20L/min，孔深 25m，有些位置连续灌注 5t。

3.6 建筑常用保温（隔热）材料

1. 保温隔热材料的三重功能

1）隔热功能：阻挡太阳热进入室内；

2）保温功能：阻隔室外冷气进入室内；

3）保护地下外墙防水层。

2. 保温隔热材料品种

材料品种繁多，常用材料的品种如下：

1）预制板状材料

（1）模塑聚苯烯（EPS）泡沫板

（2）挤塑聚苯烯（XPS）泡沫板

（3）矿棉、岩棉预制板

（4）预制珍珠岩板 / 预制蛭石板

（5）沥青胶合板（沥青膨胀珍珠岩板）

2）散装颗粒：珍珠岩、蛭石

3）纤维状松散材料：矿棉纤维、岩棉纤维

4）金属面夹芯复合板

5）喷涂发泡聚氨酯（PU）与喷涂聚脲

3. 几种常用保温隔热材料的主要性能（表 3-2）

常用保温隔热材料的主要性能　　　　　　　　　　　表 3-2

材料名称	表观密度（kg/m³）	导热系数（25℃）[W/（m·K）]	燃烧性能等级
模塑 EPS 板	≥ 15～20	≤ 0.039	不低于 B₂ 级
挤塑 XPS 板	≥ 20～40	≤ 0.030	不低于 B₂ 级
喷涂硬泡聚氨酯	≥ 35～55	≤ 0.024	不低于 B₂ 级
泡沫玻璃保温板	≥ 150	≤ 0.062	
硬泡聚氨酯防水保温复合板	≥ 35	≤ 0.024	不低于 B₂ 级
乡村建筑屋面泡沫混凝土保温层	干密度≤ 300～700	≤ 0.08～0.18	应达 A 级

4. EPS 板与 XPS 板粘结材料的配合比

1）稀释 EVA 乳液，每平方米布点为 5 点，每点 ϕ10cm 左右。

2）EVA 乳液 +30% 水泥浆，每平方米布点为 5 点，每点 ϕ10cm 左右。

3.7　建筑常用防腐材料施工配合比

常用防腐材料施工配合比见表 3-3～表 3-10。

环氧类材料的施工配合比（质量比）　　　　表 3-3

材料名称		环氧树脂	稀释剂	低毒固化剂	乙二胺	矿物颜料	耐酸粉料	石英砂	石英石
封底料		100	40～60	15～20	（6～8）		—		—
基层修补胶泥料		100	10～20	15～20	（6～8）	—	150～200		
树脂胶料	铺衬与面层胶料	100	10～20	15～20	（6～8）	0～2	—	—	—
	接浆料					—			
胶泥	砌筑或嵌缝料	100	10～20	15～20	（6～8）	—	150～200	—	
稀胶泥	灌缝或地面面层料	100	10～20	15～20	（6～8）	0～2	100～150		
砂浆	面层或砌筑料	100	10～20	15～20	（6～8）	0～2	150～200	300～400	
	石材灌浆料	100	10～20	15～20	（6～8）		100～150	150～200	
细石混凝土	面层料	100	10～20	15～20	（6～8）	—	150～200	250～300	250～350

注：1. 除低毒固化剂和乙二胺外，还可用其他胺类固化剂，应优先选用低毒固化剂，用量应按供货商提供的比例或经试验确定。

　　2. 当采用乙二胺时，为降低毒性可将配合比所用乙二胺预先配制成乙二胺丙酮液（1：1）。

　　3. 当使用活性稀释剂时，固化剂的用量应适当增加，其配合比应按供货商提供的比例或经试验确定。

　　4. 本表以环氧树脂 EP01451-31（E-44）举例。

　　5. 环氧树脂玻璃鳞片胶泥和环氧树脂自流平料与固化剂的配合比由供货商提供或经试验确定。

乙烯基酯树脂和不饱和聚酯树脂材料的施工配合比（质量比）　表 3-4

材料名称		树脂	引发剂	促进剂	苯乙烯	矿物颜料	苯乙烯石蜡液	粉料		细骨料		粗骨料
								耐酸粉	硫酸钡粉	石英砂	重晶石砂	石英石
封底料				0.5～4	0～15	—	—	—	—	—	—	—
修补料								200～350	（400～500）	—	—	—
树脂胶料	铺衬与面层胶料			0.5～4	—	0～2	—	0～15	—	—	—	—
	封面料				—	0～2	3～5	—	—	—	—	—
	胶料	100	1～4		—		—	—	—	—	—	—
胶泥	砌筑或嵌缝料			0.5～4				200～300	（250～350）	—	—	—
稀胶泥	灌缝或地面面层料			0.5～4	—	0～2	—	120～200	—	—	—	—
砂浆	面层或砌筑料			0.5～4	—	0～2	—	150～200	（350～400）	300～450	（600～750）	—
	石材灌浆料			0.5～4				120～150	—	150～180	—	—
细石混凝土	面层料			0.5～4	—	—	—	150～200	—	250～300	—	250～350

注：1. 表中括号内的数据用于耐含氟类介质工程。

2. 过氧化苯甲酰二丁酯糊引发剂与 N，N- 二甲基苯胺苯乙烯液促进剂配套；过氧化环己酮二丁酯糊、过氧化甲乙酮引发剂与钴盐（含钴量不小于 0.6%）的苯乙烯液促进剂配套。

3. 苯乙烯石蜡液的配合比为苯乙烯：石蜡 =100∶5；配制时，先将石蜡削成碎片，加水苯乙烯中，用水浴法加至 60℃，待石蜡完全溶解后冷却至常温。苯乙烯石蜡液应使用在最后一道封面料中。

4. 乙烯基酯树脂自流平料与固化剂的配合比，由供货商提供或经试验确定。

5. 乙烯基酯树脂和双酚 A 型不饱和聚酯树脂的玻璃鳞片胶泥与固化剂的配合比，由供货商提供或经试验确定。

呋喃树脂类材料的施工配合比（质量比）　　　表 3-5

材料名称	呋喃树脂	糠醇糠醛型				石英砂	石英石
		玻璃纤维增强塑料粉	胶泥粉	砂浆粉	混凝土粉		
封底料		同环氧树脂、乙烯基酯树脂或不饱和聚酯树脂封底料					
修补料		同环氧树脂、乙烯基酯树脂或不饱和聚酯树脂修补料					
树脂胶料	100	40～50	—	—	—	—	—
		—	—	—	—	—	—
		—	—	—	—	—	—

续表

材料名称		呋喃树脂	糠醇糠醛型				石英砂	石英石
			玻璃纤维增强塑料粉	胶泥粉	砂浆粉	混凝土粉		
树脂胶泥	砌筑	100	—	250~400	—	—	—	—
		—	—	—	—	—	—	—
		—	—	—	—	—	—	—
	灌缝	100	—	250~300	—	—	—	—
		—	—	—	—	—	—	—
		—	—	—	—	—	—	—
树脂砂浆		100	—	—	400~450	—	—	—
		—	—	—	—	—	300~400	—
		—	—	—	—	—	200~250	—
树脂混凝土		100	—	—	—	250~270	100~150	400~500
		—	—	—	—	—	100~200	400~500
		—	—	—	—	—	150~250	250~400

酚醛类材料的施工配合比（质量比）　表 3-6

材料名称		酚醛树脂	稀释剂	低毒酸性固化剂	苯磺酰氯	耐酸粉料
封底料		同环氧树脂、乙烯基酯树脂或不饱和聚酯树脂封底料				
修补料		同环氧树脂、乙烯基酯树脂或不饱和聚酯树脂修补料				
树脂胶料	铺衬与面层胶料	100	0~15	6~10	8~10	—
胶泥	砌筑	100	0~15	6~10	8~10	150~200
稀胶泥	灌缝料	100	0~15	6~10	8~10	100~150

钠水玻璃材料的施工配合比　表 3-7

材料名称	配合比（质量比）		
	普通型		密实型
	1	2	
钠水玻璃	100	100	100
氟硅酸钠	15~18	—	15~18

续表

材料名称		配合比（质量比）		
		普通型		密实型
		1	2	
填料	铸石粉	250～270	—	250～270
	瓷粉	200～250	—	—
	石英粉：铸石粉 =7：3	200～250	—	—
	石墨粉	100～150	—	—
	耐酸粉	—	220～270	—
糠醇单体		—	—	3～5

注：1. 表中氟硅酸钠用量是按水玻璃中氧化钠含量的变动而调整的，氟硅酸钠纯度按 100% 计；
　　2. 配比 1 的填料可选一种使用；
　　3. 耐酸砂浆配合比：钠水玻璃：砂浆混合料 =100：（340～420）；
　　　耐酸混凝土配合比：钠水玻璃：混凝土混合料 =100：（490～750）。

钾水玻璃材料的施工配合比　　　　　　　　表 3-8

材料名称	混合料最大粒径（mm）	配合比（质量比）			
		钾水玻璃	胶泥混合料	砂浆混合料	混凝土混合料
胶泥	0.45	100	220～250	—	—
砂浆	2.5	100	—	320～420	—
混凝土	25	100	—	—	490～750

注：1. 钾水玻璃胶泥粉已含有钾水玻璃的固化剂和其他外加剂；
　　2. 普通型钾水玻璃胶泥应采用普通型的胶泥粉；密实型钾水玻璃胶泥应采用密实型的胶泥粉。

聚合物水泥砂浆配合比（质量比）　　　　　表 3-9

项　目	氯丁胶乳水泥砂浆	氯丁胶乳水泥素浆	氯丁胶乳胶泥	聚丙烯酸酯乳液水泥砂浆	聚丙烯酸酯乳液水泥素浆	聚丙烯酸酯乳液胶泥	环氧乳液水泥砂浆	环氧乳液水泥素浆	环氧乳液胶泥
水泥	100	100～200	100～200	100	100～200	100～200	100	100～200	100～200
砂	150～250	—	—	100～200	—	—	200～400	—	—
阳离子氯丁胶乳	45～65	45～65	25～45	—	—	—	—	—	—
聚丙烯酸酯乳液	—	—	—	25～42	50～100	25～42	—	—	—

续表

项　目	氯丁胶乳水泥砂浆	氯丁胶乳水泥素浆	氯丁胶乳胶泥	聚丙烯酸酯乳液水泥砂浆	聚丙烯酸酯乳液水泥素浆	聚丙烯酸酯乳液胶泥	环氧乳液水泥砂浆	环氧乳液水泥素浆	环氧乳液胶泥
环氧乳液	—	—	—	—	—	—	50～120	50～120	25～60
固化剂	—	—	—	—	—	—	5～20	5～20	2.5～10

注：表中所列聚合物配比均是添加助剂后的数值范围。实际配比应根据聚合物供应商提供的配比及现场试验确定。

沥青砂浆和沥青混凝土的施工配合比（质量比）　　表 3-10

种　类	粉料和骨料混合物	沥青（%）
沥青砂浆	100	11～14
细粒式沥青混凝土	100	8～10
中粒式沥青混凝土	100	7～9

注：本表是采用平板振动器振实的沥青用量，当采用碾压机或热滚筒压实时，沥青用量应适当减少。

3.8　废旧泡沫塑料回收利用参考配合比

1. 废旧聚苯乙烯泡沫塑料配制胶粘剂

废旧聚苯乙烯泡沫塑料	120	二丁酯	10
二甲苯	172	香精	8

本胶可粘贴塑料地板、人造大理石、马赛克、陶瓷等。

2. 废旧聚苯乙烯泡沫塑料配制密封胶

废旧泡沫板	50	乳化剂（辛基酚聚氧乙烯醚）	
甲　苯	50		适量
500 号溶剂油	40	钙基膨润土	适量
聚乙烯醇（1788）	13	水	80
二丁酯	1		

本胶可用于钢门窗、木门窗缝隙密封。

3. 瓷砖胶粘剂

废旧聚苯乙烯泡沫板	25	200 号溶剂汽油	20
甲　苯	25～30	氧化锌	5

萜烯树脂	5	水泥	45
二丁酯	3	酚醛树脂	5
表面活性剂 OP-10	适量		

本胶主要用于瓷砖、地板粘接。

4. 配置压敏胶

废泡沫塑料（含苯乙烯 20%～40%）	3～4
二丁酯	2.5～3.5
乙酸乙酯	0.1～0.3
有机溶剂	3～4.5

5. 聚苯乙烯改性聚氨酯与环氧（质量份）

泡沫塑料	25
混合溶剂（乙酸乙酯：甲苯 =4：1）	50
TDI（Ⅰ）	1.5
TDI（Ⅱ）	0.25
E-51	5
填料	5

黑龙江省科学院石油化学研究院等研制，可粘接金属、玻璃、陶瓷、塑料、木材等。

6. 废聚苯乙烯可制成多种防水涂料（质量份）

旧泡沫板	100	乳化剂	13
复合溶剂	145	水	110
二辛酯	25		

7. 废旧聚苯烯制防水防腐蚀涂料（质量份）

泡沫塑料	8～15
混合溶剂	30～45
松香改性酯醛树脂	0.4～1
引发剂（过氧化苯甲酰）	0.01～0.02
二丁酯	0.1～0.5
改性剂（有机硅）	0.8～1.2
氧化铁红	20～30
硫酸钡	3.1～4.5
轻钙	4.2～5.4
膨润土	2.5～5

此品可做钢铁、管道防水防腐。

8. 废旧聚苯乙烯泡沫塑制防火涂料

A 组分：改性乳液

泡沫塑料	50	乳化剂	适量
丙烯酸	10	保护胶	适量
丙烯酸丁酯	30	过硫酸钾	适量
三氯乙烯	20	水	适量
苯乙烯	适量		

B 组分：防火涂料

废聚苯乙烯改性乳液	100	碳酸氢钠	4
水合硼酸锌	6	磷酸二酯三聚氰胺盐	4
氢氧化铝	10	包覆红磷	8
钼酸铵	8	季戊四醇	6

9. 废聚苯乙烯泡沫制防锈底漆

A. 改性清漆

泡沫塑料	4	改性树脂	1.2
松　香	1.5	二丁酯	1
二甲苯	9	丙　酮	3

B. 配防锈底漆

A 清漆	60	三聚磷酸铝	6
氧化锌	3	磷酸锌	6
滑石粉	11	钛白粉	8

10. 改性聚苯乙烯泡沫制水性带锈涂料

旧泡沫塑料	9～15
混合溶剂（二甲苯、乙酸乙酯、200 号溶剂油）	20～30
氧化铁红	15～20
改性剂［干性油、顺酐（1.2%～1.6%）］	2.5～4
化锈处理液（安徽工业大学）	8～15
320 目锌黄	2.5～3.5
填　料	7～15
增塑剂	0.01
引发剂（过氧化苯甲酰）	0.1

消泡剂			0.05
催化剂			0.008

安徽工业大学研制。

11. 废旧聚苯乙烯塑料制防水隔热粉

A 组分：35～55

泡沫塑料	1～10	蜡、硬酯酸	0.5～10
甲苯、二甲苯	98.5～80		

B 组分：

矿石粉（碳酸钙、碳酸镁）65～45

12. 废聚氯乙烯软质膜制防水卷材

废旧 PVC 膜	100	三盐基硫酸铅	2
氯化聚乙烯（PE）	3～8	二盐基亚磷酸铅	1
氯化石蜡	2～4	防紫外线剂	0.2
二葵酯	8～12	颜料	适量
二辛酯	6～8	活化碳酸钙	60～80

【工艺】160℃在开炼机上混炼→三辊压延机压延；

混炼后也可在四辊机上加布压延复合。

第4章
建筑防水保温防腐常用器具与机械设备

4.1 对机具、机械的基本要求

1）安全、轻巧：使用安全度高、便于携带与运输，使用灵巧便捷。

2）机械设备要有使用、维修说明书和结构图及合格证。

3）必备足够的更换零（部）件。

4）制订使用操作规程。

5）电源尽量采用双相电；中大型机械可采用三相电。

6）作业时噪声小、振动少、扬尘少，尽量减轻对环境的污染和影响。

7）价格适宜，便于普及。

8）耐用周期长。

在当今科学技术日新月异的进步时代，应加强创新研究，朝着自动化、数字化、智能化的方向发展。

4.2 常用工具

1）榔头（有些地方叫锤子，图4-1）：常用6～8磅（1磅为0.454kg）。

2）钢錾：有圆形尖錾与扁形钢錾（图4-2）。

3）小平铲（腻子刀，图4-3）：刃口宽度（mm）为25、35、45、50、65、75、90、100，刃口有0.4mm（软性）与0.6mm（硬性）之分。

图4-1 榔头

图4-2 钢錾

图4-3 小平铲

4）拖布：有些地方叫洗把、拖把，见图4-4。

5）扫帚（图4-5）：有棕帚、竹帚、尼龙塑料帚。

6）钢丝刷（图4-6）。

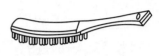

图 4-4　拖布　　　　　图 4-5　扫帚　　　　　图 4-6　钢丝刷

7）钢抹子（图4-7）。

8）铁桶、橡塑桶（图4-8）。

9）油漆刷、滚刷（图4-9）。

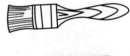

图 4-7　钢抹子　　　　图 4-8　铁桶、橡塑桶　　图 4-9　油漆刷、滚刷

10）小压辊（图4-10）。

11）手动挤胶枪（图4-11）。

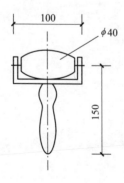
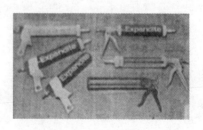

图 4-10　小压辊　　　　　　　　图 4-11　手动挤胶枪

12）胶皮刮板、薄钢板刮板（图4-12）。

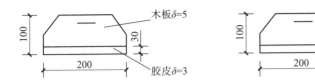

图4-12 胶皮刮板和薄钢板刮板

13）长柄刷（图4-13）。

14）镏子（图4-14）。

15）气动挤胶枪（图4-15）。

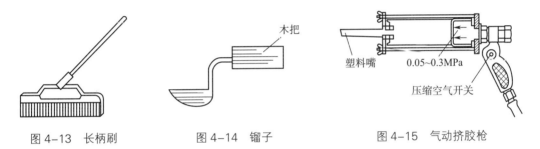

图4-13 长柄刷   图4-14 镏子   图4-15 气动挤胶枪

16）磅秤（图4-16）：15～50kg。

17）电子秤（图4-17）。

18）皮卷尺（图4-18）：50m。

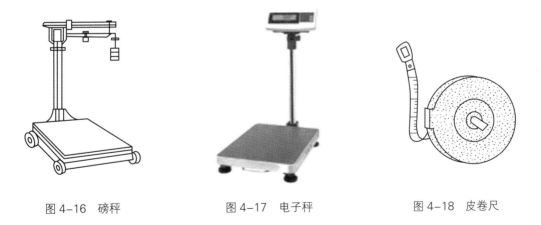

图4-16 磅秤   图4-17 电子秤   图4-18 皮卷尺

19）钢卷尺（图4-19）：长2m。

20）手动电钻（图4-20）。

21）电动吹尘器（图4-21）、吸尘除湿器（图4-22）。

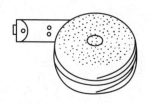

图 4-19　钢卷尺

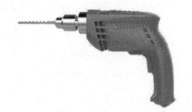

图 4-20　手动电钻

图 4-21　电动吹尘器

图 4-22　吸尘除湿器

以上工具、机具数量视工程量大小与进度要求及劳动力多寡选用。

4.3　常用注浆机械设备

1. 手掀泵（图 4-23）

2. 风压注浆设备（图 4-24）

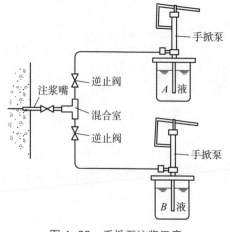

图 4-23　手掀泵注浆示意

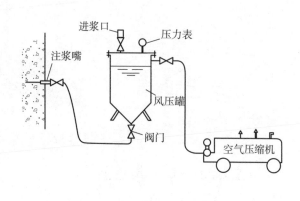

图 4-24　风压注浆系统示意

3. 气动注浆设备（图 4-25）

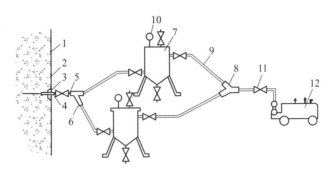

1—结构物；2—环氧胶泥封闭；3—活接头；4—注浆嘴；5—高压塑料透明管；6—连接管；
7—密封贮浆罐；8—三通；9—高压风管；10—压力表；11—阀门；12—空气压缩机

图 4-25 气动注浆设备

4. 电动注浆设备（图 4-26）

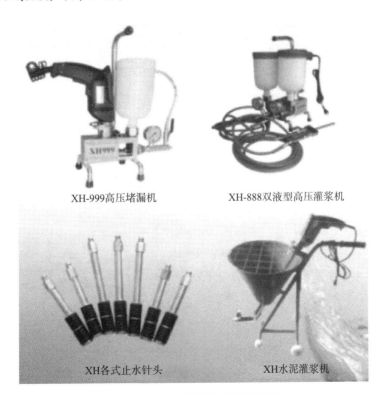

XH-999高压堵漏机　　　　　XH-888双液型高压灌浆机

XH各式止水针头　　　　　XH水泥灌浆机

图 4-26 电动注浆设备及注浆嘴

5. 意大利注浆机（图 4-27）

6. 广东某公司使用的堵漏注浆设备（图 4-28）

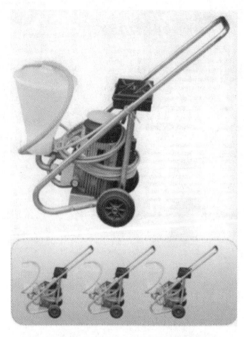

图 4-27　意大利注浆机

图 4-28　堵漏注浆设备

7. 重庆华式泵系列设备

重庆华式土木建筑技术开发有限公司，专业从事注浆泵、喷浆泵、细石混凝土泵、压浆台车、智能张拉设备、热熔台车、水泥发泡机、连续式搅拌机、高速注浆机、单螺杆泵等机械设备和防水材料、建筑材料的研发设计和生产应用。30 年精研细作、砥砺创新，已拥有多项国家专利。

华式泵自诞生之初，就致力于土木建筑工程领域内砂浆、细石混凝土和高温沥青防水材料等最恶劣介质的输送、灌注和喷涂，并获得巨大成功。鉴于华式螺杆泵在节能增效、耐磨防腐、抗高低温等核心科技方面取得的一系列创新成果，公司总经理刘军华高工被荣聘为中国散协干混砂浆专业委员会专家委员。

产品优势：连续稳定无脉冲压力，可轻松搅拌、输送、灌注和喷涂砂浆、灰浆、水泥浆、泥浆、硅藻泥、石膏、腻子、涂料、界面剂、沥青、EPS 混凝土、细石混凝土、泡沫混凝土、GRC 材料、塑胶、液体橡胶和化学浆液等一切稀薄的流态浆液及浓稠的膏状浆液。从根本上解决浆液的水灰比、含砂量、密实度及附着力，提高工程质量。华式泵强势介入环保、化工、能源、食品卫生、造纸及石油等领域后，对污水污泥、化工原料、矿浆、纸浆、水煤浆、果酱、原油及油气的输送，也可谓举重若轻，势如破竹。

1）中小型 B 系列注浆机：HS–B01 型（图 4–29）。

2）中小型 B 系列注浆机：HS–B03 型（图 4–30）。

单相220V　可注膏浆　可调压
排量大：1.0m³/h
特别轻便：20kg

单相220V　可注膏浆　可调压
压力高：6MPa
排量大：1.2m³/h
特别轻便：30kg

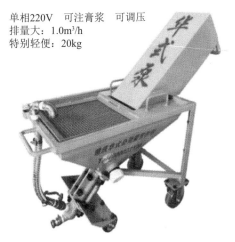

图 4–29　HS–B01 型注浆机

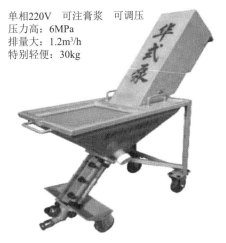

图 4–30　HS–B03 型注浆机

3）中小型 B 系列注浆机：HS–B05 型（图 4–31）。

4）中小型 B 系列注浆机：HS–JYB05 型（圆盘搅拌，图 4–32）。

单相220V　超高耐磨　可调压
小巧轻便　可注砂浆和细砂灌浆料
排量大：2.0m³/h
压力高：6MPa

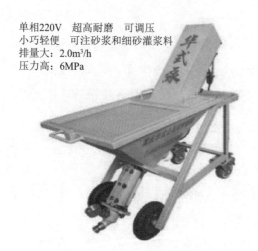

220V电压
排量大：2.0m³/h

搅灌一体
小巧轻便
超高耐磨
可灌膏浆

图 4-31　HS-B05 型注浆机　　　　图 4-32　HS-JYB05 型注浆机

5）中小型 P 系列喷灌机：HS-PB05 型（图 4-33）。

6）中小型 P 系列喷灌机：HS-P05 型（图 4-34）。

单相220V　超高耐磨　可调压
小巧轻便　可喷灌膏浆

单相220V　可变量调压
小巧轻便　超高耐磨
灌喷两用　可注膏浆

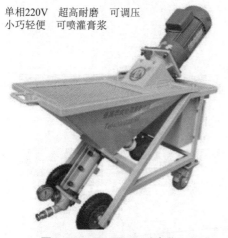

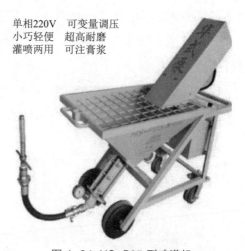

图 4-33 HS-PB05 型喷灌机　　　　图 4-34 HS-P05 型喷灌机

7）中小型喷灌机：HS-P2 型（图 4-35）。

8）中小型 P 系列喷灌机：HS-JYP2 型（图 4-36）。

9）大中型 P 系列灌浆泵：HS-B2 型（斜式，图 4-37）。

10）大中型 B 系列灌浆泵：HS-JYB2 型（圆盘搅拌，图 4-38）。

11）华式井、管旋喷机：HS-JYP2 型 /HS-JLB2 型（图 4-39～图 4-41）

近年来，海量的城镇市政管网进入到管理维修阶段，为降低成本、缩短工期、减少污染，CCCP（非开挖旋喷修复）技术应运而生。

华式非开挖检查井、排水管专用内衬旋喷机由主机 + 旋喷架 + 旋喷器组成。主机

220V或380V　可变量调压
小巧轻便　超高耐磨
喷灌两用　可注膏浆

图 4-35　HS-P2 型喷灌机

220V或380V
可变量调压
小巧轻便　超高耐磨
喷灌两用　可注膏浆
可调速调压

图 4-36　HS-JYP2 型（圆盘搅拌）

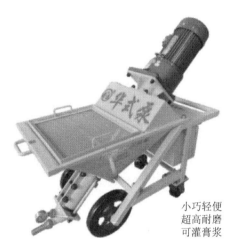

图 4-37　HS-B2 型（斜式）

小巧轻便
超高耐磨
可灌膏浆

图 4-38　HS-JYB2 型（圆盘搅拌）

有 220V 的 JYP2 型（圆盘搅拌，排量可调）和 380V 的 JLB2 型（螺带搅拌）两款搅灌一体泵可供选择，两款主机均小巧、轻便，皮实、耐用。旋喷架有独立、移动方便的组合旋喷架和可固定在主机上的吊臂旋喷架，两款旋喷架均自带可调速的提升机构，可遥控。旋喷器有井用的立式旋喷器和管用的卧式旋喷器两种，可电动或气动，结构简单，使用方便。另外，主机外置气泵和喷枪后，也可轻松喷涂修复地下管廊系统、地下箱涵、高架桥箱梁等。特制的移动式微型喷涂机和搅拌机，还可直接通过检查井进入到箱涵或箱梁内部，进行搅拌喷涂作业。

华式井、管专用旋喷机是 CCCP 非开挖旋喷修复技术的首选设备，其独到的离心喷筑修复工艺，使浆液内衬连续、致密、强度高、粘结性好，还可任意调整井、管内衬的不同厚度，完美实现非开挖管道作业。主机型号及参数见表 4-1。

主机型号及参数　　　　　　　表 4-1

项　目		单位	旋喷机主机型号及参数	
			HS-JYP2 型	HS-JLB2 型
排量		m³/h	0～4.0（可调）	4.0
压力（可调）		MPa	0～5	
灌浆距离	水平	m	60	
	垂直	m	30	
最大粒径		mm	7	7
电机功率		kW	5.0/1.5	3.7/2.2
电压		V	220	380
重量		kg	260	320
长×宽×高		cm×cm×cm	148×72×120	148×72×130
料斗容积		L	120	150
搅拌仓容积		L	120	150
管径		mm	32（可变25）	
备　注			配备气泵和喷枪后，可以常规喷涂作业	

图 4-39　HS-JYP2 型
（圆盘搅拌，220V，排量可调）

图 4-40　HS-JLB2 型
（螺带搅拌，380V）

均自带可调速的提升机构，可遥控。
电机功率：400W　提升速度：1～5m/min（可调）

电机功率：1.5kW　转速：1440r/min

立式旋喷器
（井用）

卧式旋喷器（管用）

移动式组合旋喷架　　固定式吊臂旋喷架

卧式旋喷器设置有不同的扩张变径机构，可伸展或收缩作业，以适应不同口径的管道作业；根据管道的内壁结构，还设置有轮式行走和滑行牵引两种款式；选配360°旋转高清摄像头，使作业人员能在地面清晰地观察掌握喷涂效果并及时处理

图 4-41　旋喷架、旋喷器

8. 永康市步帆五金工具有限公司创新发展的注浆喷涂设备（图 4-42）

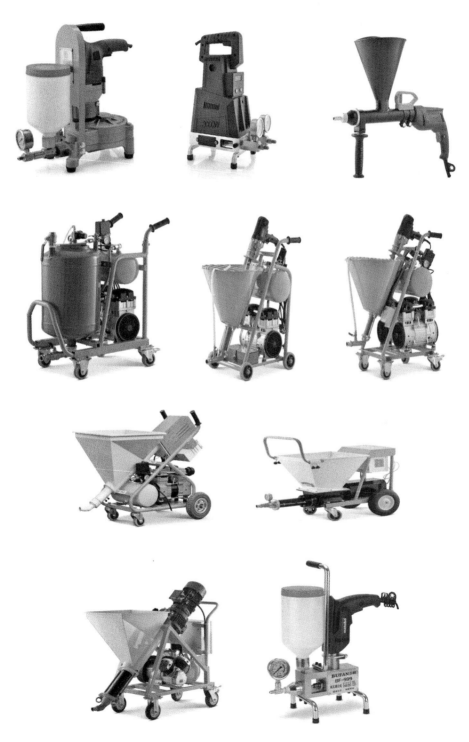

图 4-42　永康市步帆五金工具有限公司创新发展的注浆喷涂设备

4.4 其他防水修缮机械设备

1. 切割分格缝机械（图 4-43）
2. 密封胶嵌缝机械（图 4-44）

图 4-43　切割分格缝机械　　　　图 4-44　密封胶嵌缝机械

3. 沥青橡胶油膏气动灌注机（图 4-45）

图 4-45　沥青橡胶油膏气动灌注机

4. 热熔改性沥青卷材多头喷枪（图 4-46）
5. 东方雨虹公司研发的改性沥青卷材轻型自动摊铺机

智能型热熔防水卷材摊铺车见图 4-47。

图 4-46　多头喷枪　　　　图 4-47　智能型热熔防水卷材摊铺车
　　　　　　　　　　　　　（重 170kg，施工效率 3～10m/min）

第5章
建筑防水保温防腐施工工艺与工法简介

5.1 精心施工是保障工程质量的关键

国内许多调查资料显示：影响建（构）筑物防水工程质量的因素中，施工原因达40%～50%；美国的调研资料也显示，建（构）筑物渗漏施工因素占57%，材料因素占19%。

近几十年来，防水工程质量日益提高，"三分材料七分施工"已成为行业共识。

5.2 建筑防水工程按材料品种分类更贴近实际

建筑防水工程的分类直观地可表述为屋面防水、墙体防水、楼（地）面防渗、地下空间防渗防潮、特殊建（构）筑防渗防漏，如路桥防渗防护、塔（池）防渗等。笔者认为按材料品种分类更贴近实际，按材料品种分类如图5-1所示。

5.3 防水卷材的施工工艺

卷材防水的常用施工工艺如图5-2所示。

5.4 卷材防水层方位设置

卷材防水层一般设置在迎水面，但某些工程部位（如穿山隧道拱顶）难于在迎水面人工铺贴，则可设置在背水面，但宜用环氧胶粘剂粘贴，并辅以金属压条钉固。压条间距与钉距视工况实际决定。

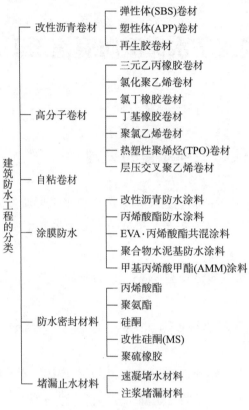

图 5-1 建筑防水工程的分类

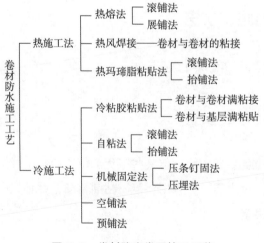

图 5-2 卷材防水常用施工工艺

5.5　卷材防水的基层处理

1）基层本体应坚实、平整、干净，遇有深长裂缝，应剔 40～50mm 深 U 形槽，嵌填韧性聚合物防水砂浆压实刮平。遇有孔穴渗水流水，应扩洞排水。在水力较小时，嵌填韧性环氧砂浆压实刮平。基面遇有油污，应采用除油剂清擦干净。平面基层的平整度，用 1m 长靠尺检查，空隙深度不得大于 3mm。

2）基层遇有微孔与轻微裂纹，清理干净后，刮压环氧腻子修整。

3）基层平整、干净且无渗水的前提下，满面刷涂与主防水层相容的基层处理剂两遍，前后遍涂刷方向相互垂直。

4）地下工程必须设有排水网络，把各方浸水即时导入集水井（坑），井内设置自控排水泵，及时将地下空间的积水排至室外市政排水系统。

5.6　精细做好工程细部节点的附加防水层

工程细部节点往往是工程渗漏多发部位，应高度重视节点细部防水。

1）屋面的变形缝（含伸缩缝、沉降缝）按设计大样图精心施工。

2）穿屋面的管道，应设置预埋套管，套管与屋面板接触部位宜留凹槽嵌填弹性密封胶，套管与主管的连接处亦用弹性密封胶封闭严实，如图 5-3 所示。

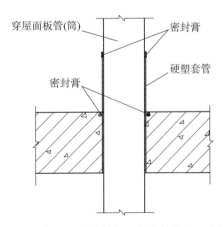

图 5-3　穿屋面管（筒）预埋套管防渗示意图

3）有些工程未预埋套管，穿屋面板管（筒）根部防渗漏处理如图 5-4 所示。

4）南方地区外墙敞开式阳台防渗漏处理做法

地面应向落水口放坡 0.5%～1%，落水口周边 30cm 范围内应向排水口放坡 5%，落

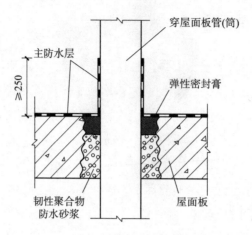

图 5-4 穿屋面管（筒）防渗示意图

水管口应低于基面 2～3mm。在上述基础上，地面满刮 2mm 厚彩色聚氨酯地面涂料或环氧树脂地面涂料。与墙体相连部位，涂层上翻 25cm 左右。落水口与基体相接触部位，应预留槽口嵌填密封胶。以上做法如图 5-5 所示。

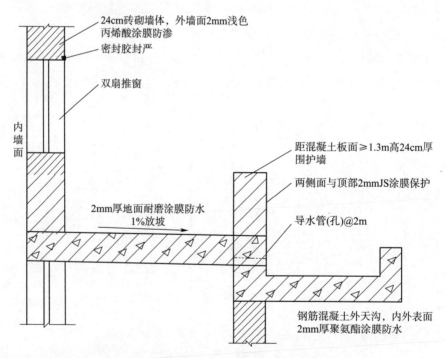

图 5-5 南方地区敞开式阳台排水防渗装饰横截面示意图

5）外墙飘窗防渗做法（图 5-6）

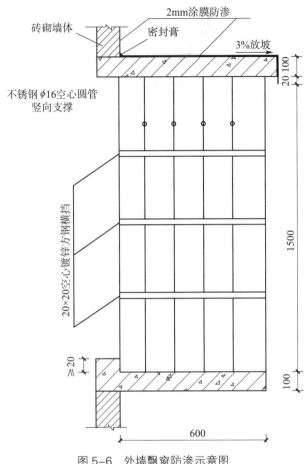

图 5-6　外墙飘窗防渗示意图

5.7　地上地面工程细部节点防水处理做法

地上地面工程的细部节点无须用普通水泥砂浆找平，平立面连接处也不需要用水泥砂浆做成侧角或弧形，只要求将粗糙处打磨平整，清理干净，直接在基面刮涂"环氧胶泥 +2mm 厚韧性环氧树脂防水涂料夹贴一层聚酯无纺布"即可；也可采用"丁基橡胶胶泥粘贴一层 2mm 厚双面自粘防水胶带"。

如果细部节点存在较大孔洞或基体松动，则先刮压聚合物防水砂浆压实刮平，再按上述工艺处理；如果节点流水、涌水，则先压灌环氧树脂堵漏液或"锢水止漏胶"，再按上述工艺处理。

此外，在干净的节点，也可刮涂 1～2mm 厚蠕变形非固化橡胶沥青涂料 +1.5mm 厚 CPM 反应粘接型高分子自粘卷材（图 5-7）。

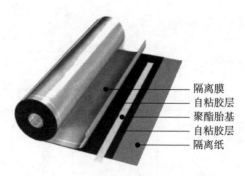

隔离膜
自粘胶层
聚酯胎基
自粘胶层
隔离纸

图 5-7　CPM 反应粘接型自粘卷材

5.8　地下工程细部节点防水防渗工艺工法

1. 重视排水

地下工程排水系统由导水沟、分格缝、排水沟、集水井（坑）与自控排水泵构成。导水沟、分格缝应向排水沟放坡 1%，缝沟宽宜为 15~25mm，深至结构底板上表面，缝沟只需规整、坚实即可，三向不需要做防渗处理，以便于收集地面及结构板中孔隙的积水，将这些水分引入排水沟。排水沟应向集水井（坑）放坡 0.5%~1%，沟宽 50cm 左右，沟深起始端应低于底板上表面 15cm，沟内三向要求坚实、平整，粉抹聚合物防水砂浆修整，必须确保排水畅通。排水沟距与集水井数量、方位，由设计部门决定。

地下空间出入斜道亦应做好截排水工作，尤其是敞开式斜道更应采取有效措施：

1）斜道高端需要做截水处理，截止雨水无组织散排斜道；

2）斜道两旁开凹槽排水，槽宽 3cm 左右，槽深 5cm 左右；

3）斜道下端设截水槽，宽 15~20cm、深 30cm 左右，截水槽应与附近集水坑连接，确保斜道雨水及时通过排水泵排至室外市政排水网络。

斜道沟槽抹压聚合物防水砂浆。

2. 地下空间网格柱

柱根应留宽 20mm、深 50mm 的凹槽，干净后嵌填 20mm 厚聚合物改性沥青弹性密封胶，再嵌填韧性聚合物防水砂浆压实刮平，表面刮涂 100mm 宽、2mm 厚，夹贴一层聚酯无纺布增强的聚氨酯防水涂料附加增强层，如图 5-8 所示。

3. 地下室底板后浇带防渗漏做法

后浇带宜用于不允许留设变形缝的工程部位，应在其两侧混凝土龄期达到 42d 后再施工，宽度宜为 700~1000mm。后浇带两侧可做成平直缝或阶梯缝，其防水构造宜采用的形式如图 5-9~图 5-11 所示。

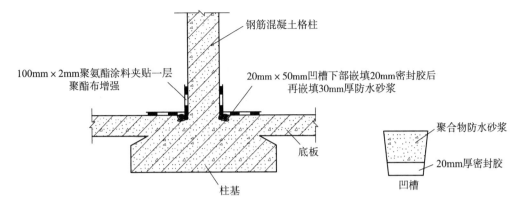

图 5-8　格柱根部防水处理示意图

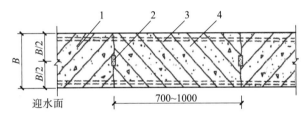

1—先浇混凝土；2—遇水膨胀止水条（胶）；3—结构主筋；4—后浇补偿收缩混凝土

图 5-9　后浇带防水构造（一）

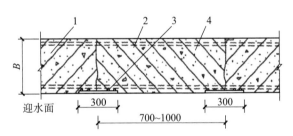

1—先浇混凝土；2—结构主筋；3—外贴式止水带；4—后浇补偿收缩混凝土

图 5-10　后浇带防水构造（二）

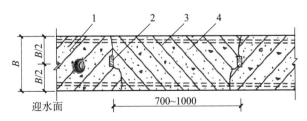

1—先浇混凝土；2—遇水膨胀止水条（胶）；3—结构主筋；4—后浇补偿收缩混凝土

图 5-11　后浇带防水构造（三）

后浇带需要超前止水时，后浇带部位的混凝土应局部加厚，并增设外贴式或中埋式止水带，如图 5-12 所示。

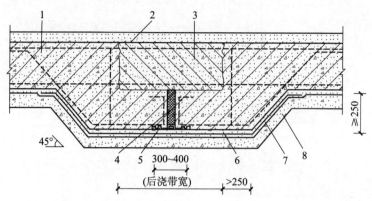

1—混凝土结构；2—钢丝网片；3—后浇带；4—填缝材料；

5—外贴式止水带；6—细石混凝土保护层；7—卷材防水层；8—垫层混凝土

图 5-12　后浇带超前止水构造

4. 预留通道接头

预留通道接头应采取变形缝防水构造形式，如图 5-13、图 5-14 所示。

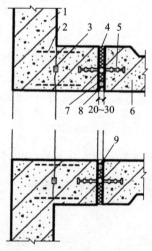

1—先浇混凝土结构；2—连接钢筋；3—遇水膨胀止水条（胶）；

4—填缝材料；5—中埋式止水带；6—后浇混凝土结构；

7—遇水膨胀橡胶条（胶）；8—密封材料；9—填充材料

图 5-13　预留通道接头防水构造（一）

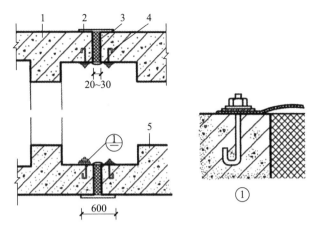

1—先浇混凝土结构；2—防水涂料；3—填缝材料；4—可卸式止水带；

5—后浇混凝土结构

图 5-14　预留通道接头防水构造（二）

5. 桩头防水

桩头防水应采用刚性防水材料，一般多采用水泥基渗透结晶型材料与聚合物水泥防水砂浆，节点局部采用柔性密封材料。如图 5-15、图 5-16 所示。

6. 电梯井防水做法

电梯井一般是地下空间最深部位，多数在地下最高水位之下。一旦渗漏，维修艰难，故应做"外防 + 内堵"两道防水屏障。如图 5-17 所示。

7. 地下隧道防水做法

地下隧道包括地下交通隧道、地下综合管廊、地下商场、人防地下设施等。这些部位的防水问题应重点抓住如下关键之处：

1）顺畅排水：做好排水沟与集水坑，设置限位自动抽排系统，能及时地将地下水抽排至地面市政排水网络。

2）隧道主体结构应做成混凝土结构自防水，其耐用年限不得少于 100 年。

3）应设置规范化的检测检验制度，从严监控地下安全。

4）应设置防倒灌屏障，严防暴雨与特大暴雨危及设施与人员安全。

8. 地面穿山隧道防水措施

1）主体结构采用钢筋混凝土自防水 +1.5mm 厚塑料防水板外防护；

2）合理设置分厢缝，缝内设置导水管或疏水层；

3）安装好导水、排水设施；

4）墙体模板拉筋必须做好防锈、防渗处理；

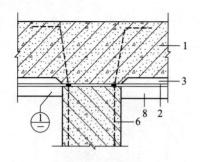
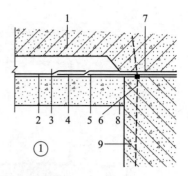

1—结构底板；2—底板防水层；3—细石混凝土保护层；4—防水层；

5—水泥基渗透结晶型防水涂料；6—桩基受力筋；

7—遇水膨胀止水条（胶）；8—混凝土垫层；9—桩基混凝土

图 5-15　桩头防水构造（一）

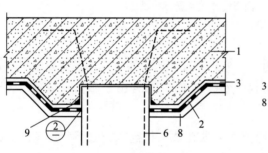
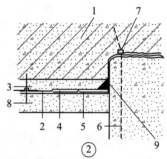

1—结构底板；2—底板防水层；3—细石混凝土保护层；

4—聚合物水泥防水砂浆；5—水泥基渗透结晶型防水涂料；

6—桩基受力筋；7—遇水膨胀止水条（胶）；8—混凝土垫层；9—密封材料

图 5-16　桩头防水构造（二）

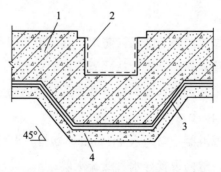

1—底板防水混凝土；2—井坑内三面刮 CCCW 渗透剂两遍 +15mm 厚聚合物防水砂浆；

3—主体结构双层卷材防水层；4— C20 混凝土垫层 150mm 厚

图 5-17　底板下坑、池的防水构造

5）底板两侧应设置 50mm 宽、50mm 深的排水沟，将水引至集水坑，再通过自控排水泵排至地面市政排水系统。

5.9 改性沥青卷材施工工艺

工程应用普遍的改性沥青卷材为 SBS/APP 改性沥青卷材、胶粉改性沥青卷材，部分工程采用 SBR 改性沥青卷材。这些卷材无论用于屋面、地面或地下工程，大多数采用热熔工艺铺设，少量采用冷法施工；若用于地下工程，多数采用自粘卷材冷铺设。改性沥青卷材的品种、规格型号、款式较多，难于逐一描绘。其工艺工法，我们择其工程常用的工艺简介如下。

混凝土屋面（坡度≤ 15%）热熔铺贴改性沥青卷材的操作要点如下：

1. 基面应为坚实、干燥、干净、平整的粗面

1）剔除基层上的无用突起异物，清扫杂物，用吸尘机清除浮尘与基面湿气。

2）基面疏松处，应铲除刮抹聚合物防水砂浆压实刮平。

3）基面若有油污用除油剂清擦干净。

4）基面遇有 0.2mm 以内的裂纹或微孔砂眼，干净后刮涂改性水泥腻子修补平整；遇有深长裂缝，应剔槽 20mm 宽、50mm 深，干净后先刷改性水泥素浆，随即嵌填聚合物防水砂浆压实抹平；遇有孔洞则适当扩洞，干净后嵌填聚合物防水砂浆压实刮平。

5）大面基层要求平整粗面，用 2m 长靠尺检查。空隙＞ 5mm 时，干净后抹压聚合物防水砂浆压实找平。

6）基面坚实、平整、干净后，涂刷两道改性沥青基的涂料（基层处理剂），要求涂布均匀、厚薄基本一致，不露底、不流垂、不堆积，一道不黏手时变换方向涂刷二道，二道实干后方可铺贴卷材。

2. 节点细部做附加增强处理

提倡用改性沥青涂料夹贴一层耐碱玻纤网格布或聚酯无纺布（50～60kg/m²）做附加层，涂层厚宜为 2mm，附加层平立面的宽度宜≥ 250mm。

3. 在基面上弹基准线

1）卷材铺贴方向：屋面坡度在 15% 以内时，卷材纵向宜平行屋脊铺贴，短边搭接应顺当地年最大频率风向搭接；

2）卷材搭接宽度要求：满粘铺贴改性沥青卷材，卷材长边纵向搭接宽度为 80mm，短边搭接宽度为 150mm。

根据卷材铺贴方向与卷材搭接宽度，弹灰线作基准线，以便控制卷材铺设的平

直度。

叠层铺设卷材不允许上下层相互垂直铺贴。两层卷材叠层铺贴时，应使上下两层的长边搭接缝错开 1/2 幅宽，短边搭接缝邻幅卷材应相互错开 500mm。

4. 滚铺法热熔铺贴卷材的操作方法

1）固定端部（起始端）卷材：将一卷卷材置于基准线起始部位，调整卷材方位，2人配合，1 人展开卷材 1～1.2m，对好卷材长、短方向，另 1 人持喷枪站在卷材的背面一侧，缓慢旋开喷枪开关，点燃火焰，再调节开关，使火焰呈蓝色时，即可热熔卷材操作。先将火焰对准卷材与基面交接处，同时加热卷材底面粘胶层和基面，待卷材隔离层 PE 膜熔成网状时，拉提卷材的工人缓慢地放下卷材，平铺在规定的基层位置上，并用手持压辊排除界面空气，使卷材熔粘在基层，如图 5-18 所示。当卷材端头只剩下 30cm 左右时，应把卷材末端放在隔热板上，而隔热板的位置则放在已熔贴好的卷材上面，如图 5-19 所示。最后，用喷枪火焰分别加热余下的卷材和基层表面，待充分加热后，最后提起卷材粘贴于基层予以固定。

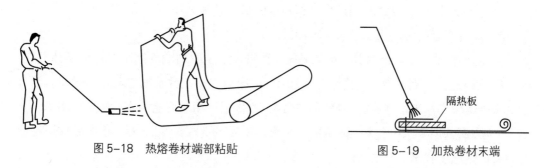

图 5-18　热熔卷材端部粘贴　　　　　图 5-19　加热卷材末端

2）铺贴大面卷材：端部卷材固定后，持枪人应站在卷材滚铺的前方，把喷枪对准卷材和基面的交接处，同时加热卷材和基面，待 PE 膜熔成网状，沥青胶黑亮时，铺卷材的工人将卷材向前滚动，并用手（戴好了手套）从中部向两侧抹压，排除界面空气，并用压辊进一步辊压卷材，使卷材与基面平整粘牢，如图 5-20 所示。

1—加热；2—滚铺；3—排气、收边；4—压实

图 5-20　滚铺法铺贴热熔卷材

用上述方法逐卷逐行循环作业，分区完成大面卷材的铺贴任务。

3）搭接缝处理：

（1）用灰刀挑开搭接缝卷材，并清理干净。

（2）用火焰烘烤上、下层卷材，隔离膜熔成网状且沥青胶黑亮时，手持灰刀将上下双面理顺后粘合，并用抹灰刀压实与刮平热熔胶，如图 5-21 所示。

图 5-21　热熔卷材封边

（3）接缝口用改性沥青密封胶密封严实，宽度不小于 10mm。

（4）喷水检查，无渗漏后请相关部门验收。

5. 改性沥青自粘卷材施工的操作方法

改性沥青卷材也可冷粘法施工，混凝土屋面用冷玛瑞脂或冷沥青胶粘剂粘贴改性沥青卷材一般效果欠佳，但自粘沥青卷材在屋面施工相对而言效果较好，其施工操作方法如下：

1）基层清理与缺陷修补参照本节第 1 款。

2）涂刷基层处理剂二道：选用改性沥青防水涂料，要求涂布均匀，不露底、不堆积、不流垂。一道初干不黏手时，变换方向（垂直一道涂层）涂刷二道，实干后铺贴自粘卷材。

3）细部节点做附加增强层，即 2mm 厚涂料夹贴一层玻纤网格布或聚酯无纺布。涂膜宽度视实际情况决定，一般为 300～500mm。

4）大面铺贴自粘卷材，操作要点如下：

（1）根据卷材的幅宽与搭接要求，弹基准线，以控制卷材铺贴的平直度与搭接宽度，满粘卷材的搭接宽度为 80mm。

（2）滚铺法铺贴大面卷材：

①将 1 卷卷材置于起始端，自粘层朝向待铺基面，并展开端头 1.5m 长左右试铺于基面，按基准线的要求调整好方位。

②两人配合，1 人将端头 1.5m 长卷材反折于距端头 1m 处，并撕掉表面离型膜（隔离膜），然后将卷材缓慢铺盖于基面，另 1 人用压辊从中部向两侧来回辊压，使卷材与基面粘附，并排除界面空气。

③4 人配合，2 人分别站在卷材两旁手持钢管，1 人站在卷材铺贴方向一边撕揭隔

离膜，一边缓慢退步前行，专门负责撕揭与收取隔离膜，持钢管的2人将卷材沿基准线缓慢向前滚动，并与揭隔离膜的人协调前行。第4人专门负责从中部向两侧手抹与辊压卷材，排除界面空气，使卷材平整、顺直地粘接基面。如图5-22所示。

④按③款的方法循环作业，逐卷逐行逐区段铺贴自粘卷材。

⑤搭接处理：由专人负责，大面卷材粘牢后，用灰刀挑开搭接部位的卷材，基面干净后，揭除搭接部位的隔离膜，将卷材铺贴于基面，并排气抹压卷材与基面粘附牢固，最后对接缝口用弹性沥青橡胶油膏密封严实，宽度不小于10mm，厚度为3~4mm。

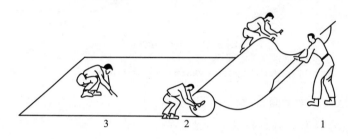

1—撕剥隔离纸，并卷到用过的包装纸芯筒上；2—滚铺卷材；3—排气辊压

图5-22 自粘型卷材滚铺法施工

（3）卷材铺贴全部完成，24h后清扫干净，然后喷水或蓄水检查，无渗漏后申报验收。

（4）改性沥青自粘卷材施工注意事项：

①卷材铺贴应平整、顺直，无皱折、无鼓泡、无翘边；

②卷材铺贴稍紧一点，不能太松弛；

③复杂部位或小面积屋面，自粘卷材可采取抬铺法施工；

④注意隔离层的收集与处理，规避粘着他物、污染他物；

⑤施工环境温度宜为13℃以上、35℃以下；

⑥卷材叠层堆码不得超过5层；

⑦五级以上大风与雨雪天气，不宜户外施工。

5.10 高分子防水卷材施工工艺

1. 聚氯乙烯（PVC）卷材胶粘作业要点

现有PVC卷材有光面无胎卷材、内胎体增强卷材、外带纤维保护层卷材与带自粘胶层的自粘卷材多种款式。现以光面无胎满粘冷贴施工工艺为例，说明其施工工法。

1）基层要求坚实、平整、粗面、干净，缺陷修补详见第5.9节第1款。胶粘剂（溶剂型）冷铺满粘要求基层干燥，基面含水率不大于 6% 为宜。

2）弹基准线：根据卷材搭接宽度与基层坡度，弹基准线，控制卷材铺贴的方位、平直度与搭接宽度，将卷材合理定位。

3）根据施工详图，做好卷材附加防水层。

4）大面铺贴卷材：1～1.2m 宽的卷材施工，3 人配合，1 人对基面涂刷胶粘剂，要求刷涂均匀，不露底、不堆积、无流淌；1 人沿基准线滚铺卷材，并用手（戴手套）初步理顺、抹压卷材；1 人持压辊由中部向两侧来回辊压卷材，排除界面空气，使卷材与基面粘附良好，要求无折皱、无气泡。

5）精心做好搭接处理：

（1）用灰刀挑开搭接部位的卷材，并清理干净。

（2）热风焊接搭接部位的卷材，必须辊压平整。

（3）用与 PVC 卷材相容性好的弹性密封胶，将接缝口密封严实，宽度不小于 10mm，厚度不小于 2mm。

6）全面清扫屋面。在干净的前提下，连续喷水 0.5h 或蓄水 24h，无渗漏后申报验收。

2. 热塑性聚烯烃（TPO）防水卷材热风焊接法施工工艺

热风焊接施工是指用热空气加热热塑性卷材的粘合面进行卷材与卷材接缝粘结的施工方法。卷材与基层间可采用空铺、机械固定、胶粘剂粘结等方法。现以 TPO 卷材热风焊接接缝 + 卷材与基层机械固定的方法为例，说明其优越性与施工操作要点。

1）优越性

（1）大面卷材与基面不粘合，有利于卷材适应基层的变形而不被拉断。

（2）对基面的平整度、干湿条件无严格要求。

（3）可缩短工期。

（4）节省基层处理剂，有利于环保。

（5）搭接部位卷材热熔于一体，防水可靠。

（6）节约劳力并降低工程成本。

2）热风焊接工艺

（1）清理基层，基层缺陷修补，并将待铺卷材弹线、定位。

（2）将卷材展开铺放在需铺设的位置，按弹线位置调整对齐并理顺卷材。

（3）摆放热风焊机于长边搭接缝上，设定前行速度与电热温度，启动开关进行试焊。若能用热风熔融卷材，则正式实施自动爬行双道缝焊接（图 5-23）。一般先焊长边，后焊短边搭接缝；也可采用楔形热风焊枪对搭接缝进行焊接。

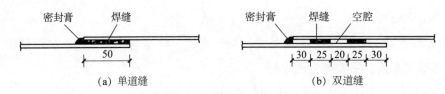

图 5-23　卷材搭接缝焊接方法示意图

（4）焊缝检查：若采用双道焊缝，可用 5 号注射针与压力表相接。将钩针扎于两个焊缝的中间，再用打气筒进行充气。当压力表达到 0.15MPa 时，停止充气。如保持压力时间不少于 1min，则说明焊接良好；如压力下降，说明有未焊好的地方。这时，可用肥皂水涂在焊缝上。若有气泡出现，则应在此处进行补焊，直至不漏气为止。

（5）机械固定：在搭接缝下幅卷材距边 30mm 处，按间距 600～900mm 用螺钉（带垫圈）钉于基层上，然后用上幅卷材覆盖焊接。也可用水泥钉钉压牢固。其上用宽 100～150mm 的卷材覆盖焊接，并将该点密封。

机械固定是卷材空铺的一种方式，凡属空铺卷材，周边 800mm 范围内必须用粘胶满粘铺贴。

（6）喷水 0.5h 或蓄水 24h，无任何渗漏现象后可申报验收。

3. 坡度≥25% 的陡坡屋面卷材防水施工工艺

1）基层要求、缺陷修补及涂刷基层处理剂参照第 5.9 节第 1 款。

2）卷材必须垂直屋脊铺设，并选用高分子自粘卷材比较适宜。

3）应采取防滑移措施。

5.11　防水涂料施工工艺

涂料是一种流态或半流态物质，品种繁多、性能各异，施工工艺有共同之处也有个性区别。本节仅简介建筑防水涂料共同的施工工艺与工法。

1. 混凝土屋面涂膜防水构造（图 5-24）

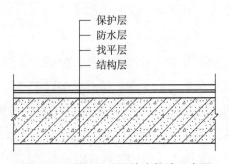

图 5-24　混凝土屋面防水构造示意图

2. 金属波瓦与树脂波瓦屋面防护做法

①锚固钉防锈蚀处理；②搭接缝防水处理；③满面喷涂或刷涂防水涂料。

3. 外墙防渗装饰做法

①窗户防渗；②玻璃接缝密封；③落水管防渗；④墙面抗裂防渗处理；⑤墙面饰面。

4. 新建卫浴间地面防渗构造（图 5-25）

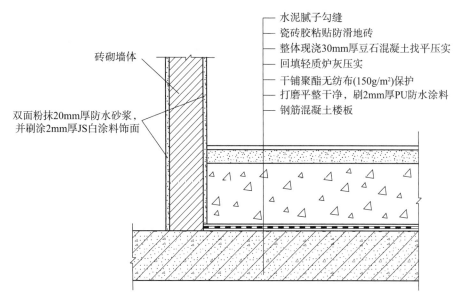

砖砌墙体

水泥腻子勾缝
瓷砖胶粘贴防滑地砖
整体现浇30mm厚豆石混凝土找平压实
回填轻质炉灰压实
干铺聚酯无纺布(150g/m²)保护
打磨平整干净，刷2mm厚PU防水涂料
钢筋混凝土楼板

双面粉抹20mm厚防水砂浆，
并刷涂2mm厚JS白涂料饰面

图 5-25　新建卫浴间地面构造示意图

5. 多层高层建筑地下室底板防水构造

①地基夯实；②C15 混凝土垫层 150mm 厚；③干铺预铺反粘防水卷材；④≥ 250mm C30 防水钢筋混凝土底板；⑤底板缺陷修补；⑥ 12mm 厚聚合物防水砂浆找平压实；⑦饰面处理。以上做法如图 5-26 所示。

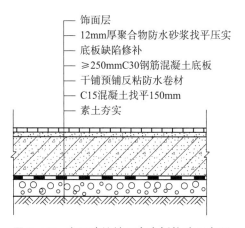

饰面层
12mm厚聚合物防水砂浆找平压实
底板缺陷修补
≥250mmC30钢筋混凝土底板
干铺预铺反粘防水卷材
C15混凝土找平150mm
素土夯实

图 5-26　高层建筑地下室底板构造示意图

6. 盾构法隧道管片外防水

盾构隧道的连接通道及其与隧道接缝的防水应符合下列规定：

1）采用双层衬砌的连接通道，内衬应采用防水混凝土。衬砌支护与内衬间宜设塑料防水板与土工织物组成的夹层防水层，并宜配以分区注浆系统加强防水。

2）当采用内防水层时，内防水层宜为聚合物水泥砂浆等抗裂防渗材料。

3）连接通道与盾构隧道接头应选用缓膨胀型遇水膨胀止水条（胶）、预留注浆管以及接头密封材料。

7. 涂膜防水喷涂工法施工要点

涂膜防水施工应根据工程特点、材料性能与当地气候特征及设计意图确定具体工法。细部节点、小面积工程与构造复杂的部位一般采用手工刷涂、滚涂、抹涂，大面积工程一般采用喷涂施工。

1）喷涂施工的优越性：

（1）施工进度快，多家熟练工人的统计数据为，3 人配合，1 个工作日（7～8h）喷涂一遍，每天可完成 1800～2000m²；

（2）减少浪费，能节约材料 4%～5%；

（3）因喷涂有一定压力，涂料能渗入基面裂纹与微孔及砂眼，有利于涂料与基体的粘合；

（4）减轻劳动强度。

2）涂膜应具备一定的厚度：从某种意义来说，涂层厚度与耐用年限成正比。根据国家现行相关规范、规程的规定与多年多方面的工程实践证明：屋面薄质高分子涂膜（干膜）厚度宜为 2～2.5mm，厚质涂膜宜为 5～7mm；地下空间涂膜宜为屋面涂膜的 1.5 倍以上。

3）基体无须用水泥砂浆找平，局部打磨平整，让涂料直接与基体粘接，既减少串水界面，又自然密实了基体，因普通水泥砂浆找平容易掩盖基体的自身缺陷。

4）地下工程，底板垫层上不宜采用涂膜防水，而应空铺卷材；地下外墙不宜采用热熔铺贴改性沥青卷材，而宜采用涂膜防渗。

5）细部节点用涂料与玻纤布或聚酯无纺布做附加增强层。其中，变形缝、施工缝、后浇带、桩头按设计大样或地下工程相关规范、规程的要求匠心施工。

6）大面喷涂操作要点：

（1）喷枪的拿握方法和姿势要正确，无名指和小拇指轻轻拢住枪柄，食指和小指钩住扳机，枪柄在虎口中，上身放松，肩稍下沉。喷涂时眼随喷枪走，匀步移动。

（2）喷涂方法有双重喷涂（叫压枪法）与纵横向交替喷涂，以往较为普遍的是采取压枪法。压枪法喷涂是将后一枪喷涂的涂层压住前一枪喷涂层的 1/2，使涂料厚薄均匀。

（3）压枪法喷涂要点：

①先对两侧边缘纵向喷涂一下，然后从喷涂面的左上角横向喷涂；

②第一喷涂的喷束中心，必须对准喷涂面上侧的边缘，以后各条路间要相互重叠 1/2；

③各喷枪未喷前，应先将喷枪对准喷涂面的外部，缓慢移动喷枪，在接近边缘前扣动扳机，到达末端后不要立即放松扳机，待喷枪移出喷涂面另一侧的边缘后再放松扳机；

④喷枪必须走成直线，不能呈弧形移动；喷嘴与基面要垂直；

⑤人与喷枪移动的速度为 10～12m/min，每次喷涂的长度为 1.5m；

⑥转角的喷涂：阳角在端部自上而下地垂直喷洒一次，然后再水平喷涂；阴角喷涂不要对着角落直喷，应先从角的两边，由上而下垂直喷一下，再沿水平方向喷涂；

⑦粗糙面喷涂，应水平喷一遍，垂直喷一遍；

⑧喷枪距离：使用大型喷枪喷涂时，喷枪前端距被喷物面约为 20～30cm；使用小型喷枪进行喷涂施工时，喷枪的距离宜为 15～25cm；喷枪运行速度一般应控制在 30～60cm/s；

⑨喷雾涂料的搭接（重叠宽度）一般为 50～70mm；

⑩喷水检查：喷涂全部或几个区块完成施工后，清扫干净，连续喷水 0.5h，无任何渗漏后申报验收。

有些工程的涂层需要胎体（玻纤布/聚酯无纺布）加筋增强，则应在一道涂层干燥后，点粘胎体，再在胎体上喷涂两道涂料。

8. 聚氨酯（PU）涂料防水层的施工

聚氨酯涂料有单组分、双组分和多组分三类。单组分 PU 涂料有水固化潮湿固化型（施工时掺 20% 的水）、空气氧化固化型之别。现以在干燥基面施工的溶剂型 PU 双组分涂料为例，说明 PU 涂料在南方（深圳）某别墅刷涂施工防水层的工艺工法。

1）基层要求坚实、干燥（含水率小于 9%）、干净，无用凸出物应铲除，油渍应清擦干净。

2）涂刷基层处理剂一道，处理剂由 PU 涂料加 30%～50% 的相容性好的溶剂稀释拌匀，用橡塑头刮板刮抹，要求涂布均匀，不堆积、不漏涂、不露底、无流淌，一般纵横垂直各涂一遍，材料用量约为 0.3kg/m^2。

3）刮涂第一道 PU 涂料：

（1）配料（重量比）：A 组分（甲料）是由异氰酸酯缩聚而成的液料；B 组分（乙料）是由聚醚多元醇、填料、溶剂、固化剂等混合而成的液料。A 组分：B 组分 =1：2。

（2）电动搅拌（转速 400～500r/min），按比例先将甲料倒入圆桶，然后将乙料倒入圆桶，边倒料边搅拌，3～5min 可拌匀呈色泽均匀的混合液料。

（3）随即刮抹第一道涂料，要求横向涂布均匀，不堆积、不漏涂、不露底，无流垂，常温下固化成膜 24h 厚度约为 1mm，涂料用量约为 $1.2kg/m^2$。已配制的涂料应在 20～25min 用完，避免凝胶或固化报废。

（4）点粘玻璃网格布：先弹线、定位，再滚铺展开玻纤布，调整方位，沿周边每隔 500mm，刷 $\phi50$ 的涂料一遍，将胎布固定。

（5）刮抹第二道涂料：一、二道涂料抹的方向应相互垂直，刮涂方法与要求同一道。涂料用量约为 $0.6kg/m^2$。

（6）涂抹第三道涂料：二、三道涂料涂抹的方向也应相互垂直，作业方法与一、二道相同。涂料用量约为 $0.6kg/m^2$。

（7）实践证明，PU 涂料涂布固化后，3d 左右涂层表面仍然不完全干燥，有黏手脚现象。我们应在表面撒扫一层滑石粉或干水泥，即可在涂层上行走作业。

（8）做保护层：保护层可刷涂一道浅色、彩色丙烯酸涂料，也可粘白砂、彩砂，还可抹 6mm 厚聚合物水泥砂浆。

（9）连续喷水 0.5h 或蓄水 24h，无任何渗漏后申报验收。

（10）涂层干膜厚度应≥ 2.5mm。

9. 喷涂聚脲防水涂料的施工

1）喷涂聚脲防水涂料是双组分涂料，A 组分（甲组分）为异氰酸酯类化合物，B 组分（乙组分）为胺类化合物，两者混合后反应速度较快，在 –20℃下也能正常固化。其涂料必须采用专用的设备在一定的温度与压力下，通过撞击方式混合分散呈雾状粘附于基面，施工效率较刷涂方法要快十多倍。

2）先进的喷涂设备是保障工程质量的关键：

先进的聚脲喷涂设备由供料系统、加热加压计量控制主机、输送系统、雾化系统、物料清洗系统组成，如图 5–27 所示。

3）在全球范围内，美国固瑞克公司的喷涂设备走在世界前列，其中 REACTORE-XP2 采用电机驱动方式，整机质量为 180kg，是受业界欢迎的先进喷涂设备。它的配套喷枪 FUSION®CS 喷射自清洁喷枪采用了全新的喷射自清洁（Clearshot/cs）技术，质量为 1.2kg，操作方便。

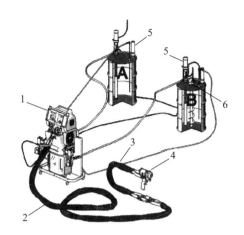

1—反应器；2—加热软管；3—加热快接软管；4—喷枪；

5—供料泵；6—搅拌器

图 5-27　聚脲喷涂设备的标准配置

4）我国历经 20 多年的努力，聚脲喷涂设备的生产从无到有，从有到优。

例如，北京东盛富田聚氨酯设备制造有限公司生产的 DF-20/35Rvo（卧式）喷涂机、DF-20/35 液压型液动高压无气弹性体喷涂机、浇筑两用机，具有质量轻、移动方便、工作性能稳定、性价比高的优点。体积为 700mm×900mm×1250mm。

5）喷涂聚脲防水涂料的基层处理

（1）基层打磨、除尘，去除基面的浮浆、起皮、杂质，常用机械打磨、抛丸、喷砂，粗糙度要求在 SP3～SP5 之间。不但表面干净，而且让凹陷、孔洞、裂缝等缺陷暴露出来。

（2）用环氧砂浆与环氧腻子修补缺陷，固化后打磨平整。

（3）基面应干燥，含水率小于 9%。

（4）细部节点应精细做好密实密封与固结处理。

（5）涂布基层处理剂 1～2 遍，要求涂布均匀，不堆积、不露底，常温下 3～4h 干燥后再喷涂聚脲。

（6）做好场地的围挡与有关部位、部件的遮挡处理。

6）聚脲喷涂施工操作要点

（1）将喷涂机的管道加热器打开，待达到设定温度后，设定其他相关项目的参数。严防混淆甲（A）料、乙（B）料系统。

（2）喷涂前，应对甲、乙料用搅拌器分别搅拌 20min 左右，使液料均匀。

（3）在现场先喷涂一块长 × 宽为 500mm×500mm、厚不小于 1.5mm 的样片。当涂层外观质量达到要求后，固定工艺参数再正式进行喷涂作业。

（4）施工人员手持喷枪垂直于待涂基面，距离适中，均匀移动喷枪作业。

（5）喷涂施工时其顺序为先难后易，先细部后大面，先上后下，先边后中（先边角后中部）。

（6）喷涂施工应连续作业，一道多遍，纵横交叉，搭接宽度50～70mm，直至达到设计要求的厚度。两道喷涂作业面之间接槎宽度不应小于150mm。

两遍喷涂之间的间隔时间不得超过12h，超过者应打磨后涂刷增强层，再涂刷层间处理剂一道，20min后再恢复喷涂施工。

（7）喷涂施工时，要随时检查工作压力、温度等参数是否正常。若出现异常情况，应立即停止作业，检查并排除故障后方可继续作业。

（8）为防滑要求，可在喷层表面"人为造粒"，也可采用手工铺撒防滑粒子或细砂。

（9）某些工程需要耐紫外线老化的场合或部位，应做防紫外线面漆保持层，应在涂层喷涂后12h内进行；若超过12h，则应打磨涂层，刷或喷一道层间处理剂，30min后方可进行面漆施工。

（10）涂层的修补：涂层出现鼓泡、针孔、损伤等缺陷，应在缺陷部位100mm范围内，用砂轮、砂布打毛并清理干净，然后分别刷底涂料和层间处理剂，再二次喷涂聚脲涂料进行修补。

涂层表面粘有异物，应视实际情况作切割处理。

（11）每个作业班组应做好现场施工记录，必要时摄像存档。

（12）喷涂作业完毕后，应按产品说明书的规定清理好机械设备。

10. 金属波瓦（彩钢板）与树脂波瓦（玻璃钢）防护防水的施工

1）防护防水的部位与材料要求

（1）部位：

①波瓦的锚固一般采用自攻螺钉，螺钉锚定后必须涂刷防锈防腐涂料处理，并用密封胶封闭缝隙；

②瓦材纵向（长边）搭接采用双面自粘丁基胶带，横向（短边）搭接采用高坡瓦覆盖低波瓦150mm重力排水；

③采光部位铺盖透明波瓦；

④屋脊铺盖脊瓦，短边搭接缝隙用弹性密封胶（耐候硅酮胶）封闭；

⑤山墙处防水涂层上翻250mm高，如图5-28所示。

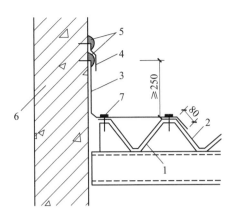

1—固定支架；2—压型金属板；3—金属泛水板；4—金属盖板；

5—密封材料；6—水泥钉；7—拉铆钉

图 5-28　压型金属板屋面山墙

（2）大面积宜喷涂丙烯酸酯彩色涂料，涂膜厚度应为 ≥ 1.5mm。

（3）喷涂彩色丙烯酸酯防水防护涂料，应高度重视安全施工。因为金属与树脂波瓦大多数铺盖在金属檩条上，而且瓦材较薄，不能承受人行荷载。

11. 涂料与卷材复合防水施工工艺

1）涂卷复合防水层的构造

涂卷复合防水无论是地上工程、水中工程或地下工程，涂料均设置在基面上与卷材之下，并且前提条件为涂料与卷材相容性良好，如图 5-29 所示。

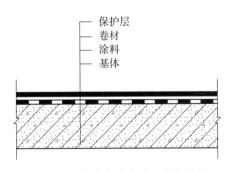

图 5-29　涂卷复合防水层的构造图

涂卷复合防水涂料厚度一般为 1.5～2.0mm；如采用改性沥青卷材，其厚度一般为 4mm 或 3+3mm；如采用高分子卷材，一般为 1.5～2.0mm。涂料、卷材的厚度应根据工程的重要程度、设防等级与耐久性要求及经济条件，由设计部门与业主商定。

2）涂卷复合防水的优越性甚多

（1）通过刷涂或喷涂，液料能浸入基体的裂纹、裂隙与孔洞中，起密实与固结基面的作用。

（2）涂料置于基面替代了上层卷材的胶粘剂。

（3）涂层能蠕变，能释放基体变形的应力，缓解上层卷材的冲击，规避运营中的拉裂与破损。

（4）涂料与基面满粘，堵绝了卷材下的窜水。

3）涂卷复合防水的施工工艺与操作要点

（1）对基层的要求：

①坚实、平整、干净、干燥；

②基层缺陷按相关规范、规程要求，可用腻子或聚合物防水砂浆修补完好；

③阴角粉抹成圆弧或侧角，阳角打磨圆滑；

④涂刷或喷涂基层处理剂一道，要求涂布均匀，不漏涂、不露底、不堆积、不流淌，常温下干燥 3～4h 不黏手脚时，可进行防水涂层的施工。

（2）按工程量大小准备好材料、机具器具与劳动力，并对施工人员进行技术交底，对质量、安全和工期提出明确要求。

（3）涂卷复合防水涂料施工宜采用抹涂法，要求涂布均匀，不堆积、不露底。

（4）铺贴卷材，按设计要求的厚度、层次进行，方位正确，满粘施工，滚铺粘贴，搭接宽度地上工程不小于 80mm，地下工程不小于 100mm。滚铺时沿基准线进行，一边滚铺卷材一边由中部向两侧抹压，排除界面空气，并要求安排专人随后辊压卷材，进一步排净界面空气，使卷材与下面涂层粘合牢实，按此方法循环作业，逐卷逐行逐区段施工。

（5）搭接处理：常温下卷材铺贴 12h 后，由专人处理搭接部位：

①用灰刀掀开搭接部位的卷材，清理干净，随即粘合并辊压排气；

②由专人采用与卷材相容性好的密封胶封闭搭接缝，密封胶宽不小于 10mm，厚同卷材。

（6）做好保护层。保护层的做法多种多样：

①面层卷材表面刷涂或喷涂 0.5mm 厚彩色／白色丙烯酸酯涂料；

②卷材表面刷涂或喷涂 0.5mm 厚反辐射涂料；

③粘白砂或彩砂；

④粉抹 6mm 厚聚合物防水砂浆；

⑤粉抹 20mm 厚普通水泥砂浆。根据工况实际与业主要求任选一种。

12. 聚甲基丙烯酸甲酯（PMMA）防水涂料的施工

1）PMMA 涂料简介：PMMA 防水涂料是以甲基丙烯酸甲酯类单体及其预聚物为主

要组分的反应型多组分耐候性优良的防水防腐材料，可分为暴露型和非暴露两类。涂层具有优良的物理机械性能与耐老化性能，与混凝土结构和钢结构有较高的粘结强度，可长期暴露于大气环境中使用，且不含挥发性溶剂，是一种环保型绿色产品。

2）产品施工可进行无气喷涂、刮涂、辊涂和刷涂。喷涂时，A、B 组分按 1∶1 的体积比混合使用。

3）产品应用范围：

①高铁混凝土桥面；②钢结构桥面板；③高架桥桥面、桥墩、建筑工程屋面；④隧道、人防工事防水抗渗；⑤彩色防滑路面；⑥地坪涂料；⑦地下、地上工程修复材料等。

4）喷涂设备：可选用美国固瑞克公司无气喷涂机或重庆长江喷涂机。

5）PMMA 防水层喷涂施工要点：

（1）处理好基面：基面应坚实，真空喷砂清理，使表面平整、粗糙、干净，涂布一道低黏度的 PMMA 基层处理剂。常温下干固 1h 左右，方可进行下一步施工。

（2）施工环境温度、湿度应适宜：5～40℃，无四级以上强风，相对湿度不大于 95%，均可喷涂。

（3）喷涂施工应连续作业，常温下第一层施工后 0.5h 后可施工下一层，上下两层喷涂方向应相互垂直。若因故施工中断，则应预留 50mm 宽的搭接位置。若中断超过 24h，复工时用丙酮擦拭涂层表面，并用砂纸轻轻打磨后便可继续施工。

（4）涂膜厚度要求：

①无砟轨道结构 CA 砂浆覆盖下的区域不小于 1mm，其余区域不小于 1.5mm；有砟轨道不小于 2mm；

②桥面、路面、隧道的涂膜厚度按设计要求施工，一般为 1.5～2.5mm。

涂膜厚度≥2mm 时，应分两道施工。

（5）PMMA 涂料耗量：1mm 厚干膜用量为 1.3～1.5kg/m^2；2mm 厚干膜用量为 2.5～3.0kg/m^2；3mm 厚干膜用量为 3.9～4.5kg/m^2。

施工时，每 50m^2 应量度 1 次涂料的用量和涂层厚度。

第6章
积极推广混凝土结构自防水

6.1 防水混凝土与结构自防水混凝土的含义

1. 混凝土的出现

19世纪40年代，法国一位花匠用水泥与砂石制作了移动花盆，使用中认识到它坚硬、实用方便并且耐久性好。后来，有人设想用水泥、砂石和水拌合建造房屋、桥梁等，便出现有心人深入探索，发现这种物质抗压强度好，但受到外力后容易破碎。此后，一些学者专门研究如何提高它的抗拉强度，便出现了竹木混凝土、钢筋混凝土、纤维混凝土。

20世纪，欧洲、亚洲、美洲一些学者在深层探索中公认，在混凝土中加入钢筋，能显著提升混凝土的抗变形能力。其后，在建筑行业，尤其是军工设施中出现了不用钢筋与必用钢筋的混凝土，前者称为素混凝土，后者称为钢筋混凝土。

中华人民共和国成立前，少数人知道了混凝土；中华人民共和国成立后，一些高等院校开设了土木建设课程，培养了一批又一批的工程建设的设计师、结构师、建造师及其质控、检测方面的技术人员。在他们的推动下，从20世纪50年代起混凝土在我国迅速推广应用。

中冶建筑研究总院混凝土研究所以张玉玲为首的科技人员、同济大学以祝友年为首的科研人员、湖南大学土木工程学院以黄伯瑜为首的科研人员，对混凝土有深层研究。

2. 混凝土的组成

混凝土是由胶凝材料、骨料和水按适当比例配合、拌制成混合物，经一定时间硬化而成的人造石材。

混凝土按表观密度大小，可分为特种混凝土（表观密度大于 $2700kg/m^3$）、重混凝土（表观密度约 $2400kg/m^3$，也称普通混凝土）、轻混凝土（表观密度小于 $1900kg/m^3$，有轻骨料混凝土和多孔混凝土）、特种混凝土（防水混凝土、耐热混凝土、耐酸混凝土、喷射混凝土、纤维混凝土、聚合物混凝土等）。

3. 普通混凝土的优缺点

1）优点

凝结前具有良好的塑性，可浇制成各种形状和大小的构件或结构物；它与钢筋有良好的粘结力，能制作钢筋混凝土结构和构件；硬化后有抗压强度高与耐久性良好的特性；其组成材料中砂、石等地方材料占 80% 以上，可就地取材，降低工程造价。

2）缺点

受拉时变形能力小，容易开裂；自重大，长途运输提高工程造价；不甚密实，孔隙率达 25%～40%，存在不同程度的渗水通道；抗酸、碱、盐的能力有限，对工程构件有潜在腐蚀破坏等。

4. 防水混凝土

防水混凝土是通过某种方法提高混凝土的抗渗性能，以达到防水要求的一种混凝土。其方法有：①改善混凝土组成材料的质量；②合理选择混凝土的配合比；③调整骨料级配；④掺加适量外加剂等。

抗渗性能是以抗渗等级表示，如 P4、P6、P8、P10、P12 等。它表示抗渗试验时，6 个试块中 4 个试块未发现渗水现象的最大水压值分别是 4～12kg/cm²。混凝土抗掺等级的要求是根据其最大作用水头（即该处在自由水面以下的垂直深度）与混凝土最小壁厚的比值来确定，如表 6-1 所示。

混凝土抗渗等级选定标准　　　　　　　表 6-1

最大作用水头与混凝土最小壁厚之比	抗渗等级
＜5	P4
5～10	P6
10～15	P8
15～20	P10
＞20	P12

目前，常用的防水混凝土按其配制方法大体分为四类：骨料级配法防水混凝土、富水泥浆防水混凝土、掺外加剂的防水混凝土和采用特种水泥（无收缩不透水水泥、膨胀水泥、塑化水泥等）的防水混凝土。

5. 结构自防水混凝土

长期以来，建（构）筑物的防水防渗以柔性卷材、涂膜为主附着于迎水面形成挡水屏障，称为柔性防水。国内外一些有志之士，在探索混凝土内部密实之策。如德国有人在 20 世纪 40 年代在混凝土内掺渗透性材料，其后美国发明了 M1500、CPS 内掺渗透结晶型材料，加拿大研发了凯顿渗透密实剂。

我国自 20 世纪 80 年代开始重视混凝土内密实技术，如浙江大学带头引进美国军工防渗产品 M1500，深化研究后开发了 HM1500 新品。湖南省第六工程有限公司总工彭先生，在长沙一座超高建筑的地下室，做了如图 6-1 所示的探索。

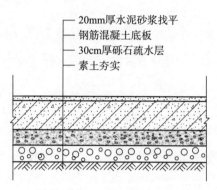

图 6-1　地下室底板疏水示意图

　　广西王新民先生早年以研发无机铝盐外加剂闻名于我国南方。后来，在试验室研究与承建工程中发现地下工程孔隙较多，有些工程孔隙率高达 40% 左右。他反复研究与反复实践，考虑如何用多种外加剂复合内密混凝土并付诸实践，收到了较好效果。在法国巴黎建筑博览会上荣获金奖。其后，在南宁、北京两地建厂生产复合内掺剂，在全国范围内多地设立营销点与施工处，影响全行业，称为混凝土结构自防水，广义称为刚性自防水。

　　21 世纪初，湖北大学、湖北理工大学组织团队研究混凝土自防水技术，他们的研究与实践证明为：混凝土内掺复合密实剂 + 迎水面抗渗水泥砂浆 + 变形缝刚柔结合阻水。

　　此后，我国刚性自防水风靡大江南北，不少科研单位、高等院校与上规模的防水企业都上阵研发、生产与应用自防水技术。在此形势下，我国建筑防水专家沈春林教授为助推混凝土自防水新产品、新技术，于 2024 年 5 月在海南三亚成立了刚性防水协会。

6.2　结构自防水的优越性

1. 密实混凝土内部，提高其抗渗性能

2. 消减厚体积混凝土凝结硬化放热

3. 迎水面防水砂浆既可抗渗阻水，又可保护主体结构少受外部不良介质的侵蚀

4. 缩短防水施工等待基面干燥的时间

5. 提高施工效率

6. 施工安全、文明，不污染环境和损害作业人员健康

7. 耐久性好，与混凝土主体结构同寿命

8. 维护保养与维修方便

总之，混凝土结构自防水绿色、环保、节能、减排，值得推广与普及。

当然，任何事物都存在优势与缺陷，自防水混凝土的复合外加剂有待深化研究，细部构造如何刚柔融合等问题，也有待后人不断有所发现、有所更新。

6.3 自防水混凝土经典案例

我国自防水混凝土经过半个多世纪的研究与实践，应用工程超万项，其中经典范例也遍布神州东西南北中。现择其众人公认的影响深远的工程供同仁参考。

1. 水泥基自愈合防水材料应用国内经典案例

乔君慧博士 2024 年 5 月在三亚 25 届全国防水技术交流大会的发言中透露：我国水泥基自愈合防水材料应用经典案例见表 6-2。

水泥基自愈合防水材料应用国内经典案例　　　　表 6-2

类别	工程名称	类别	工程名称
建筑工程地下室	中华世纪坛 北京中国银行大厦 温哥华森林别墅 天津市中加生态示范区 北京科学中心	桥梁	上海奉浦大桥 天津海河大桥 南京长江大桥 北京健翔桥 江西九江湖口大桥
地铁 / 隧道	厦门翔安海底隧道 海南部队飞机洞库 浙江宁波地铁 1 号线 上海地铁 广州地铁	机场	新疆乌鲁木齐机场 北京首都机场新航站楼 天津机场 沈阳机场 厦门机场
水电站 /水处理厂	三峡大坝 新疆石门子水库大坝 观音岩水电站 马堵山水电站 福建溪柄水电站		

2. DHZ-I 产品在湖南省应用工程案例

案例 1：湖南省湘潭县锴鑫恒郡二期地下室防水工程

　　湘潭县锴鑫恒郡二期 1、2、3 栋地下室原设计为卷材防水，该项目位于湘潭县海棠北路与麒麟路交会口东北侧，地下水丰富，而且原设计没有考虑地下盲沟等降水、排水措施。经湖南大胡子防水工程有限公司详细介绍 DHZ-I

混凝土复合液良好的防水性能及全国各地已建工程的成功经验，后经业主方研究决定采用 DHZ-I 结构自防水进行地下室防水施工。本工程自 2019 年 5 月中下旬开始施工，同年九月该项目包括裙楼地下室工程已全部完工，施工周期大大缩短，已完工的地下室回填后在经历了 6、7 月份的雨季后，现场查看防水效果无一处明显渗漏，剪力墙与底板交会处的阴角在取消止水钢板做法后仍很干燥，节省了大量人工及材料成本；而且，DHZ-I C35 混凝土同条件标养试块在预拌混凝土站 28d 试压值平均达 45.46MPa，有效提高了建（构）筑物的强度。采用 DHZ-I 复合液生产的混凝土，不论是防水效果还是工作性能都受到建设方的一致好评。

案例 2：湖南省株洲市禄口区松西子观赏石文化创意园地下室防水工程

株洲松西子观赏石文化创意园项目位于湖南省株洲市禄口区西塘镇，项目四周都是农田，地下水极为丰富且水位高，目前已完成的 16、17 栋地下室底板为筏形基础，基础厚达 1.5m，原设计为卷材防水。经过甲方代表组团到湘潭县锴鑫恒郡二期已施工的地下室实地参观考察防水效果，并通过核算施工成本及工期后，研究决定采用 DHZ-I 复合液结构自防水混凝土进行 16、17 栋地下室防水施工。该项目于 2019 年 9 月中旬开工，至同年 12 月中旬 16、17 栋地下室已全部完工，全程我公司派驻专业技术人员驻守预拌混凝土站和工地现场提供技术服务。原 1.5m 厚筏板大体积混凝土经计算核心温度会达到 78℃左右，而采用 DHZ-I 复合液混凝土能有效降低水化热温度至 50℃左右，施工后整块筏板未发现温差裂缝和渗漏水现象。2019 年 12 月底，经株洲市建设管理局现场对已完工的地下室剪力墙进行强度回弹，C35 混凝土回弹强度值均在 48～50MPa，完全满足并高于原设计强度，产品质量受到各参建单位的认可。

案例 3：湖南省郴州市建设工程集团有限公司开发的东玺台项目

郴州东玺台项目位于湖南省郴州市苏仙区郴州大道与观山路交会口处东侧，地块外围环山，原地貌为农田、池塘、河流，地下水极为丰富，原设计为卷材防水，因甲方要求在 2019 年 9 月中下旬需要开盘预售，故多方比较最终选择采用 DHZ-I 复合液结构自防水混凝土进行地下室施工，在不增加造价成本的前提下又能节约大量工序、工期。湖南大胡子防水工程有限公司也积极邀请甲方、乙方、设计单位去山东实地考察采用 DHZ-I 复合液结构自防水工艺施工的已建和在建的地下室项目防水效果。东玺台项目自 2019 年 8 月开始地下室结构自防水施工至 2019 年 12 月底已完成 1、2、3 栋地下室及裙楼地下室施工，且底板、顶板均未发现收缩及温差裂缝。DHZ-I 复合液混凝土的防水效果及工作性能均受到各方信赖，该项目其余楼栋现正在进行桩基础施工。

3. 贮油库两个观察井渗漏修复

湖南湘潭县某公路油库深埋金属汽油罐一个，罐长 6m，椭圆形直径（长径）1.8m，罐顶距地面 1.5m。罐旁设有两个现浇混凝土观测方形地坑作为观察井，每个长宽各 1.2m，深 4m 左右。井底渗漏、湿痕，上升井壁 1m 左右。业主找厂车间主任黄克俊修理，黄派人用速凝"堵漏王"粉抹压实，可是次日又出现渗水，反复五次修补均不干燥。黄主任邀请厂长陈宏喜去现场观查。陈去现场仔细勘察，并听取业主意见。回厂后陈对黄交待，明天你派两个工人带 50kg 的 CCCW 粉料去现场，先彻底凿掉原修复的"堵漏王"与找平层，深至混凝土原表面，适当打毛，清理干净后用灰刀刮压 CCCW 浆料，变换方向五遍成活，厚度不小于 6mm。其后 15d，观察 2 次 /d。15d 后黄对陈说"不渗水了，业主非常高兴并点赞。"

第7章
建筑防水保温防腐施工质量控制

7.1 建筑防水保温防腐产品的质控措施

1. 产品原材料的品质是影响产品性能与质量的前提

1）改性沥青卷材的主要原料有沥青、改性材料（SBS/APP/SBR 等）、填料、胎材与助剂。每种材料都有其标准，我们应按国家标准、行业标准、地方标准的规定优选达标产品。

2）高分子防水卷材的主要原料有树脂、橡胶、加筋材料、颜填料与助剂。我们应按相关国家标准、行业标准、地方标准的规定优选合格产品。

3）涂膜防水产品品种与规格型号繁多，主要有成膜物质、溶剂、颜填料、消泡剂与其他助剂（抗氧剂、抗紫外线剂等）。应按各种原材料的国家标准、行业标准、地方标准的规定优选合格产品。

4）密封材料与灌浆材料的原材料品种、型号也不少，亦应按相关国家标准、行业标准、地方标准的规定优选达标产品。

5）再生材料的利用是节能减排的国策之一。有些防水保温防腐产品使用若干年后只能报废处理，有些可作为再生能源，如 PS 泡沫板经清理干净后，可制造粘胶、保温板的掺和剂、灌浆材料的轻骨料等。再生资源产品必须经国家授权检测单位的检验合格与有关专家论证公认后才可推广应用。

6）原材料经检测合格后，使用前还应检查：①是否过期；②液料是否分层、板结，分层的可适当拌合均匀后使用，板结部分只能废弃；③固体卷材在 60～70℃环境中是否自行粘接不能撒卷铺贴，尤其是自粘卷材更应注意此类问题；④灌浆材料、密封材料是否出现异常现象，异常现象排除不了的不能用于工程等。

2. 产品出厂检验

不合格产品不得外销出厂；达标产品挂上"出厂合格证"。

3. 产品进场后应随机多方见证抽样，送国家授权单位进行复验，复验不合格产品不能直接用于工程

1）屋面防水材料进场检验项目（表 7-1）及材料标准（表 7-2）。

屋面防水材料进场检验项目　　　　　　表 7-1

序号	防水材料名称	现场抽样数量	外观质量检验	物理性能检验
1	高聚物改性沥青防水卷材	大于 1000 卷抽 5 卷，每 500~1000 卷抽 4 卷，100~499 卷抽 3 卷，100 卷以下抽 2 卷，进行规格尺寸和外观质量检验。在外观质量检验合格的卷材中，任取一卷做物理性能检验	表面平整，边缘整齐，无孔洞、缺边、裂口，胎基未浸透，矿物粒料粒度，每卷卷材的接头	可溶物含量、拉力、最大拉力时延伸率、耐热度、低温柔度、不透水性
2	合成高分子防水卷材		表面平整，边缘整齐，无气泡、裂纹、粘结疤痕，每卷卷材的接头	断裂拉伸强度、扯断伸长率、低温弯折性、不透水性
3	高聚物改性沥青防水涂料	每 10t 为一批，不足 10t 按一批抽样	水乳型：无色差、凝胶、结块、明显沥青丝；溶剂型：黑色黏稠状，细腻、均匀胶状液体	固体含量、耐热性、低温柔性、不透水性、断裂伸长率或抗裂性
4	合成高分子防水涂料		反应固化型：均匀黏稠状无凝胶、结块；挥发固化型：经搅拌后无结块，呈均匀状态	固体含量、拉伸强度、断裂伸长率、低温柔性、不透水性
5	聚合物水泥防水涂料		液体组分：无杂质、凝胶的均匀乳液；固体组分：无杂质、无结块的粉末	固体含量、拉伸强度、断裂伸长率、低温柔性、不透水性
6	胎体增强材料	每 3000m² 为一批，不足 3000m² 的按一批抽样	表面平整，边缘整齐，无折痕、孔洞、污迹	拉力、延伸率
7	沥青基防水卷材用基层处理剂	每 5t 产品为一批，不足 5t 的按一批抽样	均匀液体，无结块、凝胶	固体含量、耐热性、低温柔性、剥离强度
8	高分子胶粘剂		均匀液体，无杂质、分散颗粒或凝胶	剥离强度、浸水 168h 后的剥离强度保持率
9	改性沥青胶粘剂		均匀液体，无结块、凝胶	剥离强度
10	合成橡胶胶粘带	每 1000m 为一批，不足 1000m 的按一批抽样	表面平整，无固块、杂物、孔洞、外伤及色差	剥离强度、浸水 168h 后的剥离强度保持率
11	改性石油沥青密封材料	每 1t 产品为一批，不足 1t 的按一批抽样	黑色均匀膏状，无结块和未浸透的填料	耐热性、低温柔性、拉伸粘结性、施工度
12	合成高分子密封材料		均匀膏状物或黏稠液体，无结皮、凝胶或不易分散的固体团状	拉伸模量、断裂伸长率、定伸粘结性
13	烧结瓦、混凝土瓦	同一批至少抽一次	边缘整齐，表面光滑，不得有分层、裂纹、露砂	抗渗性、抗冻性、吸水率
14	玻纤胎沥青瓦		边缘整齐，切槽清晰，厚薄均匀，表面无孔洞、微伤、裂纹、皱折及起泡	可溶物含量、拉力、耐热度、柔度、不透水性、叠层剥离强度
15	彩色涂层钢板及钢带	同牌号、同规格、同镀层重量、同涂层厚度、同涂料种类和颜色为一批	钢板表面不应有气泡、缩孔、漏涂等缺陷	屈服强度、抗拉强度、断后伸长率、镀层重量、涂层厚度

现行屋面防水材料标准 表 7-2

类别	标准名称	标准编号
改性沥青防水卷材	1. 弹性体改性沥青防水卷材	GB 18242
	2. 塑性体改性沥青防水卷材	GB 18243
	3. 改性沥青聚乙烯胎防水卷材	GB 18967
	4. 带自粘层的防水卷材	GB/T 23260
	5. 自粘聚合物改性沥青防水卷材	GB 23441
合成高分子防水卷材	1. 聚氯乙烯（PVC）防水卷材	GB 12952
	2. 氯化聚乙烯防水卷材	GB 12953
	3. 高分子防水材料 第1部分：片材	GB/T 18173.1
防水涂料	1. 聚氨酯防水涂料	GB/T 19250
	2. 聚合物水泥防水涂料	GB/T 23445
	3. 水乳型沥青防水涂料	JC/T 408
	4. 聚合物乳液建筑防水涂料	JC/T 864
密封材料	1. 硅酮和改性硅酮建筑密封胶	GB/T 14683
	2. 建筑用硅酮结构密封胶	GB 16776
	3. 建筑防水沥青嵌缝油膏	JC/T 207
	4. 聚氨酯建筑密封胶	JC/T 482
	5. 聚硫建筑密封胶	JC/T 483
	6. 混凝土接缝用建筑密封胶	JC/T 881
	7. 金属板用建筑密封胶	JC/T 884
瓦	1. 玻纤胎沥青瓦	GB/T 20474
	2. 烧结瓦	GB/T 21149
	3. 混凝土瓦	JC/T 746
配套材料	1. 高分子防水卷材胶粘剂	JC/T 863
	2. 丁基橡胶防水密封胶粘带	JC/T 942
	3. 坡屋面用防水材料 聚合物改性沥青防水垫层	JC/T 1067
	4. 坡屋面用防水材料 自粘聚合物沥青防水垫层	JC/T 1068
	5. 沥青基防水卷材用基层处理剂	JC/T 1069
	6. 自粘聚合物沥青泛水带	JC/T 1070

2）屋面保温材料进场检验项目（表 7–3）及材料标准（表 7–4）。

屋面保温材料进场检验项目　　　　　　　　　　表 7–3

序号	材料名称	组批及抽样	外观质量检验	物理性能检验
1	模塑聚苯乙烯泡沫塑料	同规格按 100m³ 为一批，不足 100m³ 的按一批计。在每批产品中随机抽取 20 块进行规格尺寸和外观质量检验。从规格尺寸和外观质量检验合格的产品中，随机取样进行物理性能检验	色泽均匀，阻燃型应掺有颜色的颗粒；表面平整，无明显收缩变形和膨胀变形；熔结良好；无明显油渍和杂质	表观密度、压缩强度、导热系数、燃烧性能
2	挤塑聚苯乙烯泡沫塑料	同类型、同规格按 50m³ 为一批，不足 50m³ 的按一批计。在每批产品中随机抽取 10 块进行规格尺寸和外观质量检验。从规格尺寸和外观质量检验合格的产品中，随机取样进行物理性能检验	表面平整，无夹杂物，颜色均匀无明显起泡、裂口变形	压缩强度、导热系数、燃烧性能
3	硬质聚氨酯泡沫塑料	同原料、同配方、同工艺条件按 50m³ 为一批，不足 50m³ 的按一批计。在每批产品中随机抽取 10 块进行规格尺寸和外观质量检验。从规格尺寸和外观质量检验合格的产品中，随机取样进行物理性能检验	表面平整，无严重凹凸不平	表观密度、压缩强度、导热系数、燃烧性能
4	泡沫玻璃绝热制品	同品种、同规格按 250 件为一批，不足 250 件的按一批计。在每批产品中随机抽取 6 个包装箱，每箱各抽 1 块进行规格尺寸和外观质量检验。从规格尺寸和外观质量检验合格的产品中，随机取样进行物理性能检验	垂直度、最大弯曲度、缺棱、缺角、孔洞、裂纹	表观密度、抗压强度、导热系数、燃烧性能
5	膨胀珍珠岩制品（憎水型）	同品种、同规格按 2000 块为一批，不足 2000 块的按一批计。在每批产品中随机抽取 10 块进行规格尺寸和外观质量检验。从规格尺寸和外观质量检验合格的产品中，随机取样进行物理性能检验	弯曲度、缺棱、掉角、裂纹	表观密度、抗压强度、导热系数、燃烧性能
6	加气混凝土砌块	同品种、同规格、同等级按 200m³ 为一批，不足 200m³ 的按一批计。在每批产品中随机抽取 50 块进行规格尺寸和外观质量检验。从规格尺寸和外观质量检验合格的产品中，随机取样进行物理性能检验	缺棱掉角；裂纹、爆裂、粘膜和损坏深度；表面疏松、层裂；表面油污	干密度、抗压强度、导热系数、燃烧性能
7	泡沫混凝土砌块		缺棱掉角；平面弯曲；裂纹、粘膜和损坏深度，表面酥松、层裂；表面油污	干密度、抗压强度、导热系数、燃烧性能

续表

序号	材料名称	组批及抽样	外观质量检验	物理性能检验
8	玻璃棉、岩棉、矿渣棉制品	同原料、同工艺、同品种、同规格按 1000m² 为一批，不足 1000m² 的按一批计。 在每批产品中随机抽取 6 个包装箱或卷进行规格尺寸和外观质量检验。从规格尺寸和外观质量检验合格的产品中，抽取 1 个包装箱或卷进行物理性能检验	表面平整，伤痕、污迹、破损，覆层与基材粘贴	表观密度、导热系数、燃烧性能
9	金属面绝热夹芯板	同原料、同生产工艺、同厚度按 150 块为一批，不足 150 块的按一批计。 在每批产品中随机抽取 5 块进行规格尺寸和外观质量检验，从规格尺寸和外观质量检验合格的产品中，随机抽取 3 块进行物理性能检验	表面平整，无明显凹凸、翘曲、变形；切口平直、切面整齐，无毛刺；芯板切面整齐，无剥落	剥离性能、抗弯承载力、防火性能

现行屋面保温材料标准 表 7-4

类 别	标准名称	标准编号
聚苯乙烯泡沫塑料	1. 绝热用模塑聚苯乙烯泡沫塑料（EPS）	GB/T 10801.1
	2. 绝热用挤塑聚苯乙烯泡沫塑料（XPS）	GB/T 10801.2
硬质聚氨酯泡沫塑料	1. 建筑绝热用硬质聚氨酯泡沫塑料	GB/T 21558
	2. 喷涂聚氨酯硬泡体保温材料	JC/T 998
无机硬质绝热制品	1. 膨胀珍珠岩绝热制品	GB/T 10303
	2. 蒸压加气混凝土砌块	GB/T 11968
	3. 泡沫玻璃绝热制品	JC/T 647
	4. 泡沫混凝土砌块	JC/T 1062
纤维保温材料	1. 建筑绝热用玻璃棉制品	GB/T 17795
	2. 建筑用岩棉绝热制品	GB/T 19686
金属面绝热夹芯板	建筑用金属面绝热夹芯板	GB/T 23932

3）地下工程用防水材料标准（表 7-5）及进场检验（表 7-6）。

地下工程用防水材料标准 表 7-5

类别	标准名称	标准号
防水卷材	1. 聚氯乙烯（PVC）防水卷材 2. 高分子防水材料 第 1 部分：片材 3. 弹性体改性沥青防水卷材 4. 改性沥青聚乙烯胎防水卷材 5. 带自粘层的防水卷材 6. 自粘聚合物改性沥青防水卷材 7. 预铺防水卷材	GB 12952 GB/T 18173.1 GB 18242 GB 18967 GB/T 23260 GB 23441 GB/T 23457
防水涂料	1. 聚氨酯防水涂料 2. 聚合物乳液建筑防水涂料 3. 建筑防水材料用聚合物乳液	GB/T 19250 JC/T 864 JC/T 1017
密封材料	1. 聚氨酯建筑密封胶 2. 聚硫建筑密封胶 3. 混凝土接缝用建筑密封胶 4. 丁基橡胶防水密封胶粘带	JC/T 482 IC/T 483 JC/T 881 JC/T 942
其他防水材料	1. 高分子防水材料 第 2 部分：止水带 2. 高分子防水材料 第 3 部分：遇水膨胀橡胶 3. 高分子防水卷材胶粘剂 4. 沥青基防水卷材用基层处理剂 5. 膨润土橡胶遇水膨胀止水条 6. 遇水膨胀止水胶 7. 钠基膨润土防水毯	GB/T 18173.2 GB/T 18173.3 JC/T 863 JC/T 1069 JG/T 141 JG/T 312 JG/T 193
刚性防水材料	1. 水泥基渗透结晶型防水材料 2. 砂浆、混凝土防水剂 3. 混凝土膨胀剂 4. 聚合物水泥防水砂浆	GB 18445 JC/T 474 GB/T 23439 JC/T 984
防水材料试验方法	1. 建筑防水卷材试验方法 2. 建筑胶粘剂试验方法 3. 建筑密封材料试验方法 4. 建筑防水涂料试验方法 5. 建筑防水材料老化试验方法	GB/T 328 GB/T 12954 GB/T 13477 GB/T 16777 GB/T 18244

地下工程用防水材料进场抽样检验 表 7-6

序号	材料名称	抽样数量	外观质量检验	物理性能检验
1	高聚物改性沥青类防水卷材	大于 1000 卷抽 5 卷，每 500～1000 卷抽 4 卷，100～499 卷抽 3 卷，100 卷以下抽 2 卷，进行规格尺寸和外观质量检验。在外观质量检验合格的卷材中，任取一卷做物理性能检验	断裂、折皱、孔洞、剥离、边缘不整齐、胎体露白、未浸透撒布材料粒度、颜色，每卷卷材的接头	可溶物含量，拉力，延伸率，低温柔度，热老化后低温柔度，不透水性

续表

序号	材料名称	抽样数量	外观质量检验	物理性能检验
2	合成高分子类防水卷材	大于1000卷抽5卷，每500～1000卷抽4卷，100～499卷抽3卷，100卷以下抽2卷，进行规格尺寸和外观质量检验。在外观质量检验合格的卷材中，任取一卷做物理性能检验	折痕、杂质、胶块、凹痕，每卷卷材的接头	断裂拉伸强度，断裂伸长率，低温弯折性，不透水性，撕裂强度
3	有机防水涂料	每5t为一批，不足5t按一批抽样	均匀黏稠体，无凝胶，无结块	潮湿基面粘结强度，涂膜抗渗性，浸水168h后拉伸强度，浸水168h后断裂伸长率，耐水性
4	无机防水涂料	每10t为一批，不足10t按一批抽样	液体组分：无杂质、凝胶的均匀乳液；固体组分：无杂质、结块的粉末	抗折强度，粘结强度，抗渗性
5	膨润土防水材料	每100卷为一批，不足100卷按一批抽样：100卷以下抽5卷，进行尺寸偏差和外观质量检验。在外观质量检验合格的卷材中，任取一卷做物理性能检验	表面平整、厚度均匀，无破洞、破边，无残留断针，针刺均匀	单位面积质量，膨润土膨胀指数，渗透系数、滤失量
6	混凝土建筑接缝用密封胶	每2t为一批，不足2t按一批抽样	细腻、均匀膏状或黏稠液体，无气泡、结皮和凝胶现象	流动性、挤出性、定伸粘结性
7	橡胶止水带	每月同标记的止水带产量为一批抽样	尺寸公差；开裂，缺胶，海绵状，中心孔偏心，凹痕，气泡，杂质，明疤	拉伸强度，扯断伸长率，撕裂强度
8	腻子型遇水膨胀止水条	每5000m为一批，不足5000m按一批抽样	尺寸公差；柔软，弹性匀质，色泽均匀，无明显凹凸	硬度，7d膨胀率，最终膨胀率，耐水性
9	遇水膨胀止水胶	每5t为一批，不足5t按一批抽样	细腻、黏稠均匀膏状物，无气泡、结皮和凝胶	表干时间，拉伸强度，体积膨胀倍率
10	弹性橡胶密封垫材料	每月同标记的密封垫材料产量为一批抽样	尺寸公差；开裂，缺胶，凹痕，气泡，杂质，明疤	硬度，伸长率，拉伸强度，压缩永久变形
11	遇水膨胀橡胶密封垫胶料	每月同标记的膨胀橡胶产量为一批抽样	尺寸公差；开裂，缺胶，凹痕，气泡，杂质，明疤	硬度，拉伸强度，扯断伸长率，体积膨胀倍率，低温弯折
12	聚合物水泥防水砂浆	每10t为一批，不足10t按一批抽样	干粉类：均匀，无结块；乳胶类：液料经搅拌后均匀无沉淀，粉料均匀、无结块	7d粘结强度，7d抗渗性，耐水性

7.2　建筑防水保温防腐施工中的质控措施

1）通过竞标或议标优选施工队伍。施工公司应具有合法的施工资质。

2）参与施工的工人应经过培训、考核达到相应的资格条件，持证上岗。其中，班（组）长应为中级工以上的职业工人。

3）开工前，施工公司应做好施工方案或施工组织设计。经业主与设计部门审批后，方可开工。

4）施工过程中，应坚持"自检—互检—专检"相结合的"三检"制度。

5）细部节点等特殊部位，质检员应旁站施工并做好记录，必要时进行拍照或录像备查。

6）隐蔽工程应逐个验收并做好记录。

7）工程完工后，施工公司应按规定进行自检，并进行淋水 0.5h 或蓄水 24h，无渗漏后申报验收。

8）工程竣工后，上级质检部门或业主应组织相关部门与相关人员进行工程竣工验收。

7.3　做好竣工验收

1. 中大型工程竣工验收

应由业主与设计院组织和主持，也可委托监理公司组织与主持。

2. 竣工验收的步骤与内容

1）现场检查：观看全貌，不得有鼓泡、开裂、翘边缺陷；抽查防水层保温层防腐层的厚度；检查细部节点的密实密封；卷材工程须检查搭接封边情况。

2）施工公司汇报选材、施工与效果，并移交有关记录、拍照、录像。

3）监理公司汇报工程施工质量、安全监控情况与评价。

4）参会人员对所见所闻进行评价。

5）由主持者宣读验收结论，并逐一签字认可。

3. 施工公司向业主代表递交工程保修方案

1）工程防水保修期为五年，已实施 30 多年，目前仍然合法，但不够合理。

2）多数上规企业认为质保期 10～20 年为好。

3）质保期 30 年以上或终身保修都是脱离实际的理念与要求。

第8章
建筑防水保温防腐安全管理

"安全重于泰山""安全第一"是人们的共识。它关系建设工程的正常运营与人们的正常生活。安全管理也是人类节能减排、绿色环保的发展保障。

8.1 安全管理的内容

1）建筑防水保温防腐产品不含或少含对环境与生物的有害成分，切断环境污染与对生物伤害的根源。

2）产品中不得人为添加如表8-1所示的物质。

产品中不得人为添加的物质

（依据《环境标志产品技术要求　防水涂料》HJ 457—2009）表 8-1

类别	物质
乙二醇醚及其酯类	乙二醇甲醚、乙二醇甲醚醋酸酯、乙二醇乙醚、乙二醇乙醚醋酸酯、二乙二醇丁醚醋酸酯
邻苯二甲酸酯类	邻苯二甲酸二辛酯（DOP）、邻苯二甲酸二正丁酯（DBP）
二元胺	乙二胺、丙二胺、丁二胺、己二胺
表面活性剂	烷基酚聚氧乙烯醚（APEO）、支链十二烷基苯磺酸钠（ABS）
酮类	3，5，5- 三甲基 -2 环己烯基 -1- 酮（异佛尔酮）
有机溶剂	二氯甲烷、二氯乙烷、三氯甲烷、三氯乙烷、四氯化碳、正己烷

3）产品中有害物质限值应满足表8-2、表8-3的要求。

挥发固化型防水涂料中有害物限值

（依据《环境标志产品技术要求　防水涂料》HJ 457—2009）表 8-2

项　目		双组分聚合物水泥防水涂料		单组分丙烯酸酯聚合物乳液防水涂料
		液料	粉料	
VOC（g/L）	≤	10	—	10

项 目		双组分聚合物水泥防水涂料		单组分丙烯酸酯聚合物乳液防水涂料
		液料	粉料	
内照射指数	≤	—	0.6	—
外照射指数	≤		0.6	
可溶性铅（Pb，mg/kg）	≤	90	—	90
可溶性镉（Cd，mg/kg）	≤	75	—	75
可溶性铬（Cr，mg/kg）	≤	60	—	60
可溶性汞（Hg，mg/kg）	≤	60	—	60
甲醛（mg/kg）	≤	100	—	100

反应固化型防水涂料中有害物限值

（依据《环境标志产品技术要求 防水涂料》HJ 457—2009） 表 8-3

项 目		环氧防水涂料	聚脲防水涂料	聚氨酯防水涂料	
				单组分	双组分
VOC（g/kg）	≤	150	50	100	
苯（g/kg）	≤	0.5			
苯类溶剂（g/kg）	≤	80	50	80	
可溶性铅（Pb，mg/kg）	≤	90			
可溶性镉（Cd，mg/kg）	≤	75			
可溶性铬（Cr，mg/kg）	≤	60			
可溶性汞（Hg，mg/kg）	≤	60			
固化剂中游离甲苯二异氰酸酯（TDI，%）	≤	—	0.5	—	0.5

4）建筑防水涂料中有害物质的限量

（1）水性涂料中有害物质的含量应符合表 8-4 的要求。

水性建筑防水涂料中有害物质含量

（依据《建筑防水涂料中有害物质限量》JC 1066—2008） 表 8-4

序号	项 目		含量	
			A	B
1	挥发性有机化合物（VOC，g/L）	≤	80	120

序号	项 目		含量	
			A	B
2	游离甲醛（mg/kg） ≤		100	200
3	苯、甲苯、乙苯和二甲苯总和（mg/kg） ≤		300	
4	氨（mg/kg） ≤		500	1000
5	可溶性重金属[a]（mg/kg）≤	铅 Pb	90	
		镉 Cd	75	
		铬 Cr	60	
		汞 Hg	60	

a 无色、白色、黑色防水涂料不需要测定可溶性重金属。

（2）反应型防水涂料中有害物质的含量应符合表8-5的要求。

反应型建筑防水涂料中有害物质含量

（依据《建筑防水涂料中有害物质限量》JC 1066—2008）　表 8-5

序号	项 目		含量	
			A	B
1	挥发性有机化合物（VOC）（g/L） ≤		50	200
2	苯（mg/kg） ≤		200	
3	甲苯 + 乙苯 + 二甲苯（g/kg） ≤		1.0	5.0
4	苯酚（mg/kg） ≤		200	500
5	蒽（mg/kg） ≤		10	100
6	萘（mg/kg） ≤		200	500
7	游离 TDI[a]（g/kg） ≤		3	7
8	可溶性重金属[b]（mg/kg） ≤	铅 Pb	90	
		镉 Cd	75	
		铬 Cr	60	
		汞 Hg	60	

a 仅适用于聚氨酯类防水涂料。

b 无色、白色、黑色防水涂料不需测定可溶性重金属。

（3）溶剂型防水涂料中有害物质的含量应符合表8-6的要求。

溶剂型建筑防水涂料有害物质含量

（依据《建筑防水涂料中有害物质限量》JC 1066—2008）　表 8-6

序号	项　目		含量
			B
1	挥发性有机化合物（VOC，g/L）	≤	750
2	苯（g/kg）	≤	2.0
3	甲苯 + 乙苯 + 二甲苯（g/kg）	≤	400
4	苯酚（mg/kg）	≤	500
5	蒽（mg/kg）	≤	100
6	萘（mg/kg）	≤	500
7	可溶性重金属 [a]（mg/kg）　≤	铅 Pb	90
		镉 Cd	75
		铬 Cr	60
		汞 Hg	60

a 无色、白色、黑色防水涂料不需测定可溶性重金属。

（4）单组分聚脲防水涂料中有害物质限量应符合表 8-7 的要求。

单组分聚脲防水涂料的有害物质限量

（依据《单组分聚脲防水涂料》JC/T 2435—2018）　表 8-7

序号	项　目		技术指标
1	挥发性有机物含量（VOC，g/L）		≤ 200
2	苯（mg/kg）		≤ 200
3	甲苯 + 乙苯 + 二甲苯（g/kg）		≤ 5.0
4	苯酚（mg/kg）		≤ 100
5	蒽（mg/kg）		≤ 10
6	萘（mg/kg）		≤ 200
7	游离 TDI（g/kg）		≤ 7.0
8	可溶性重金属 [a]（mg/kg）	铅 Pb	≤ 90
		镉 Cd	≤ 75
		铬 Cr	≤ 60
		汞 Hg	≤ 60

a 可选项目，由供需双方确定。

5）建筑胶粘剂有害物质的限量应符合表 8-8～表 8-10 的规定。

溶剂型建筑胶粘剂中有害物质限量值

（依据《建筑胶粘剂有害物质限量》GB 30982—2014） 表 8-8

项　目	指标				
	氯丁橡胶胶粘剂	SBS 胶粘剂	聚氨酯类胶粘剂	丙烯酸酯类胶粘剂	其他胶粘剂
苯（g/kg）	≤5.0				
甲苯十二甲苯（g/kg）	≤200	≤80	≤150		
甲苯二异氰酸酯（g/kg）	—		≤10	—	
二氯甲烷（g/kg）	总量≤5.0	≤200 总量≤5.0	—	总量≤50	
1，2-二氯乙烷（g/kg）					
1，1，1-三氯乙烷（g/kg）					
1，1，2-三氯乙烷（g/kg）					
总挥发性有机物（g/L）	≤680	≤630	≤680	≤600	≤680

水基型建筑胶粘剂中有害物质限量值

（依据《建筑胶粘剂有害物质限量》GB 30982—2014） 表 8-9

项　目	指标						
	聚乙酸乙烯酯类	缩甲醛类	橡胶类	聚氨酯类	VAE乳液类	丙烯酸酯类	其他类
游离甲醛（g/kg）	≤0.5	≤1.0	≤1.0		≤0.5	≤0.5	≤1.0
总挥发性有机物（g/L）	≤100	≤150	≤150	≤100	≤100	≤100	≤150

本体型建筑胶粘剂中有害物质限量值

（依据《建筑胶粘剂有害物质限量》GB 30982—2014） 表 8-10

项　目	指标				
	有机硅类（含MS）	聚氨酯类	聚硫类	环氧类	
				A 组分	B 组分
总挥发性有机物（g/kg）	≤100	≤50	≤50	≤50	
甲苯二异氰酸酯（g/kg）	—	≤10			
苯（g/kg）	—	≤1	—	≤2	≤1
甲苯（g/kg）	—	≤1			
甲苯十二甲苯（g/kg）	—	—	—	≤50	≤20

6）建筑构件连接处防水密封膏中有害物质限量应符合表 8-11 的规定。

建筑构件连接处防水密封膏的有害物质限量

（依据《建筑构件连接处防水密封膏》JG/T 501—2016） 表 8-11

项　目		含量
挥发性有机化合物（VOC，g/L）		≤ 80
游离甲醛（mg/kg）		≤ 100
苯、甲苯、乙苯和二甲苯总和（mg/kg）		≤ 300
氨（mg/kg）		≤ 500
可溶性重金属（mg/kg）[a]	铅 Pb	≤ 90
	镉 Cd	≤ 75
	铬 Cr	≤ 60
	汞 Hg	≤ 60

a 无色、白色、黑色防水涂料不需要测定可溶性重金属。

7）建筑室内装修用环氧接缝胶的有害物质限量的要求应符合表 8-12 的规定。

建筑室内装修用环氧接缝胶的有害物质限量要求

（依据《建筑室内装修用环氧接缝胶》JG/T 542—2018） 表 8-12

项　目	限量（g/kg）	
	A 组分	B 组分
游离甲醛	≤ 0.5	≤ 0.5
苯	≤ 2	≤ 1
甲苯 + 二甲苯	≤ 50	≤ 20
总挥发性有机物	≤ 50	—

8）刚性防水材料生产企业污染物排放的要求

（1）产品中不得人为添加铅（Pb）、镉（Cd）、汞（Hg）、硒（Se）、砷（As）、锑（Sb）、六价铬（Cr^{6+}）等元素及其化合物。

（2）产品内、外照射指数均不得大于 0.6。

（3）产品有害物质限值应符合表 8-13 的要求。

刚性防水材料产品有害物限值

（依据《环境标志产品技术要求 刚性防水材料》HJ 456—2009） 表 8-13

项 目	限值
甲醛（mg/m³）	≤ 0.08
苯（mg/m³）	≤ 0.02
氨（mg/m³）	≤ 0.1
总挥发性有机化合物（TVOC，mg/m³）	≤ 0.1

（4）企业应建立符合《化学品安全技术说明书 内容和项目顺序》GB/T 16483 要求的原料安全库数据单（MSDS），并向使用方提供。

9）混凝土拌合物中水溶性氯离子最大含量应符合表 8-14 的规定。

混凝土拌合物中水溶性氯离子最大含量

（依据《预拌混凝土》GB/T 14902—2012） 表 8-14

环境条件	水溶性氯离子最大含量（%，质量百分比）		
	钢筋混凝土	预应力混凝土	素混凝土
干燥环境	0.3		
潮湿但不含氯离子的环境	0.2	0.06	1.0
潮湿而含有氯离子的环境、盐渍土环境	0.1		
除冰盐等侵蚀性物质的腐蚀环境	0.06		

10）钢纤维混凝土拌合物中水溶性氯离子含量允许值应符合表 8-15 的规定。

钢纤维混凝土拌合物中水溶性氯离子含量允许值

（依据《钢纤维混凝土》JG/T 472—2015） 表 8-15

结构形式	环境条件	水溶性氯离子含量[a]（%）
钢筋钢纤维混凝土结构	干燥或有防潮措施的环境	≤ 0.30
	潮湿但不含氯离子的环境	≤ 0.10
	潮湿且含有氯离子的环境	≤ 0.06
	除冰盐等腐蚀环境	≤ 0.06
预应力钢筋钢纤维混凝土结构		≤ 0.06

[a] 水溶性氯离子含量是指水溶性氯离子占水泥材料用量的质量百分比。

8.2　建设工程施工中的安全管理

1）防腐蚀工程的安全技术和劳动保护应符合国家现行标准《施工企业安全生产管理规范》GB 50656 和《企业安全生产标准化基本规范》GB/T 33000 的有关规定。

2）施工前，建设单位应与施工单位签订安全协议。

3）施工单位施工组织设计、施工方案应包括安全技术措施及应急预案。

4）化学危险品的贮存和辨识应符合现行国家标准《危险化学品仓库储存通则》GB 15603 和《危险化学品重大危险源辨识》GB 18218 的规定。

5）现场施工机具设备及设施使用前应检验合格，符合国家现行有关产品标准的规定。

6）施工用电安全应符合现行国家标准《用电安全导则》GB/T 13869、《国家电气设备安全技术规范》GB 19517 和《建筑与市政工程施工现场临时用电安全技术标准》JGJ/T 46 的有关规定。

7）防腐蚀施工作业场所有害气体、蒸汽和粉尘的最高允许浓度应符合现行国家标准《工作场所有害因素职业接触限值　第 1 部分：化学有害因素》GBZ 2.1、《工作场所空气有毒物质测定　第 62 部分：溶剂汽油、液化石油气、抽余油和松节油》GBZ/T 300.62、《工作场所空气有毒物质测定　第 64 部分：石蜡烟》GBZ/T 300.64 和《工业设备及管道防腐蚀工程技术标准》GB/T 50726 的有关规定。

8）涂料涂装作业应符合现行国家标准《涂装作业安全规程　安全管理通则》GB 7691 的有关规定。

9）高处作业应符合现行行业标准《建筑施工高处作业安全技术规范》JGJ 80 的有关规定。

10）现场动火、受限空间施工和使用压力设备作业等施工现场，应符合下列规定：

（1）现场动火作业应办理作业批准手续。

（2）作业区域应设置安全围挡和安全标志，并应设专人监护、监控。

（3）作业人员应规定统一的操作联络方式。

（4）作业结束，应检查并消除隐患后再离开现场。

11）防腐蚀工程质量检验的检测设备和仪器的使用安全，应符合有关产品的安全使用规定。

12）操作人员配备的劳动保护用品应符合现行国家标准《个体防护装备配备规范　第 1 部分：总则》GB 39800.1 的有关规定。

8.3 建设工程施工中的环境保护管理

1）防腐蚀施工应建立重要环境因素清单，并应编制具体的环境保护技术措施。

2）施工现场应分开设置生活区、施工区和办公区。

3）施工中产生的各类废物的处理应符合下列规定：

（1）收集、贮存、运输、利用和处置各类废物时，应采取覆盖措施。包装物应采用可回收利用、易处置或易消纳的材料。

（2）施工现场应工完料净场清，各类废物应按环保要求分类及时清理，并清运出场。

（3）危险废物应集中堆放到专用场所，按国家环保的规定设置统一的识别标志，并建立危险废物污染防治的管理制度，制订事故的防范措施和应急预案。

（4）危险废物应盛装在容器内，装载液体或半固体危险废物的容器顶部与液体表面之间应留出 100mm 以上的空间。不得将不相容的危险废物混合或合并存放。并且，定期对所贮存的危险废物包装容器及贮存设施进行检查，发现破损应采取措施清理、更换。

（5）各类危险废物的处理应与地方环保部门办理处理手续或委托合格（地方环保部门认可）的单位组织集中处理。

（6）运输危险废物时，应按国家和地方有关危险货物和化学危险品运输管理的规定执行。

4）施工中粉尘等污染的防治应符合下列规定：

（1）运输或装卸易产生粉尘的细料或松散料时，应采取密闭措施或其他防护措施。

（2）进行拆除作业时，应采取隔离措施。

（3）搅拌场所应搭设搅拌棚，四周应设围护，并应采取防尘措施。切割作业应选定加工点，并应进行封闭围护。当进行基层表面处理、机械切割或喷涂等作业时，应采取防扬尘措施。

（4）大风天气不得从事筛砂、筛灰等工作。

（5）施工现场应设置密闭式垃圾站。施工垃圾、生活垃圾应分类存放，并应及时清运出场。

5）施工中对施工噪声污染的防治应符合下列规定：

（1）施工现场应按现行国家标准《建筑施工场界环境噪声排放标准》GB 12523 制订降噪措施。定期对噪声进行测量，并注明测量时间、地点、方法。做好噪声测量记录，超标时应采取措施。

（2）在施工场界噪声敏感区域宜选择使用低噪声的设备，也可采取其他降低噪声的措施。

（3）机械切割作业的时间，应安排在白天的施工作业时间内，地点应选择在较封闭的室内进行。

（4）运输材料的车辆进入施工现场不得鸣笛。装卸材料应轻拿轻放。

6）防腐蚀施工中，不得对水、土产生污染。

8.4　形成安全管理网络

1）上规模的建筑防水保温防腐施工公司，应建立安全管理网络，即公司安全管理科（室）→工程项目安全管理员→班（组）设立兼职安全管理员。

2）上规模的施工企业应建立安全管理相关制度：

（1）操作人员必须穿工作服、穿平底防滑鞋、佩戴工号证进入施工现场。配制和使用有毒材料时，必须穿防护服、戴口罩、手套和防护眼镜，严防毒性材料与皮肤接触及误入口中。

（2）现场应通风、透气，不得在高温、低寒的环境中长久作业。"蜘蛛人"在墙面攀爬连续作业时间不得超过 2h。

（3）建立安全教育培训制度，每年每人接受培训时间不得少于 15d。

（4）确保用电安全，不允许非专业电工乱搭临时线路与安装用电设施；高压带电线路下与 5m 范围内，不得生明火。

（5）机械设备应逐台建立安全操作与保养规程。

（6）高空与危险区施工，工人必须系安全带，安全员应旁站作业。

（7）工地仓库、生活用房应备用沙包、水与消防器材，严防火灾。

（8）建立安全检查制度，定期检查安全、消防、环保状况与相关规章制度执行情况。

（9）发生安全事故应在 2h 内及时向有关部门报告，并且围挡，保护好现场。

（10）编制生产安全与应急处理预案。

8.5　环境保护措施

1）有毒有害废弃物质，不允许随意抛丢与倾倒，应放置在指定的地方。

2）有毒材料和挥发性材料应密封贮存，专人保管和处理。

3）使用易燃材料 10m 范围内严禁烟火。

4）使用有毒材料时，作业人员应按规定享受劳保福利和营养补贴，并应定期检查身体。

第9章
建筑防水保温防腐运维管理

工程竣工验收达标只是万里长征的第一步，工程徐变、结构变形与气候条件的变化，如何达到渗漏"清零"与耐久性达到国家相关规范、规程的要求，有待工程运营中的维护管理。

9.1 工程维护管理责任方

工程维护管理的主要职责，由业主委托物业管理部门承担，原施工商协助与配合。业主应根据工程量大小与重要程度，指派专人或兼职人员履行维护管理职责，原则上每1万 m² 安排1个专业维护管理人员。

9.2 维护管理的内容

1）正常情况下，3d 内应清扫杂物与垃圾1次，保持工程整洁、卫生。

2）大雨、暴雨或暴风、台风、沙尘来临之后，对现场进行全面检查与清理，尤其对檐沟、天沟与落水口等部位要仔细查看，出现堵水情况应及时疏导排走。

3）防水层、保温层、防腐层出现破损、鼓泡、翘边、剥离等缺陷时，物业管理部门邀请原设计部门、施工单位共同客观如实地分清原因与责任，由原施工单位进行修补。如果是材料质量或施工不细引起损害者，原施工单位应免费维修；如果是徐变、人为损害或自然灾害引起的破损，应由物业管理部门出资修补。

4）严寒地区在当地遭遇极端冰冻时，维护管理人员应赴现场查看防水层、保温层、防腐层的损害情况，并及时向物业管理部门汇报处理。

5）种植屋面的维护管理，除上述要求外，还应履行定期剪枝、除草、防治病虫害、追肥、浇水、防寒、除冰等，保持良好的生态环境。

6）金属屋面应定期检查坚固件是否松动、生锈及板面防护层是否破损，发现缺陷应及时采取有效的治理修补措施。

7）公路路面、地上隧道、桥梁等应定期检查，发现缺陷应及时采取修补、修复措施。轨道交通设施更应重视查看、修补、修覆。

8）水利工程中的渠道、水库，每年应进行一次小修或大修。

9）国防工程中的防空措施，每年亦应进行 1～2 次检查维修。

10）所有地下工程必须高度重视排水工作，以排为主、防排结合，确保地下空间的正常运营。

9.3 制订自然灾害应急预案

1. 台风、暴雨破损应急预案

2. 轨道交通地下车站出现缺陷应急预案

3. 沙尘应急预案

4. 大型水库渗漏应急预案

第 10 章
工程经典案例

10.1 浅谈混凝土结构自防水的设计与施工 [①]

渗漏是影响我国建筑质量的一大顽疾。根据有关专业机构发布的全国建筑渗漏状况调查项目报告，目前，我国建筑渗漏率依然居高不下。一直以来，由于对外设防水层的过度依赖，从防水的角度对混凝土结构自防水没有做到足够的重视，同时也缺乏相应健全的技术体系及标准加以规范引导，因此造成渗漏频发、防水效果不理想等问题，应重视和加强结构防水。

10.1.1 防水行业现状

住房和城乡建设部办公厅为贯彻落实《国务院关于印发深化标准化工作改革方案的通知》精神，按照住房和城乡建设部《关于深化工程建设标准化工作改革的意见》关于构建我国全文强制性工程建设规范体系要求，住房和城乡建设部联合多单位起草了《建筑与市政工程防水通用规范》GB 55030—2022 等 40 项工程规范。在《建筑与市政工程防水通用规范》GB 55030—2022 中，对工程防水设计工作年限做出了明确规定："地下工程防水设计工作年限不应低于工程结构设计工作年限。屋面工程防水设计工作年限不应低于 20 年。外墙工程防水设计工作年限不应低于 25 年。室内工程防水设计工作年限不应低于 15 年。道路桥梁工程路面或桥面防水设计工作年限不应低于路面结构或桥面铺装设计工作年限。非侵蚀性介质蓄水类工程内壁防水层设计工作年限不应低于 10 年。"除此之外，国家标准《地下工程防水技术规范》GB 50108—2008 提出："地下工程迎水面主体结构应采用防水混凝土，并应根据防水等级要求采取其他防水措施"。行业标准《地下工程混凝土结构自防水技术规范》JC/T 60014—2022 提出："地下工程混凝土结构自防水设计工作年限不应低于工程结构设计工作年限"。多项国家标准极大地提高了现行的防水规范要求，在对现行柔性防水行业造成极大影响的同时，也给刚性防水行业指明了发展方向。

如今，混凝土结构自防水的发展已取得很大突破、创新，尤其是关于混凝土自身的

---

① 王玉峰，中建材苏州防水研究院有限公司。

密实度和防裂缝的情况。我国自主研发的一些新产品和新技术已经达到了世界领先水平。广西、山西、海南、陕西、湖南、深圳、安徽等地陆续出台相应地下工程防水规范，强调以结构自防水为主，局部配套柔性防水进行加强。其他省、各级单位逐渐意识到结构自防水的重要性，结构自防水技术获得认可和肯定，势必将在更多新项目、新工程的建设上应用。

10.1.2　结构自防水相关定义

结构自防水法是利用结构本身的密实性、憎水性以及刚度，提高结构本身的抗渗性能，通常被称为刚性防水。与传统的防水卷材或防水涂料相比，结构自防水具有较好的耐久性和广泛的适用性，优势十分明显。传统的防水卷材、涂料使用寿命较短，往往在建筑使用了若干年后就需要修补或重新铺设防水层，结构自防水则比较经久耐用，使用寿命与建筑相同。

刚性防水通常可划分为 3 部分：

（1）混凝土结构本体自防水：主体是防水混凝土，通过配合比设计达到高性能防水混凝土，或使用减水剂、防水剂、渗透结晶型防水剂、密实剂等。

（2）混凝土结构表面涂层防水：主体是防水涂层，一般使用树脂涂料、聚合物水泥防水涂料、防水砂浆、渗透结晶型防水涂料等。

（3）缺陷整治：主要是针对构造节点和缺陷采取有效防水密封措施，采用特种水泥、树脂等灌浆材料，也包括新建工程的预处理（预防水）。

1. 刚性防水体系

刚性防水体系是指主体防水采用刚性防水，细部构造节点采用相适应防水措施的防水体系。行业内所指的刚性防水体系指不设置柔性防水层即能够独立承担防水功能的防水体系，即全刚性防水体系。在刚性防水体系中，"大面为刚，节点可柔"，大面采用刚性防水，细部构造节点根据需要可采用刚柔结合构造方式。以下防水体系均称为刚性防水体系：

（1）混凝土结构自防水体系；

（2）以混凝土结构自防水作为防水主体，外表面仅设置刚性防水层，不设置柔性防水层的防水体系；

（3）建筑外墙防水工程中，墙体外表面整体防水仅设置刚性防水层，不设置柔性防水层的防水体系。

2. 混凝土结构自防水体系

结构自防水体系是指结构主体通过优化配筋和配置防裂构造措施，采用具有防渗抗裂性能的防水混凝土，并对变形缝、后浇带、施工缝等细部构造部位进行防水密封处理，使其不依赖于外设防水层，具有独立防水功能的防水体系。

3. 刚性防水层

刚性防水层是指以水泥基材料为主体的防水材料，设置在结构表面，能够阻止水渗透的构造层。刚性防水层可包括砂浆防水层、水泥基渗透结晶型涂料防水层、细石混凝土防水层等。

4. 刚性防水材料

刚性防水材料则是指以水泥、砂石为原材料，或其内掺入少量外加剂、高分子聚合物等材料，通过调整配合比，抑制或减少孔隙率，改变孔隙特征，增加各原材料界面间的密实性等方法，配制成具有一定抗渗能力的水泥砂浆、混凝土等防水材料。刚性防水材料按其胶凝材料的不同，可分为两大类：一类是以硅酸盐水泥为基料，加入无机或有机外加剂配制而成的防水砂浆、防水混凝土，如外加剂防水混凝土，聚合物水泥砂浆等；另一类是以膨胀水泥为主的特种水泥为基料配制的防水砂浆、防水混凝土，如膨胀水泥防水混凝土等。

10.1.3 结构自防水的优势及发展趋势

1. 刚性防水优势

1）耐久性好

混凝土的高碱性水化体系中没有大量的高分子链，其化学稳定决定了在一般环境中有很好的耐久性。地下防水混凝土构件通常不暴露在空气中，不会受风蚀影响，碳化进程很小。处于静态非腐蚀性水质的地下工程，对刚性防水的不利影响因素很少。

2）机械强度高不易损伤

混凝土及防水砂浆强度较高，具有很好的抗刺穿、抗压和抗冲击性能，不容易受到外力作用的破坏，正常回填土的地下室侧墙可以不做保护层。

3）与砂浆有很好的粘结性能

建筑外墙和卫生间墙面通常采用水泥砂浆抹灰或铺贴面砖，采用有机防水材料时很容易发生空鼓或脱落现象，而在砂浆防水层表面施工，可以避免出现类似情况。

4）结构自防水工程出现渗漏水容易发现和修复

地下工程结构自防水出现渗漏很容易直接观察发现，并可采用化学注浆等方法，方便渗漏维修。

5）无法设置外设防水层时，结构自防水是唯一选择

逆作法地下工程、叠合式结构侧墙等地下工程无法在迎水面施作防水层时，采用混凝土结构自防水技术可达到防水抗渗的目标。

6）结构自防水可缩短施工工期

结构自防水工程其防水功能与混凝土结构施工同时完成，节省了外防水层和保护层的施工时间，可缩短工程的施工工期。

2. 发展趋势

我国刚性防水材料的应用是以现代硅酸盐水泥（波特兰水泥）应用为标志的，现代水泥的应用已经有 200 年（1824 年）的历史。中国的现代建筑史起于 20 世纪 20 年代（被动引进和主动发展），现代建筑主要是以中华人民共和国成立为标志。1950—1960 年，采用集料连续级配防水混凝土；1960—1970 年，采用富砂浆普通防水混凝土；1970—1980 年，采用外加剂防水混凝土。这期间水泥砂浆的应用主要以级配与操作工艺相结合的方式。1980 年开发补偿收缩混凝土至今，防水外加剂的发展渐趋多样化。在刚性防水技术方面我们与发达国家差距比较大。刚性防水技术发祥于欧洲，日本在引进欧洲技术的基础上得到了发展。1877 年，日本水泥砂浆防水已在隧道工程应用（日本 1873 年开始生产水泥）。欧洲 19 世纪末—20 世纪初已经开始生产水泥外加剂；而日本 1905 年开始输入应用水泥外加剂，1910 年开始生产，20 世纪 20 年代已经在地铁工程、地下工程得到应用。近十多年来，我国刚性防水技术在引进国外技术的基础上得到了快速发展，制定了相关的标准。

我国刚性防水工程的发展趋势可以从以下几个方面进行探讨：

1）材料升级：刚性防水材料将向着高强度、高耐久性、环保型及易施工方向发展。新型防水材料如高分子防水材料、水性类材料、预铺反粘类材料等，将得到更广泛的应用，以满足不同环境和使用条件下的防水需求。

2）施工工艺优化：刚性防水工程的施工工艺对工程质量的影响至关重要。随着施工设备的升级和施工技术的不断创新，刚性防水工程的施工工艺将得到进一步改进。例如，采用新型混凝土搅拌设备、自动化施工设备等，提高施工效率和质量稳定性。同时，加强施工过程中的质量监控和检测，确保工程质量的可靠性和稳定性。

3）绿色、环保：环保意识的日益加强，使得绿色发展成为刚性防水工程的重要趋势。刚性防水工程将更加注重环保和节能，推广使用环保型防水材料，减少对环境的污染。同时，优化施工工艺，降低能耗和资源消耗，提高工程建设的可持续性。

4）智能化发展：随着人工智能和物联网技术的发展，刚性防水工程将逐步实现智能化。通过引入智能化技术，可以实现防水工程的实时监测、预警和自动调节等功能。例如，利用传感器和智能算法对混凝土内部的湿度和温度进行实时监测和调控，提高混凝土的耐久性和防水性能。此外，智能化技术还可以提高施工效率和质量检测的准确性，为工程质量提供有力保障。

5）定制化发展：随着消费者需求的多样化，刚性防水工程将更加注重定制化服务。根据建筑物的不同需求和使用条件，提供个性化的防水解决方案，满足客户的不同需求。定制化服务将有助于提高工程质量和客户满意度，进一步拓展刚性防水工程的市场应用。

6）产业链整合：为了提高刚性防水工程的效率和品质，产业链整合将成为未来的发展趋势。通过整合防水材料供应商、设计单位、施工单位等资源，形成完整的产业链条，实现资源共享和优势互补，这将有助于提高工程质量、降低成本、缩短工期，提升整个行业的竞争力。

7）防水人才培养：随着刚性防水工程技术的不断发展和更新，人才培养成为行业发展的重要支撑。未来，应加强人才培养和继续教育，提高从业人员的技能水平和创新能力。

8）标准化建设：应加强标准规范的制定和更新工作，完善刚性防水标准体系，提高标准的科学性和实用性。同时，加强标准的宣传和推广工作，提高标准的执行力和约束力，促进整个行业的规范发展。完善的行业标准是推动刚性防水工程健康发展的重要保障。

我国刚性防水工程的发展趋势涵盖了刚性防水材料创新、施工技术改进、绿色低碳发展、智能化发展、产业链整合、人才培养和标准规范完善等多个方面。这些趋势将有助于提高刚性防水工程质量、满足客户需求、推动行业创新和可持续发展。在未来发展中，应积极把握这些趋势，加强技术创新和人才培养，促进刚性防水行业的高质量发展。

10.1.4 结构自防水工程案例

柔性防水体系有很多优点，是我们国家主要的防水做法，但是柔性防水体系也存在自身难以克服的缺点，需要刚性防水体系的有益补充和协同发展，国内外都有大量的工程应用案例。这里，以无锡市侨谊实验中学改扩建及停车配套工程项目为例，介绍了使用水泥基渗透结晶型防水材料后实现结构自防水的技术关键点；同时，严格把控施工关键环节，通过数据采集与分析以及应用效果跟进，为同类工程防水设计与质量控制提供参考。

1. 工程概况

该项目包括新建地下车库、新建教育附属用房及连廊，总用地面积约27132m²，改扩建总建筑面积约16980m²，其中地上建筑面积2027m²，地下建筑面积14953m²，该项目地下室为混凝土框架结构，地下一层、地下二层，筏形基础，防水等级为二级，设备房、消防水池和种植顶板防水等级为一级，地下室外围侧墙、副楼顶板和底板混凝土强度等级C35、抗渗等级P8，地下建筑埋深15m，地下水位3～4m，筏板厚度500mm，墙体厚度 350mm，地下室底板厚 400mm，主楼底板厚 1300mm。工程现场如图 10-1 所示。

图 10-1　无锡市侨谊实验中学改扩建及停车配套工程项目

2. 防水设计原则及防水设计思路

地下车库等工程防水设计应遵循"以防为主、刚柔结合、多道防线、因地制宜、综合治理"的一般原则。在漏水量小于设计要求且疏排水不会引起周围地面下沉和影响结构耐久性时，可对进入主体结构内的极少量渗水进行疏排。地下车库等工程应以"混凝土结构自防水"为根本，"以接缝防水"为重点，并辅以"附加防水层"加强防水，满足结构使用寿命的要求。

根据《刚性防水工程技术规程》T/CECS 1004—2022，结合本工程防水设计要求，提出以下解决措施：

（1）采用水泥基渗透结晶型防水材料制配结构自防水混凝土，应用于地下室的底板、侧墙、顶板等部位，以提高混凝土结构自防水能力。

（2）外防水层采用聚合物水泥防水涂料。

该工程的结构自防水底板、侧墙、顶板的防水层做法如下：

底板：①内掺 CCCW 结构自防水混凝土底板；② 1.5mm 聚合物水泥防水涂料（Ⅱ型）；③ 150mm 厚 C20 混凝土垫层；④素土夯实。

侧墙：① 2∶8 灰土分层夯实；② 1.5mm 聚合物水泥防水涂料（Ⅱ型）；③内掺 CCCW 结构自防水混凝土侧墙，抗渗等级≥ P8。

顶板：①覆土或面层；②内掺 CCCW 结构自防水混凝土，抗渗等级≥ P8；③保温层；④≥ 1.2mm 丁基橡胶高分子自粘防水卷材；⑤结构自防水混凝土顶板（内掺 CCCW）。

3. 刚性防水材料的选择

刚性防水材料选择水泥基渗透结晶型防水材料。水泥基渗透结晶型防水材料（简称

CCCW）与水作用后，材料中含有的活性化学物质以水载体在混凝土中渗透，与水泥水化产物生成不溶于水的针状结晶体，填塞毛细孔道和微细缝隙，从而提高混凝土的致密性和防水性。如图 10-2 所示。

图 10-2　CCCW 混凝土裂缝自愈合效果图

4. 与传统防水做法对比

传统防水与结构自防水对比如表 10-1 所示。

传统防水与结构自防水对比　　　　　　　　表 10-1

	传统防水	结构自防水
底板	1. 面层见具体工程	1. 面层见具体工程
	2. 防水混凝土底板	2. 结构自防水混凝土底板（内掺 CCCW）
	3. 50mm 厚 C20 细石混凝土保护层	×
	4. 隔离层	×
	5. 第二道防水层	×
	6. 第一道防水层	3. 聚合物水泥防水涂料（Ⅱ型）
	7. 20mm 厚 1:2.5 水泥砂浆找平层	×
	8. 150mm 厚 C20 混凝土垫层	4. 150mm 厚 C20 混凝土垫层
	9. 素土夯实	5. 素土夯实

	传统防水	结构自防水
侧墙		
	1. 2：8 灰土分层夯实	1. 2：8 灰土分层夯实
	2. 保护层或保温层	×
	3. 第二道防水层	×
	4. 第一道防水层	2. 聚合物水泥防水涂料（Ⅱ型）
	5. 防水混凝土侧墙	3. 结构自防水混凝土侧墙（内掺 CCCW）
	6. 面层见具体工程	4. 面层见具体工程
顶板		
	1. 覆土或面层	1. 覆土或面层
	2. 50～70mm 厚 C25 细石混凝土保护层	2. 50～70mm 厚 C25 细石混凝土保护层
	3. 保温层	3. 保温层
	4. 第二道防水层	4. ≥ 1.2mm 厚丁基橡胶高分子自粘防水卷材
	5. 第一道防水层	×
	6. 防水混凝土顶板（随捣随压光）	5. 结构自防水混凝土顶板（内掺 CCCW）

5. 应用效果

2023 年 9 月 23 日，对地下室内侧进行裂缝检查，400m 侧墙只发现裂缝 4 处有明显渗漏水；2023 年 10 月 15 日，现场查看自愈合情况，裂缝已全部自愈合；2024 年 3

月，对项目地下车库进行回访，地下车库底板、墙面均无渗漏情况。具体效果如图 10-3、图 10-4 所示。

图 10-3　墙面外观效果

图 10-4　墙面自愈效果

10.1.5　结语

　　由于有机、无机材料技术的融合，建筑防水材料的发展也不是非"柔"即"刚"，同时向韧性和弹性发展，刚性防水体系因其自身的耐久性、与主体结构寿命的同步性，发展前景广阔。推广和发展刚性防水技术，提高建筑防水寿命，缩短施工周期，可以大幅度降低维修成本；同时，也有利于高性能混凝土的推广应用，提升工程质量。刚性防水体系可大量节约石化资源，减少有机材料的大量使用。对使用部位的工程环境无污染，有利于资源的节约化和减量化，是一种绿色、低碳的建造方式，在当前国家"双碳"目标的大政方针下应予以鼓励和倡导。从行业发展的角度出发，开展刚性防水技术的研究，并不排斥柔性防水技术的研究；刚性防水体系和柔性防水体系不应走向对立面，都应该允许彼此有技术发展和工程应用的空间，在积极推进刚性防水技术的同时，也要做好柔性防水技术研究发展工作，取长补短、协同发展，才能全面地推进我国防水行业的进步。

10.2　地下岩土裂隙渗水病害治理及大体积混凝土缺陷修复和检测措施 [①]

10.2.1　前言

杨房沟水电站位于四川省凉山彝族自治州木里县境内（部分工程区域位于甘孜州九龙县境内）的雅砻江中游河段雅砻江镇上游约 6km 处，是雅砻江中游河段一库七级开发的第六级，距木里县城约 156km。

10.2.2　主体工程概况

地下厂房的引水发电系统主要建筑有电站进水口、压力管道、尾水连接管、尾水出口、主副厂房、主变室、尾水调压室、尾水洞检修闸门室、母线洞、出线洞等。

该工程缺陷表现形式呈现出以不规则裂缝为主，其中较为严重的部位为输水系统及厂房系统结构裂缝，勘察统计裂缝总长度超过 8000m，严重影响水电站部分结构和设备的安全运行，见图 10-5。

图 10-5　现场不规则裂缝实景

10.2.3　大体积混凝土结构裂缝排查、检测及治理措施

1. 大体积混凝土裂缝类别等缺陷排查检测措施

处理大体积混凝土裂缝前需先对裂缝进行检测分类，确定宽度及深度，通常检测方式分为三类：裂缝宽度菲林卡、HC-U81 混凝土超声波检测仪及 Z1Z-FF02-190 东成

---

①　陈森森，李康，孙晨让，顾生丰，叶锐，祁兆亮。南京康泰建筑灌浆科技有限公司，江苏南京，210046。陈森森，教授级高级工程师，土木工程专业毕业，1973 年 5 月出生，江苏南京人，从事地下工程裂缝、渗漏、病害、缺陷等综合整治 29 年。

水钻机抽芯钻孔。裂缝宽度采用菲林卡识别比对，只能识别表面缝宽，无法识别内部裂缝情况（图10-6）。对于裂缝深度检测，混凝土缺陷检测仪通常应用于小体积混凝土的缝深检测，有碎渣影响检测效果（图10-7）；而抽芯钻孔通常又对主体结构破坏性较大且无法探测斜向裂缝走向（图10-8、图10-9）。大体积混凝土结构裂缝示意图见图10-10。

HC-U81混凝土超声波检测仪使用范围：超声回弹综合法检测混凝土强度、混凝土内部缺陷的检测和定位、混凝土裂缝深度检测（采用优化跨缝检测方式）、混凝土裂缝宽度检测、自动读数带拍照；主要参数：触发方式为自动触发、采样周期0.05～2.0μs、采样长度1024mm、接收灵敏度<10μV、声时测量范围0～99999μs、声时测读精度0.05μs、幅度测读范围0～170dB。

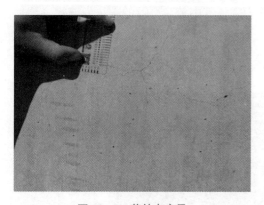

图10-6　菲林卡实景

图10-7　HC-U81混凝土超声波检测仪实景

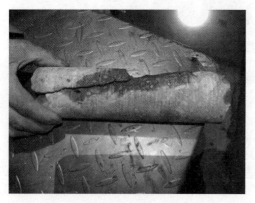

图10-8　抽芯取样实景

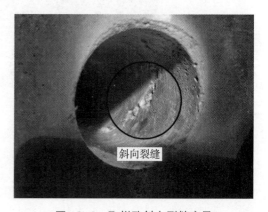

图10-9　取样孔斜向裂缝实景

目前自主研发的压水压密性试验检测法，对结构破坏性较小的同时不受大体积混凝土结构的影响，不破损结构内钢筋，能够对裂缝状况进行检测。以结构1500mm的大体积混凝土为例，在裂缝两侧交替布置深浅孔，使用长度1000mm、直径为14mm的钻杆进行浅孔作业，孔深至结构的 1/3 左右，再使用直径为 28mm 的钻杆钻至结构的 2/3 左右，最后使用直径为 14mm 的钻杆斜向打入 28mm 的孔内（图 10-11）。

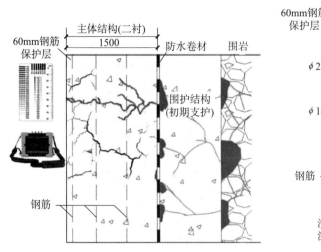

图 10-10　大体积混凝土结构裂缝示意

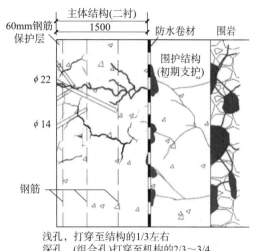

浅孔，打穿至结构的 1/3 左右
深孔，(组合孔)打穿至机构的 2/3～3/4

图 10-11　结构内打孔示意

采用 KT-CSS-3A（Ⅱ型）耐潮湿环氧树脂裂缝封闭胶封堵注浆口，其余 14mm 注浆口安装注浆嘴，进行主体结构压水压密性试验检测，将不可见的裂缝暴露出来（图 10-12），或者通过压水后水的消耗量来判断裂缝内部的情况。

混凝土结构内裂缝检测完毕后再使用长度 2000mm、直径 28mm 的钻杆垂直钻孔，孔深至围岩层，使用高压螺杆泵对结构壁后进行压水压密性试验，通过此试验将主体结构内贯穿裂缝暴露出来（图 10-13）。

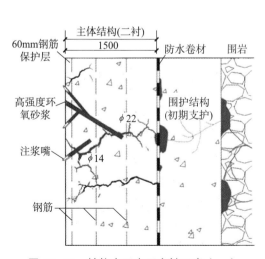

图 10-12　结构内压水压密性示意（一）

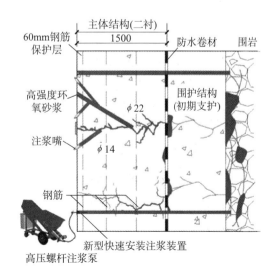

图 10-13　结构内压水压密性示意（二）

2. 大体积混凝土结构裂缝综合治理措施

混凝土结构裂缝根据裂缝宽度和深度大小分为 A、B、C、D 四类等级，针对不同等级制定对应的方案，结合不同使用功能和环境，采用针对性的新工法和新材料进行综合整治（图 10-14）。

1）A 类裂缝

裂缝为宽 < 0.2mm、深 < 50mm 的浅表裂缝，把碳化层和氧化层、污染层打磨清理干净，切 V 形槽，宽 2～3cm，深 1cm，涂刷 KT-CSS-4F 耐潮湿高渗透改性环氧树脂结构胶作为底涂，宽为 15～20cm，用 KT-CSS-3A（Ⅱ型）进行封闭（图 10-15）。

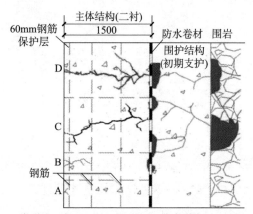

A 类裂缝：宽<0.2mm，深<50mm(浅表裂缝)
B 类裂缝：宽0.2~0.3mm，深100~350mm(结构内裂缝)
C 类裂缝：宽≥0.3mm，<0.5mm(贯穿干裂缝)
D 类裂缝：宽≥0.5mm(贯穿渗水裂缝)

图 10-14 裂缝等级分类示意

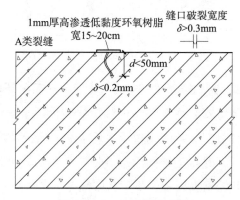

图 10-15 A 类裂缝示意

2）B 类裂缝

缝为宽 ≥ 0.2mm 且 < 0.3mm、深 10～35cm 的裂缝，打磨，切 V 形槽，宽 2～3cm，深 1cm，用 KT-CSS-3A（Ⅱ型）封闭，因裂缝检测只能以抽查为主，并不能全部探明每一条裂缝深度，为防止裂缝太深，还是使用组合法打孔，使用 14mm 孔径钻杆先钻浅孔，深度 20～30cm，再钻深孔，深度 50～80cm，安装专用注浆嘴，采用低压、慢灌、快速固化，分序分次控制灌浆工法，灌注 KT-CSS-18（Ⅲ型，具有 15%～25% 的延伸率，有一定的韧性和弹性，可以抗裂缝在重力荷载或其他环境造成裂缝的变化）。灌浆压力控制在 0.3～0.5MPa，通过灌注 2min 停 1min 的方式控制灌浆，可通过调整材料配合比例调整固化速度：当 A、B 组分配比为 10：4 时，具有 15% 左右的延伸率，固化时间为 90min 左右；当 A、B 组分配比为 10：5 时，具有 25% 左右的延伸率，固化时间为 60min 左右，结束指标为稳压 2min，耗量小于 0.2mL/min，停止灌浆。通过灌

注 KT-CSS-18，完全能够达到加固设计规范中对于宽度＞ 0.2mm 裂缝的封闭要求。在裂缝两侧涂刷 KT-CSS-4F 底涂，宽度为 15～20cm，用 KT-CSS-3A（Ⅱ型）进行封闭（图 10-16）。

3）C 类裂缝

缝宽≥ 0.3mm 且＜ 0.5mm 的贯穿干裂缝，骑缝切 V 形槽，宽 2cm，深 2cm，将槽清洗干净，用 KT-CSS-3A（Ⅱ型）封闭，斜向裂缝两侧交替钻孔，使用长度 1000mm、直径为 14mm 的钻杆进行钻孔，孔深钻至结构的 1/3 左右。再用长度 1500mm、直径为 22mm 的钻杆进行钻孔，孔深至结构的 2/3 左右，最后使用组合法打孔注浆。

待封闭材料固化后进行化学灌浆，灌 KT-CSS-18（Ⅲ型）耐潮湿韧性改性环氧树脂结构胶，灌浆压力为 0.4～0.6MPa，先浅孔后深孔，根据现场进浆量情况实时调整 A、B 组分比例，固化时间控制在 80～120min，结束指标为稳压 3min，耗量小于 0.3mL/min，停止灌浆，浅孔注浆可以起到对裂缝表层的粘接封闭作用，为深孔压力注浆时饱满度提供保障。

采用前述方案对裂缝进行封闭（图 10-17），性能指标如表 10-2 所示。

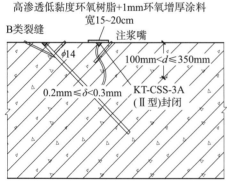

图 10-16　B 类裂缝示意

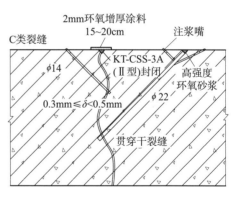

图 10-17　C 类裂缝示意

耐潮湿韧性改性环氧树脂结构胶性能指标　　　　　　表 10-2

检测项目	《工程结构加固材料安全性鉴定技术规范》GB 50728—2011	《混凝土裂缝用环氧树脂灌浆材料》JC/T 1041—2007		耐潮湿韧性改性环氧树脂结构胶 KT-CSS-18（Ⅲ型）
		Ⅰ型	Ⅱ型	
抗压强度（MPa）	≥ 60	≥ 40	≥ 70	≥ 80
		≥ 5.0	≥ 8.0	

检测项目	《工程结构加固材料安全性鉴定技术规范》GB 50728—2011	《混凝土裂缝用环氧树脂灌浆材料》JC/T 1041—2007		耐潮湿韧性改性环氧树脂结构胶 KT-CSS-18（Ⅲ型）
钢对 C45 混凝土正拉粘结强度（MPa）（水下固化）	—	Ⅰ型	Ⅱ型	≥4.0
		（干粘接）≥3.0	（干粘接）≥4.0	
		（湿粘接）≥2.0	（湿粘接）≥2.5	
伸长率（%）	0			≥20

4）D 类裂缝

缝宽 ≥ 0.5mm 的贯穿渗水裂缝，若渗水出现在钢筋混凝土段，则应先对围岩堵水再进行结构裂缝化学灌浆处理。措施如下：

（1）堵水：先进行壁后围岩的钻孔压水检测，若显示围岩透水率符合设计标准，结构表面裂缝仍有渗水，则沿缝两侧各 4m 范围内按间距 0.2m 左右布设化学灌浆孔（裂缝密集部位可视现场情况确定间距），斜向裂缝钻孔，孔径 14mm，深度 500mm 左右，安装专用注浆嘴；再采用风钻垂直钻孔，入围岩 2m 以上，大体积混凝土结构外围岩内灌注低聚物水泥基特种灌浆材料，按照配比对浆液进行搅拌、灌注，灌浆压力控制在 0.8～1.0MPa；结束指标为稳压 3min，耗量不小于 0.2L/min，关闭进浆阀。大体积混凝土结构内采用低压、慢灌、快速固化，分序分次 KT-CSS 控制灌浆工法，灌注化学浆液，确保饱满度。

（2）凿槽：采用石材雕刻机沿缝雕刻 U 形槽，槽深约 3cm，槽宽约 2cm，并将槽清洗干净。

（3）埋注浆嘴：用 KT-CSS-3A（Ⅱ型）封闭，斜向裂缝钻孔，孔径 14mm，浅孔在结构的 1/3 左右，深孔在结构的 2/3 左右，安装注浆嘴。

（4）灌浆：待封闭材料 KT-CSS-3A（Ⅱ型）固化后，采用 KT-CSS-18（Ⅲ型）进行灌浆，灌浆压力控制在 0.3～0.5MPa，深浅孔布置，先浅孔后深孔，深孔采用粗孔和细孔组合的灌浆工艺，采用前述控制灌浆工法，确保灌浆饱满度。

（5）采用前述方案对裂缝进行封闭。

（6）此注浆材料可以在有水流的情况下进行堵漏，水中可以固化和粘接，各项指标超过国家标准。在有水压的情况下堵漏，可采用泄压分流的工艺，注浆材料不溶于水，可以把水挤走，进行空间置换，充填裂缝孔隙，达到堵漏的目的（图 10-18～图 10-20、表 10-3）。

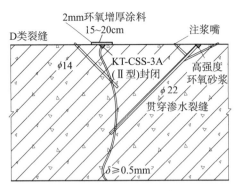

图 10-18　D 类底板裂缝示意

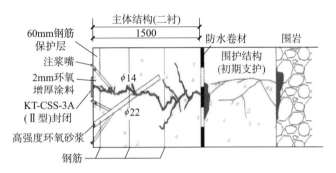

图 10-19　D 类侧墙裂缝示意

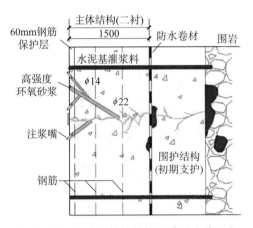

图 10-20　D 类裂缝结构内及壁后注浆示意

大体积混凝土注浆材料使用条件　　　　　表 10-3

种类	名称	使用条件
水泥基灌浆料	KT-CSS-9908	围岩裂隙堵水、加固，增加抗渗、抗压能力
环氧类灌浆料	KT-CSS-18	大体积混凝土堵漏、加固，有韧性、潮湿基层固化，抗结构应力变化

3. 大体积混凝土裂缝灌浆后饱满度效果检测措施

待大体积混凝土结构裂缝灌浆处理后，再在两侧布置深浅孔进行压水压密性试验，检测注浆饱满度：若结构内能够持续进水且结构面无渗水现象，则证明结构内部仍有裂缝存在；若结构内能够持续进水且结构面有渗水现象，则证明仍有裂缝未处理；若稳压3min耗水量不超3mL，则证明主体结构裂缝渗水得以解决（图10-21）。

在确认主体结构裂缝饱满度达到要求后，再对主体结构壁后进行压水压密性试验，检测其结构壁后注浆饱满度，钻孔至围岩1000mm，使用高压螺杆注浆泵进行压水压密性试验：若结构表面出现渗漏水现象，则证明大体积混凝土结构内仍然有贯穿裂缝；若稳压3min耗水量不超3mL，则证明结构内裂缝缺陷已解决（图10-22）。

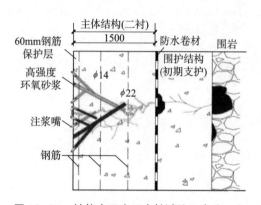

图 10-21　结构内压水压密性试验示意（一）

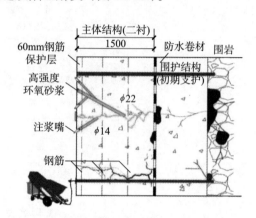

图 10-22　结构壁后压水压密性试验示意（二）

通常的方法对大体积混凝土裂缝检测无法探明，采用以上措施，彻底解决了大体积混凝土结构内裂缝走向不可测的问题（图10-23、图10-24）。

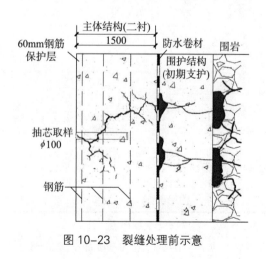

图 10-23　裂缝处理前示意

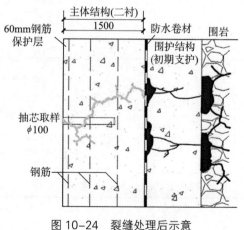

图 10-24　裂缝处理后示意

10.2.4　大体积混凝土结构裂缝治理和检测效果验证

选择针对性的新工法和新检测手段，利用材料复合、工法组合、设备配合、工艺融合，实施水电站大体积混凝土的缺陷修复和效果检测措施，经业主、甲方和第三方检测机构验收合格，通水后 28 个月停止发电，放空检查，结构无开裂和渗漏，从而能直观地证明效果显著。

此技术措施还能运用于水库大坝、港口码头、地铁车站、部队洞库等具有大体积混凝土缺陷的修复施工和效果检测中去，为同类工程提供了借鉴。

10.3　应大力普及低碳环保的建筑种植屋面 [①]

10.3.1　前言

我国种植屋面一般按其形式，分为简单式种植屋面与花园式种植屋面（含地下建筑顶板覆土种植）两类。

绿色种植含大量叶绿素，在光的作用下进行光合作用，吸取空间中的 CO_2，释放负氧离子，是生态环境实现双碳目标的良策。据有关报道，花园式屋顶对 CO_2 的吸收量达 12.20kg/（$a \cdot m^2$），O_2 的释放量为 8.85kg/（$a \cdot m^2$）；简单式屋顶绿化的 CO_2 吸收量 2.06kg/（$a \cdot m^2$），O_2 的释放量为 1.31kg/（$a \cdot m^2$），这是大自然对人类的恩赐。建筑防水行业肩负着防水抗渗、保温隔热、防腐防护多重责任，对经济发展起着保驾护航作用。

这里以种植屋面、种植顶板、外墙垂直绿化，简要说明我们的理念与建筑绿化的优化设计、施工的经验教训，供同仁参考。

10.3.2　建筑种植具有良好的社会经济效益

1）平屋面（含地下室顶板）与外墙可以栽种花草，绿化美化工作与生活环境。

2）平屋面可以栽种蔬菜、药材及果树。湘潭民营企业家许发清在他屋顶 100 余 m^2 的地方，栽种 10 多种蔬菜，一年四季自给有余。北京某单位在屋顶栽种多种药材，每年收益可观。重庆有一栋 33m 高的"开心农场"，面积 2 万多 m^2，栽种南瓜、丝瓜、白菜、辣椒、苋菜、西红柿、茄子、马铃薯、红薯、空心菜等 20 多种食用蔬果与部分

———————————

① 陈宏喜，唐东生，张翔，易乐，文举。陈宏喜，湖南省建筑防水协会，长沙市，410000；唐东生，湖南衡阳市盛唐高科防水工程有限公司，衡阳市，421000；张翔，株洲飞鹿高新材料技术股份有限公司，株洲市，412003；易乐，湖南欣博建筑工程有限公司，长沙市，410000；文举，湖南神舟防水公司，株洲市，412000。

水稻，连年丰收。

3）长沙火车站西部有一栋九层航空大楼，他们利用各层阳台、敞廊边沿，栽种七八种观赏植物，既可挡风遮雨，又使室内办公人员减少空调的使用频率。

4）株洲某桥梁旁边有两栋六层住宅，他们栽种攀援植物，春末到秋初时节，绿藤遮阳，室内无需空调也感到凉爽。

5）湘潭某高层建筑的三楼办了一个幼儿园，他们利用三层 200 多 m^2 空坪隙地种植花草灌木，开园后孩子们追逐玩耍，其乐无穷。

6）衡阳珠晖区创景外滩中心花园，四周建有 6 栋 23 层商住楼，在三层的转换层上，种植绿化 14360 多 m^2 的多种花草、灌木及小型乔木，一年四季常青，休憩游人不绝（图 10-25）。

图 10-25　衡阳创景外滩中心花园转换层绿化图

7）长沙县星沙有一个多层商住楼的小坡屋顶，10000 余 m^2，栽种 10 多种花草与灌木，工余时间吸引居民休闲散步。

8）醴陵市中心金塔商贸城，三楼有 5000 多 m^2 歇台，栽种 35 种花草、灌木、小乔木。三楼下面是餐饮店与百货商场，已运营 20 多年，经济效益与社会效益良好。

9）湘潭金桥小区，有 6～9 层商住楼 30 多栋。2003 年竣工。中部有一个中心广场，投影面积 5000 多 m^2，地下一层，地上栽种花草、桂花树、银杉等，并坐落三层高的哈佛幼儿园及篮球、排球运动场所。周边桂树四季常绿（图 10-26），有些银杉已高达 8～10m（图 10-27）。

图 10-26　湘潭金桥小区中心广场桂树常绿　　图 10-27　湘潭金桥小区中心广场坐落哈佛幼儿园

　　10）湘潭护潭村 20 世纪 80 年代有农民在屋顶栽种南瓜、冬瓜，连年丰收。湘潭板塘铺有一个屋面 200 多 m^2，有人租借放养鱼苗达五年之久。湘潭红旗农场利用平屋顶 800 多 m^2 的围池，放养泥鳅出口创汇。

10.3.3　种植平屋面（含种植顶板）的构造创新探索

　　《种植屋面工程技术规程》JGJ 155—2007 种植平屋面基本构造层次见图 10-28。

　　《种植屋面工程技术规程》JGJ 155—2013 种植平屋面基本构造层次见图 10-29。

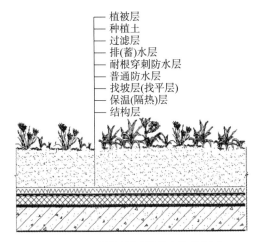

植被层
种植土
过滤层
排(蓄)水层
耐根穿刺防水层
普通防水层
找坡层(找平层)
保温(隔热)层
结构层

图 10-28　种植平屋面基本构造层次

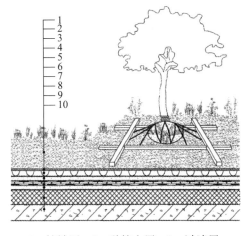

1—植被层；2—种植土层；3—过滤层；

4—排（蓄）水层；5—保护层；

6—耐根穿刺防水层；7—普通防水层；

8—找坡（找平）层；9—绝热层；10—基层

图 10-29　种植平屋面基本构造层次

以上设计方案是慎重的，但层次太多、静荷载偏大、造价太高、工期较长，并且难以不渗漏，影响种植屋面的推广与普及。我们近 30 年完成了 30 多个种植屋顶的施工，在构造方面作了如下探索：

1）采用防水混凝土结构基层，无须用水泥砂浆找平，但必须牢实，无肉眼可见的裂缝、裂隙、微孔、小洞，对存在的缺陷逐一局部修补：

（1）用电动打磨机局部打磨 1～2 遍，除掉无用突出物，去除杂物，用水冲洗干净；

（2）用丙烯酸腻子或环氧腻子局部括批裂缝、孔洞、麻面；

（3）预制板屋面，拼缝干净后嵌填弹性密封胶（膏）；

（4）穿屋面管（筒）等细部节点，干净后涂刷 1.5mm 厚丙烯酸酯涂料或聚氨酯涂料，并夹贴一层玻纤布或聚酯无纺布（40～50g/m²）增强；

（5）大面涂刷或喷涂 1.2mm 厚聚氨酯涂料做隔气层；

（6）24h 后进行蓄水 48h 检查，无渗漏后排水，进行后续施工。

上述措施是确保屋面无渗漏的基础。

2）取消找坡层，结构找坡 3%。若既有屋面未结构找坡，将屋面划分为若干区块，粉抹 1∶8 水泥珍珠岩（或蛭石）找平放坡 2%。

3）取消保温层：因种植屋面具有良好的隔热保温功能。我们的实例为：炎夏降温 6～13℃，寒冬保温 1～2.5℃，园路、空坪用黏土加 30% 珍珠岩做保温隔热层。

4）做好主防水层：在上述基础上做好普通主防水层，做法如下，任选一种。

（1）热熔 SBS/APP 改性沥青卷材，3+4mm 厚叠层防水；

（2）4mm 厚 SBS/APP 改性沥青本体自粘卷材（Ⅰ型）；

（3）1.8mm 厚 PVC 或 TPO 高分子自粘卷材或 2.0mm 厚 CPM 强力交叉膜反应粘卷材；

（4）2.5mm 厚聚氨酯（PU）或聚酯（PMMA）弹性防水涂料；

（5）0.6mm 厚双层聚乙烯丙纶卷材 +1.3mm 厚水泥胶料三层；

（6）铺设种植土（田园土）100～500mm 厚，前者铺装草坪块、草坪毡，后者栽种花草、灌木、小乔木。

5）栽种高大乔木时，则采用 ϕ3000 的钢筋混凝土种植池（图 10-30）。

6）做好排（蓄）水工作

（1）周边设排水沟；

（2）檐边主防水层上设 ϕ30～50 的 UPVC 导水管，长度不小于 300mm，将主防水层上的雨水、蒸汽引入排水沟；

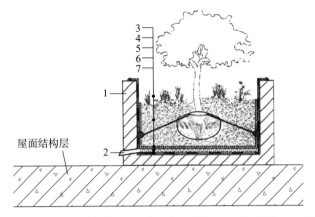

1—100mm 厚钢筋混凝土种植池；2—排水管（孔）；3—植被层；4—种植土层；

5—过滤层；6—排（蓄）水层；7—ϕ3000 耐穿刺防水层

图 10-30　种植池

（3）园路上表面应低于种植土上表面 20~30mm，将种植层多余雨水导入园路；

（4）园路两边应设麻石石缘，麻石与园路之间设导水沟（宽 30mm、深 30~50mm），将种植层多余雨水引入排水沟；

（5）主防水层上应满面铺装排（蓄）水板。通过上述措施将种植层多余雨水引入天沟、檐沟，天沟檐沟通过立式排水管（一般直径为 90~110mm）将水排入市政排水网络。

7）园路、空坪构造设计（图 10-31）

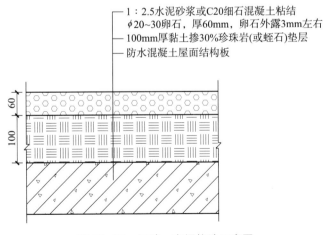

图 10-31　园路、空坪构造示意图

8）运营中的管理与维护

种植屋面使用中应加强管理与维护，100~300m² 的小屋面，业主应设兼职管理员，中大型种植屋面应设专职管理员若干人（视屋面面积大小决定，原则上每 2000m² 安设 1 人）。管理人员的职责如下：

（1）大中雨后，查看排水系统是否堵塞，若有堵塞应立即疏通；

（2）不定期查看植被生长情况，并进行除草、剪枝；若有枯萎或死株，分清原因后，采取更换或补植措施；

（3）炎夏季节视实际情况，采取人工灌溉或机械喷水，寒冷季节应采取保温防冻措施；

（4）每年追肥 1～2 次；

（5）园林小品、避雷设施、路缘石、护栏、标识等应保持整洁、无缺损，损坏后应及时修复。

9）乡村振兴，应普及绿化种植工程

（1）目前，我国农村人口超过城市人口，农村国土面积大大超过城市。农村绿化普及，对我国与周边邻国及全球的节能减排有着重大意义。

（2）农村田园土与红壤土十分丰富，乡村植物多种多样，对绿化种植工程有着得天独厚的物质基础。20 多年前，四川一位农友带头大搞屋顶绿化与外墙垂直绿化，不但绿化、美化了自家环境，而且带动了亲朋好友创造宜居家园。

（3）农村绿化相对而言成本较低，一次投资粗略统计只有城市花园式绿化的三分之一左右。

（4）乡村绿化带动乡村中小型相关产业的发展，消纳就业人员。

（5）乡村绿化助推"农家乐"的兴起与发展，带动文旅事业的兴旺，为城镇居民提供休闲美境。

（6）据调查，乡村农家屋顶绿化的构造多数如图 10-32 所示。

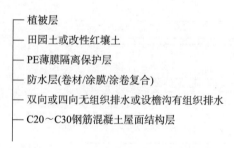

——植被层
——田园土或改性红壤土
——PE薄膜隔离保护层
——防水层(卷材/涂膜/涂卷复合)
——双向或四向无组织排水或设檐沟有组织排水
——C20～C30钢筋混凝土屋面结构层

图 10-32　农家屋顶种植构造示意图

10）种植屋面的经验与教训

我们施工的 30 多项（栋）种植屋面已运营 10～20 年以上，绝大多数目前生长旺盛，基本无渗漏现象。但我们得知株洲市湘江西岸，有一个 1000 多 m² 的种植屋面，由于混凝土结构板不密实，并存在一些裂缝，未经修补就铺贴一层防水卷材，然后栽种花草植物，竣工后不到一年的中大雨时发生局部渗漏；第二年，植物枝繁叶茂，但渗漏日趋严重；第三年，干脆全部铲除，重新做防水与种植，知情人感叹不已。

近 10 年，我们在衡阳同安福龙湾施工了 50000 多 m² 的种植顶板，小区有 15 栋 22～28 层商住楼已先后竣工 5～8 年，至今无一处渗漏，植物生长茂盛（图 10-33）。

我们 2003 年在湘潭金桥小区 5000 多 m² 地下室顶板上种植 10 多种花草树木，现已运营 20 年有余，既无渗漏可见，植物又生长茂盛，已成为小区居民与哈佛幼儿园儿童休憩玩耍的乐园（图 10-34）。

图 10-33　衡阳同安福龙湾小区商住楼绿化图

图 10-34　湘潭金桥小区地下室顶板绿化银杉高达 8～10m

10.3.4　结语

1）屋顶绿化具有良好的经济效益与社会效益，是节能减排、美化环境、创建工作与生活的适宜条件的良策，应大力推广与普及。

2）屋面防渗漏是保障种植屋顶质量与耐久性的重要措施。应按《种植屋面工程技术规程》JGJ 155—2013 的规定与设计意图优选材料与精心施工。

3）笔者从业建筑防水多年，并施工种植工程项目达 30 多项（栋）。实践证明，应从各地的具体条件出发，汲取规程精华，选用足够厚度的适用材料，匠心作业，才能做到工程不渗不漏，并保障耐用年限不低于 20 年与经济、实用，用户放心满意。我们用汗水与智慧凝聚的财富，可供读者参考。

4）乡村振兴是国家强盛的重要支柱，建筑种植在乡村大有可为，应从实际出发，又快又好地在农村推广与普及。

10.4 TRD 工法在赣江尾闾围堰防渗工程中的应用 [1]

10.4.1 工程概况

赣江下游尾闾综合整治工程位于江西省南昌市，枢纽工程由主支枢纽、北支枢纽、中支枢纽、南支枢纽和洲头防护工程（包括扬子洲头和焦矶头防护）等组成。主支枢纽一期围堰河道段采用"块石戗堤＋砂芯＋黏土"复合形式围堰，主支枢纽一期围堰滩地段、其他 3 支枢纽枯期围堰和南支枢纽船闸围堰均采用均质黏土形式围堰。围堰防渗采用防渗墙形式，墙体厚度 70cm 或 80cm，底部深入弱风化泥岩 1.0m，防渗墙主要设计指标：抗压强度 $R_{28} \geq 1.0$MPa，渗透系数 $\leq 1 \times 10^{-6}$cm/s。四支枢纽围堰地层岩性及防渗墙深度见表 10-4。

四支枢纽围堰地层岩性及防渗墙深度　　　表 10-4

部位	地层岩性	颗粒最大直径（cm）	最大墙深（m）
主支枢纽	中粗砂、砾砂和圆砾，局部卵石层和 Q_3^{al} 半胶结圆砾层发育	20	60
南支枢纽	砾砂、中粗砂	5	48
北支枢纽		2	32
中支枢纽		2	30

10.4.2 防渗墙工艺选择

1.防渗墙工艺比选

根据 4 支枢纽围堰地质条件，施工前对可行的防渗墙工艺进行比较，主要有 TRD 防渗墙、液压抓斗防渗墙、CSM 防渗墙及高压旋喷防渗墙（表 10-5）。经综合比较防渗效果、施工难度、效率、成本、环境等因素，本项目最终采用 TRD 工艺进行防渗墙的施工。

2.TRD 工法的特点

TRD 工法即等厚度水泥土搅拌墙工法，是一种将装有刀具和链条的切削箱插入地下，随主机横向移动，刀具和链条围绕切削箱旋转切割，并从切削箱底端向原地基中喷射水泥浆和高压气体，使原地基中土壤与水泥浆充分混合搅拌，最终形成等厚度、高质

① 王海东，姜命强，赵永磊。中国水利水电第八工程局有限公司，湖南长沙，410002。王海东，男，1985 年生，高级工程师，主要从事水利水电工程施工及技术管理工作。联系地址：湖南省长沙市雨花区城南中路 2 号水电局八局 3 号楼，E-mail: 317550961@qq.com。

表 10-5

防渗墙工艺特性对比

工艺特性	适应地层	施工墙深	墙体厚度(mm)	墙体之间连接	施工工效(m²/d)	转角施工	不规则、圆弧形	止水可靠性	冷缝	设备高度(m)	单价	对环境影响
TRD	软土、黏土、砂砾石、风化岩层，密实砂砾石层一般需要引孔	软土、黏土可达70m，砂砾石地层45m	550~1200	连续施工，无墙体连接问题	180~450	需要拔除切割箱	不适应	连续施工，无接头，止水效果好	需采取其他设备处理	<15	较低	废浆量较少，对环境影响一般
液压抓斗混凝土防渗墙	软土、黏土、砂卵砾石、风化岩层	最深可达80m以上	400~800	接头管法	150~300	需进行单独处理	不影响	分幅施工，存在幅间开叉的可能，止水效果较好	需采取其他设备处理	<18	中等	需泥浆护壁，外运渣料，对环境影响大
CSM	淤泥与淤泥质土、粉质、饱和黄填土、素填土、卵石层、密实砂石层、风化岩石层	最深55m左右	640~1200	分幅跳槽施工，铣销搭接	150~300	不影响	不影响	分幅施工，单幅28m长，搭接0.3~0.5m，存在幅间开叉的可能，止水效果较好	可以铣削	40~62	较低	废浆量较少，对环境影响一般
高压旋喷防渗墙	淤泥质土、黏土、松软~中等密实粉土、砂土、砾石地层	一般0~40m	500~1500	桩体套接	50~150	不影响	不影响	受地质条件及孔排距影响较大	复喷搭接	20~40	较高	废浆量较大，浆体流失，对环境影响较大

量防渗、有一定承载力且无缝搭接的水泥土连续墙（防渗墙）的工法。TRD 防渗墙广泛用于建筑、市政、交通、水利水电等工程基坑的加固及防渗工程。

TRD 工法主机照片、切割箱照片、操作平台照片如图 10-35～图 10-37 所示。

切割箱与主机连接

图 10-35　TRD 主机　　　　图 10-36　切割箱　　　　图 10-37　施工操作平台

TRD 工法特点如下：

1）设备功率高、切割力大，切割深度达 70m。

2）连续成墙、接缝较少、墙体等厚。TRD 工法搅拌均匀、施工连续，可确保墙体的高止水性，不会出现咬合不良和开叉。

3）设备稳定性好。TRD 工法设备的高度一般不超过 15m，设备自重大，施工过程中切割箱一直插在地下，不会发生倾倒。

4）施工精度高。TRD 工法设备可实时随钻测量，全过程全自动垂直度控制，通过施工管理系统，实时监测切削箱体各深度 X、Y 轴方向数据，实时操纵调节，确保成墙精度。

5）施工效率高、成本低、环保。相比于混凝土地连墙及高压旋喷搅拌墙，TRD 工法无须取土，泥浆排放少，低碳、环保。

6）TRD 工法设备刀具向垂直方向一次性切割到预定深度，然后横向推进、切割搅拌，土体搅拌均匀，不含土体团块，在复杂地层也可以保证墙体均一，抗渗性能好。

10.4.3　TRD 防渗墙施工

4 支枢纽围堰及部分堤防防渗工程 TRD 防渗墙轴线长度累计 9.529m，防渗面积约 34.7 万 m^2。其中，主支枢纽一期围堰防渗墙轴线长 3121m，平均深度超 50m，最深约 60m，地质条件复杂、施工难度大，是本工程围堰防渗施工的重点和难点。

1. 工艺流程

准备阶段：修筑防渗墙施工平台→测量中线放样→开挖沟槽→吊放预埋箱。

成墙施工：设备就位→安装切割箱→安装测斜仪→"三步施工法"成墙。

2. 工艺控制要点

1）开挖沟槽

采用挖掘机沿防渗墙轴线开挖沟槽，沟槽宽 1.0m，深度不小于 2m。

2）吊放预埋箱

用挖掘机开挖深约 3m、长约 2m、宽约 1.4m 的预埋穴，并将预埋箱逐段吊放入预埋穴内。切割箱全部打入结束后，用开挖出的原土回填预埋穴。

3）设备就位

在施工场地的一侧架设全站仪，调整设备位置，检查定位情况并及时纠正，确保机体平稳。

4）切割箱与主机连接

采用履带起重机或轮式起重机将切割箱逐段吊放入预埋穴，然后将 TRD 主机移动至预埋穴位置连接切割箱，主机再返回预定施工位置，进行切割箱切割打入工序。重复以上操作，直至切割箱打入预定深度。

5）安装测斜仪

切割箱自行打入到设计深度后，安装测斜仪，通过安装在切割箱内部的多段式测斜仪进行墙体的垂直监测，确保墙体垂直度控制在 1/250 以内。

6）成墙施工

（1）测斜仪安装完毕后，主机与切割箱连接，采用"三步施工法"进行成墙施工。在深厚砂砾、圆砾层中采用"一步施工法"喷浆切割成墙推进速度慢，链条带动刀排切割阻力大。若水泥浆液初凝，易造成刀箱、链条埋入槽孔内。

（2）水泥（采用 P·O42.5 普通硅酸盐水泥）添加量控制。防渗墙成墙时，根据设计墙深、墙宽、水泥添加量计算浆液流量，并与搅拌推进速度相匹配。47.5m 墙深浆液流量控制参数见表 10-6。

<table>
<tr><td colspan="8" align="center">47.5m 墙深浆液流量控制参数　　　　　　　　　　表 10-6</td></tr>
<tr><td>施工部位</td><td>水泥添加量
（kg/m³）</td><td>喷浆流量
（L/min）</td><td>单泵流量
（L/min）</td><td>先行切割推进
速度（m/h）</td><td>回撤切割推进
速度（m/h）</td><td>成墙搅拌推进
速度（m/h）</td><td>水灰比</td></tr>
<tr><td>840～850</td><td>360</td><td>448</td><td>224</td><td>0.5～1.0</td><td>5～10</td><td>1.5</td><td>1：1</td></tr>
<tr><td>850～860</td><td>400</td><td>416</td><td>208</td><td>0.5～1.0</td><td>5～10</td><td>1.25</td><td>1：1</td></tr>
</table>

（3）喷浆过程中，刀箱按 30cm 步距移动成墙后的钻孔芯样较好，成墙均匀。若刀箱移动步距过大，易造成墙体水泥土搅拌的不均匀。

7）置换土处理

将 TRD 工法施工过程中产生的废弃泥浆统一存放，集中处理。

8）拔出切割箱

施工区段施工结束后，将切割箱拔出，再重新组装切割箱进行后续作业。应在远离架空线的位置拔出切割箱。

3. 施工难点及对策

南支、中支和北支枢纽工程围堰墙深较浅、地层较均匀，TRD 防渗墙施工较为顺利，但在主支枢纽一期围堰防渗墙施工过程中遇到以下困难：

1）主支一期围堰河道段 Q_3^{al} 胶结砾石层分布较广，最厚达 8.83m。该地层为中等强度半胶结砾石层，TRD 设备施工时因地层硬度较高，导致链条卡阻无法转动，仪器显示最大切割力 > 40t。超过设备额定最大切割力 34t，无法满足设计入岩 1m 的要求。

2）主支一期围堰地层局部卵石层发育，最厚达 5.5m，TRD 下切困难，下游围堰部分区段圆砾层较深且较密实，防渗墙墙深超 52m，最深达到 58.64m，TRD 设备刀箱链条及刀具磨损严重，工效只有正常地段的 1/3。

3）上游围堰端头老堤内侧坡脚采用块石护坡进行防护，块石直径较大，且埋深较深、厚度大，挖机无法挖除，TRD 设备无法施工。

针对以上难点，主支枢纽一期围堰滩地段防渗墙局部采取先施工 Q_3^{al} 半胶结砾石层顶部接触面以上 TRD 防渗墙，后补充施工墙下高压旋喷灌浆帷幕；河道段 TRD 防渗墙调整为"上部 40mTRD 防渗墙 + 下部高压旋喷防渗墙"；主支枢纽一期围堰大块石护坡段 TRD 防渗墙调整为"冲击钻 + 液压抓斗塑性混凝土防渗墙"。另外，加强设备的维修保养，备齐各类备件。特别是在深厚密实砂砾石地层作业，链条和刀具磨耗大，应及时镶补更换，并尽可能规划在轴线拐点处进行设备保养、检修，避免频繁提升刀箱。

4. 应急措施

1）卡刀箱处理。TRD 设备在深厚砂砾石地层中施工阻力大，遇卡刀箱问题时应先将链条正反转切割上提，无法提动时采用千斤顶上拔。若上拔困难，则采用旋挖钻机沿着刀箱前后钻孔，使土体疏松后再采用 TRD 设备对刀箱左右土体进行切割疏松，然后用千斤顶拔除。

2）埋链条处理。出现埋链条的主要原因是砂卵砾石地层中链条磨损严重，操作人员链条检修频次不够，未及时发现磨损严重部位，造成链条断裂。遇该情况时应先将刀箱拔出，然后采用起重机配合拔出设备将链条分节拔出。

10.4.4　地层适应性分析

根据实际地质条件和工效统计分析，砂砾、圆砾层的粒径越大，发育厚度越厚，防渗墙深度越深，TRD 设备工效越低。在厚度 < 40m 的松软～中等密实砂砾石地层中，TRD 设备平均工效可达 200～300m²/d，防渗墙质量较好；当地层中砂卵砾石地层厚度超过 45m，TRD 设备刀箱和链条磨损较严重，须频繁起刀箱保养，工效偏低。TRD 设备刀具无法切穿中等硬度半胶结砂砾石地层以及粒径大于 20cm 的厚卵石层，施工前宜复勘，选择合适的工艺。

10.4.5　质量检查

TRD 防渗墙质量检查方式如下：墙体厚度及位置偏差采取浅部开挖验证；墙体强度通过钻取芯样进行强度试验检查；防渗墙抗渗性能通过注水试验进行测试。

TRD 防渗墙施工完成 14d 后，选取部分位置进行浅部开挖检查（图 10-38），墙体水泥土质地均一、厚度均匀，外观质量满足设计要求。

图 10-38　TRD 防渗墙浅部开挖检查

TRD 防渗墙施工完成 28d 后，按设计要求比例布置检查孔，进行钻孔取芯和注水试验，结果见表 10-7，质量检查成果均满足设计要求。

防渗墙钻孔取芯及注水试验结果　　　　　　表 10-7

部位	检查孔数量（个）	芯样抗压强度（MPa）			渗透系数（cm/s）	
		最大值	最小值	平均值	最大值	最小值
主支枢纽一期围堰 TRD 防渗墙	12	1.24	2.65	1.67	9.75×10^{-7}	4.32×10^{-7}
南支枢纽 TRD 防渗墙	7	1.53	3.57	1.98	9.81×10^{-7}	3.25×10^{-7}
北支枢纽 TRD 防渗墙	6	1.58	2.83	1.88	9.75×10^{-7}	2.24×10^{-7}
中支枢纽 TRD 防渗墙	6	1.49	3.03	1.93	9.72×10^{-7}	2.58×10^{-7}

10.4.6　结语

针对赣江下游尾闾综合整治工程 4 支枢纽围堰防渗工程深厚砂砾石、卵石层等地质条件，对可行的防渗墙工艺通过进行多因素比选，最终确定了采用 TRD 工法。施工过程中，针对工程具体地层条件，尤其是主支一期围堰特殊地质条件，进一步研究总结了适用于本工程的 TRD 工法技术，结论如下：

1）与液压抓斗、CSM 及高压旋喷防渗墙相比，TRD 防渗墙具有成墙连续、工效高、造价低、环境友好等明显优势。

2）在深厚砂砾石地层中"一步施工法"事故率较高，宜采用"三步施工法"。

3）在厚度小于 40m 的松软～中等密实砂砾石地层，TRD 工法可正常发挥工效。

4）砂砾石地层墙深超过 45m 或遇有中等以上强度胶结砂砾石地层时，可采取"上部 TRD 防渗墙＋下部高压旋喷防渗墙"组合方式，或根据前期复勘结果选择其他合适工艺。

5）浅部开挖检查发现，墙体水泥土质地均一、厚度均匀，芯样抗压强度超过 1.5MPa，渗透系数达到 $n \times 10^{-7}$cm/s，防渗性能好。

综上所述，TRD 工法在赣江尾闾综合治理工程 4 支围堰防渗工程较均匀砂砾石地层中充分发挥了工效高、造价低、施工安全环保等优势，在深厚密实砂砾石地层以及含卵石、胶结砂砾石地层通过与其他防渗方式进行组合应用，取得了良好的防渗效果。

10.5　浅介地下工程突涌水应急抢险措施 [①]

10.5.1　前言

我国正在经历地铁建设的稳定发展时期，"十四五"期间我国的城轨交通投资规模将突破 4 万亿元。我国的部分沿海城市如天津市地下有大面积的软弱土层，地铁隧道工程多建设于人口繁华、建筑物密集、道路交错纵横的城市环境中（图 10–39），在此类具有较高的地下水位地区进行轨道交通的建设，因渗漏水而引发的周边环境变化以及盾构隧道的涌水涌沙的灾难险情经常发生，尤其是盾构出洞阶段，盾构正常掘进，到达施工通过开挖面时，土压平衡或泥水平衡条件差，极易发生出洞突涌水事故，进而引起地表变形过大，甚至坍塌、地表冒浆等事故，危及隧道及周边环境安全。所以，在盾构洞门出现突涌水时，快速抢险堵漏极为重要。

---

① 李亚军，天津天大天海新材料有限公司。李亚军，男，1973 年出生于湖南省，高工，现任公司总经理。主要从事地下工程防水堵漏和特种专业补强加固工程材料研发和施工技术研究。联系地址：天津滨海高新区华苑产业区榕苑路 15 号 7–A–7，邮编 300384；E-mail：yajunth@163.com。

图 10-39　地铁隧道地上地下周边环境示意

10.5.2　城市地铁盾构区间突涌水施工事故事例与分析（表 10-8）

地铁盾构区间突涌水事例与分析表　　　　　　表 10-8

年份	城市地铁	事故类型	造成危害
2003	上海地铁 4 号线浦东南路至南浦大桥区间隧道	浦东南路至南浦大桥区间隧道浦西联络通道发生渗水，大量流沙涌入，引起地面大幅沉降	地面建筑物八层楼房发生倾斜，其主楼裙房部分倒塌
2007	南京地铁 2 号线中和村站至元通站区间隧道	盾构元通接收端头井，洞门突发突涌水，2h 内未能及时控制涌水	地面塌陷范围沿隧道纵向约 150m，宽度约 20m，最大塌坑深约 6m，盾构机被埋
2011	天津地铁 2 号线建国道至天津站区间隧道	右线螺栓机被卡，打开螺栓机观察孔处理期间，发生突泥涌水，大量地下水及砂土涌入隧道	安装好的管片纵缝、环缝张开量增大，管片破坏，造成地表沉降，两台盾构机被埋，改线新建盾构区间
2014	武汉地铁 4 号线拦江路站至复兴路站区间隧道	盾构接收端，洞门突涌水：6 月 7 日 3:50 至 7 月 3 日 23:40 共发生三次突涌水，合计涌漏泥水约 330m³、沉积泥沙约 110m³	复兴路接收井周边约 200m 范围内均出现地表沉降，周边近 200 户房屋出现不同程度的沉降、开裂

1. 破坏的管片形态（图 10-40）

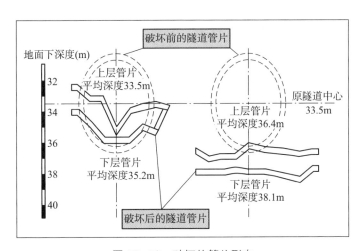

图 10-40　破坏的管片形态

2. 漏水漏沙处动水带走沙土（图 10-41）

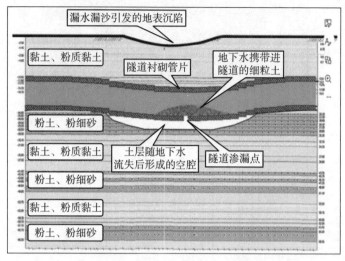

图 10-41 漏水漏沙处动水带走沙土形成空腔

3. 破坏后的隧道管片

通过上述国内地铁盾构隧道发生的渗漏事故可以看出，隧道的漏水、漏沙会对公共社会造成严重的影响，对工程安全造成了严重的威胁。在修建隧道过程中，除了加强对施工人员的素质意识培训外，在抢险预案和应急抢险措施方面仍需要加大研究，在最短的时间内达到最好的抢险效果。事故影响连续破坏范围见图 10-42。

(a)地表沉陷　　　　　　　　　　　　　(b)地表开裂、房屋沉降

图 10-42　事故影响连续破坏范围

10.5.3　盾构隧道突涌水漏水漏沙类型分布

从图 10-43、图 10-44 可以看出，隧道盾构出入洞时发生的漏水漏沙事故占到了22% 以上的比例。

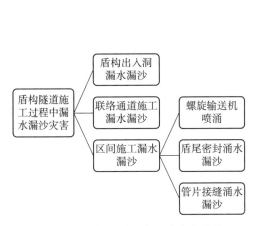

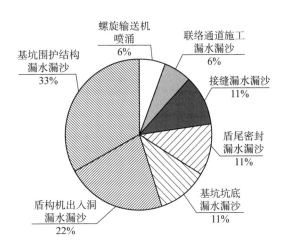

图 10-43　盾构隧道漏水漏沙灾害分类图

图 10-44　漏水漏沙事故类型分布

10.5.4　盾构隧道突涌水应急抢险技术现状

承压含水层中盾构隧道发生突涌水事故时，漏水漏沙速度快，常规抢险方法是采用注水泥－水玻璃双液浆注浆堵漏及封堵为主，普通油性或水性聚氨酯堵漏、沙袋反压、棉被封堵、降水井降水等措施来进行应急抢险。在突涌水环境下，注入的双液浆容易随着涌水冲走，不能够在短时间凝固，起不到良好的注浆堵漏效果。在承压含水层中，隧道突涌水如果应急抢险处理不当，最终可能导致隧道大范围垮塌。

在渗漏险情发展至突涌水抢险封堵三个阶段：

第一阶段：漏水。地下水流速慢，土体保持完整，常规注浆封堵有效。

第二阶段：漏水漏沙。地下水流速快，土体局部缺失，常规注浆封堵开始难以发挥作用。

第三阶段：土层流失。地下水流速快，土体大量缺失，常规注浆封堵难以发挥作用。

10.5.5　盾构隧道洞门发生突涌水险情的原因分析

1）洞门土体加固质量不好，强度未达到设计或施工要求而产生塌方，或者加固不均匀，隔水效果差，造成漏水漏泥现象。

2）在凿除洞门混凝土或拔除洞门钢板桩后，盾构未及时靠上土体，使正面土体失去支撑而造成塌方。

3）洞门密封装置安装不好，止水橡胶帘带内翻，造成水土流失。

4）洞门密封装置强度不够，经不起较高的土压力受挤压破坏而失效。

5）盾构外壳上有突出的注浆管等物体，使密封受到影响。

6）进洞时，未能及时安装好洞圈钢板。

7）端头井加固未严格按照方案施工。质量控制不严，存在质量缺陷。

8）降水效果差。

9）地质不良，水流量较大，盾构区间地层为淤泥质夹粉细砂层、砂层、地下水压力大等透水性强的地层。

10）盾构进洞出洞施工是风险控制的难点，尤其是盾构出洞阶段，盾构正常掘进，到达施工通过开挖面时，土压平衡或泥水平衡条件差，极易发生出洞突涌水事故，进而引起地表变形过大，甚至坍塌、地表冒浆等事故。

以天津软土高水位地区地铁工程为例，针对盾构隧道发生的突涌水事故，应急抢险措施就是：对洞口进行注浆堵漏，减少土体的流失。

这里，注什么性质、什么性能的浆液能够快速、有效封堵，通过什么样的方式进行注浆，如何快速应急抢险，是重点。

10.5.6 盾构隧道突涌水应急抢险堵漏材料及装备

注浆堵漏是地下工程渗漏治理较为有效且快速堵漏的重要工法，其原理是通过使用注浆方法将注浆材料注入可能的渗漏水通道，经过化学反应或物理凝固或与水反应并固结后形成帷幕并堵塞渗漏水通道，达到渗漏治理的目的。

1. 常用的突涌水应急抢险灌浆材料简介（表 10-9）

突涌水应急抢险常用的几种材料　　　　　　　表 10-9

材料名称	初凝时间	终凝时间	抗压强度（MPa）		
			1d	3d	7d
普通硅酸盐水泥（42.5级）	7～14h	12～36h	2～3	2～5	2～7
快硬硫铝酸盐水泥（32.5级）	＞25min	＜180min	25～35	25～40	35～45
水泥 – 水玻璃	数十秒～十几分钟	十几分钟～几十分钟	1～3	1～4	1～5
化学浆液（油性或水性聚氨酯或水玻璃磷酸混合浆液等）	数十秒	几分钟～十几分钟	视具体材料	视具体材料	视具体材料
化学灌浆抢险材料（THQX等）	＜10s	＜15s	＞6	＞10	＞15
高聚物 – 水泥基复合材料	数十秒	几分钟～十几分钟	视具体材料	视具体材料	视具体材料

注：表中数据均为在灌浆工程中常采用的水灰比（1.2：1～0.8：1）。

目前，渗漏治理灌浆材料产品的已颁标准有：《聚氨酯灌浆材料》JC/T 2041—2020、《水泥 – 水玻璃灌浆材料》JC/T 2536—2019。

1）氰凝 THQX- 化学灌浆抢险材料

（1）材料特性

①固化快，遇水后迅速反应、发泡、固化，反应时间可根据 B 组分的用量来调节，一般可控制在 11s 到数十秒内迅速固化；

②良好的疏水性能，化学稳定性高；

③具有较大的渗透半径和凝固体积比，遇水迅速发生化学反应，同时会产生很大的膨胀压力，推动浆液向裂隙或孔洞深处迅速扩散，形成坚韧的固结体；浆液自由发泡时可达 45 倍及以上；

④凝固体具有很高的耐化学侵蚀能力和抗菌能力；

⑤抗压强度高，密闭条件下成型时，数小时就可以达到 15MPa 的抗压强度。

（2）氰凝 THQX- 化学灌浆抢险材料的配比选择

堵漏抢险使用的聚氨酯是双组分抢险专用聚氨酯灌浆材料，由主剂 A 和促进剂 B 组成，根据实际使用经验，在需要快速发泡堵漏抢险的紧急情况时，浆液配比为：A 组分：B 组分 =100：12，即每桶包装主剂 A 组分 18.5kg，配促进剂 B 组分 2.22kg。也可根据现场实际使用时的发泡情况适当调整配合比为 A 组分：B 组分 =100：10，以达到最佳发泡封堵效果。见图 10–45。

图 10–45　THQX 遇水反应试验（11s 固化、47 倍发泡率），THQX 在地层土体中呈片状劈裂扩散，在土体中形成高抗压强度固结体

（3）氰凝 THQX- 化学灌浆抢险材料储存和使用安全注意事项

①在运输过程中应严防日晒雨淋，严禁烟火，注意防火安全，防止跌落碰撞，保持包装完好无损。

②应密封贮存在应急物资仓库内，仓库干燥、通风、阴凉，避免长期暴露在空气中日晒、雨淋，使用前严禁与水接触。

③在正常贮存、运输条件下，产品质保期自生产日起 12 个月。

④施工过程中，操作人员必须穿戴必要的劳动保护用品，如塑料手套、防护眼罩等，如不慎沾染或喷射到眼睛，应立即用大量清水冲洗，并及时就医。

⑤现场保持通风，注意防火，施工现场严禁火种。

（4）灌注氰凝 THQX- 化学灌浆抢险材料的主要设备和配件

因需要进行快速封堵涌水部位，注浆流量较大，常用设备为应急抢险用齿轮泵，齿轮泵要求流量为 50L/min 左右，电机功率为 1.5kW 或 2.2kW。

主要配件包括：

①配套口径的高压注浆管（耐压 20kg 以上），长度通常裁剪为 5～7m，数量 3～4 根；

②配套开关箱及电缆线；

③配套变径接头和球阀；

④压力表，安装于齿轮泵输出端口，便于观察注浆压力。

以上设备和配件均需要存放在基坑或隧道内涌水点 50m 的范围内，齿轮泵最好配备 2 台，1 台作为备用，配套变径接头和球阀数量在 20 个左右，同时应配有清洗管路用的柴油 50～100kg。因为根据现场堵漏抢险经验，常常由于缺少一个配件无法正常进行聚氨酯注浆，导致耽误宝贵的抢险时间，所以应特别注意平时保养和配件数量储备要齐全及充足。THQX 注浆液专用抢险注浆泵如图 10-46 所示。

图 10-46 灌注 THQX 用应急抢险专用注浆泵（齿轮式）

钻孔施工前，需要仔细检查齿轮泵和配件的完好性，并组织专门操作人员进行注聚氨酯的实战演练。一是试验所用聚氨酯主副剂的最佳配合比；二是使操作人员熟悉现场环境、熟练掌握注浆各环节流程，以便在突发突涌水险情时能第一时间立即进行注浆抢险堵漏，迅速控制住险情。

2）水泥 - 水玻璃灌浆材料

（1）材料简介

水泥 - 水玻璃灌浆材料是以水泥和水玻璃为主剂，两者按一定的比例采用双液方式注入，必要时加入速凝剂或缓凝剂所组成的快速渗漏治理注浆材料。水泥－水玻璃浆液的凝结固化反应包括水泥水化反应、水泥水化反应产物 $Ca(OH)_2$ 与水玻璃的反应，即水泥与水拌合成水泥浆液后，由于水解和水化作用，产生活性很强的 $Ca(OH)_2$。水玻璃与 $Ca(OH)_2$ 起作用，生成具有一定强度的凝胶体——水化硅酸钙。

水玻璃注浆材料固结体在长期泡水过程中会发生水解，强度会逐渐衰减。中国工程建设协会标准《隧道工程防水技术规范》CECS 370：2014 第 10.6.2 条 7 款规定，水玻璃注浆材料可用于非永久性的防渗堵漏，不得用于永久性的防渗堵漏。2010 年 2 月 25 日《21 世纪建筑材料》杂志，刊登了山东大学土建与水利学院许茜等人撰写的《注浆材料的发展及其应用》文章，文中提到武汉理工大学模拟淡水侵蚀环境的注浆材料水溶蚀试验，其结果表明：水泥－水玻璃注浆材料结石体在水溶蚀作用 180d 条件下强度损失达 50%，证实了水玻璃注浆材料固结体强度在长期泡水过程中会逐渐衰减。

（2）水泥－水玻璃双液注浆主要设备和配件，如图 10-47 所示。

图 10-47 水泥－水玻璃双液注浆成套设备

3）优质水不漏（堵漏王）材料

（1）"水不漏"是一种高效、防潮、抗渗、堵漏的绿色环保型材料，分为缓凝·抗渗型（Ⅰ型，主要用于防潮、抗渗）和速凝·堵漏型（Ⅱ型，主要用于抗渗堵漏）两种，均为单组分灰色粉料。应急抢险堵漏用速凝·堵漏型"水不漏"。

（2）材料特点：具有带水施工，快速堵漏，迎背水面均可施工，无毒、无害、无污染，凝固时间可控，抗渗压高，粘结性强，与基体结合后整体不老化等特点。一般2～10min 内初凝，强度增长快，60min 内强度可达到 12MPa，3d 抗压强度达 15MPa。

10.5.7 盾构隧道发生突涌水时的应急抢险措施

1. 盾构隧道突涌水应急抢险措施（一）

1）配料：快速堵漏选用了速凝·堵漏型"水不漏"，将粉与水按 1∶0.2 的质量比反复揉捏成团。

2）施工：将快要凝固的速凝型团块迅速塞进漏水处，用锤子、木棒挤压砸实。确认不再漏水后，在孔洞周围外延 10cm 的范围再抹压一层，并及时喷雾养护。堵漏次序应先堵小漏，再堵大漏。如果流水压力较大，可打膨胀螺栓加钢筋肋进行加固。

3）双液注浆：利用液压通过注浆管把两种浆液短时间内混合均匀后注入地层中；浆液会通过充填、渗透和挤密等方式，赶走土颗粒间或土体空洞中的水分和空气，占据其位置。一定时间后，浆液就将原来松散的土颗粒或空洞胶结成一个整体，最终形成具有较高强度、防水性能和化学稳定性良好的胶结体。

配料：水玻璃（波美度 40），模数 3.0～3.4；普通硅酸盐水泥；水泥浆液，水灰比为 0.8，另掺入 3%～5% 的膨润剂，防止水泥浆离析。

4）设备组装并进行调试，注浆管 Y 形连接，两种浆液分罐搅拌，两个泵分别压浆。

5）布孔：漏水点附近下钻，钻机钻进后注入双液浆找到漏水通道，根据基坑深度和地基土质条件确定注浆深度。

6）找到漏水点后打开水玻璃浆液阀，同时开泵，两种浆液在钻杆内混合，浆液初凝时间约为 30s。

7）注浆压力在 0.5～1MPa，两台注浆泵以同一泵压注浆。

8）涌水口出现黏稠浆液并伴随出现气泡时，即封堵住孔，等流水量逐渐变小直至停止后，停止注浆，观察 1h 后再继续注浆，直至孔口返浆为止。

9）注浆结束后，同时关闭注浆泵和注浆球阀，用清水清洗注浆泵及管道。

2. 盾构隧道突涌水应急抢险措施（二）

盾构隧道突发涌水涌砂险情，漏水涌砂很严重，并且可能危及基坑或周围建筑物安全时，应采取紧急抢救措施，对其进行紧急处理。

1）先用沙袋对漏水点进行反压，并迅速做好抢险专用聚氨酯的各项准备工作，设备、材料、操作人员等到位。

2）依据漏点确定注浆部位，一般在距离漏点管片附近 5～10m 的位置。

3）在注浆孔安装注浆管接头及球阀，最好预先在施工部位附近安装 3～4 个注浆管接头及球阀，可缩短注浆准备时间。

4）在球阀尾部安装变径接头，并接通注浆管路及注浆泵。

现场按主辅剂 A：B=12：1（或 10：1）配制氰凝 THQX– 化学灌浆抢险材料并搅拌均匀，进行注浆，观测浆液发泡情况，并适时调节配合比和注浆距离。

5）注氰凝 THQX– 化学灌浆抢险材料的注意要点：在注浆过程中，应及时观测注浆压力，防止高压注浆管爆裂。及时观测浆液发泡情况，并适时调整配合比。注浆完毕后，立即用柴油清洗齿轮泵与管道，预防堵塞管路和设备。

3. 止水后措施

根据现场工况需要，可增加一道浆液（水泥 – 水玻璃）加固地层。如图 10-48 所示。

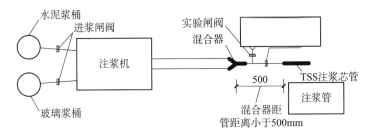

图 10-48　双液注浆施工示意图

10.5.8　地下工程突涌水应急抢险材料及措施适用的其他工况

1）围护桩桩间突涌水、涌砂事故应急抢险。

2）区间明挖段基坑侧壁渗水、涌水涌砂事故应急抢险。

3）车站地连墙接缝渗漏、突涌水事故应急抢险。

4）盾构隧道管片错台超限突涌水涌砂事故应急抢险。

5）暗挖隧道结构缺陷或沉降变形缝突涌水事故应急抢险。

6）隧道掌子面突涌水涌砂事故应急抢险。

7）地铁道床运营期翻泥冒砂应急抢险。

8）建筑工程地下基坑及结构缺陷至突涌水应急抢险。

9）铁路隧道、公路隧道、水下隧道、地下管廊等建（构）筑物，涉及突涌水的应急抢险等等。

10.5.9　小结

目前，在软土地区城市地铁工程施工中，采用氰凝 THQX 化学灌浆抢险材料和水泥 – 水玻璃、高聚物 – 水泥注浆等单独或复合工艺处置突涌水应急抢险，越来越广泛并成功运用在基坑、盾构隧道、联络通道等突涌水应急堵漏抢险中。

在使用化学灌浆抢险材料等注浆堵漏过程中，选用性能参数优质的材料、正确的配合比、合适的注浆设备、规范的操作流程等关键环节的控制尤为重要。只有规范地掌握各环节操作要点，才能迅速地达到止水封堵的良好效果，从而有效控制涌水险情，避免安全生产事故的发生。

10.6　"刚柔融合，混凝土筑百年"技术的应用探究 [①]

10.6.1　引言

混凝土是世界上使用最广泛的建筑材料，但很容易出现裂缝，自愈合混凝土对于宽度不大于 0.5mm 的裂缝（非荷载因素造成的裂缝大多属于该范围）能自主诊断和自主修复，能够阻止外界环境的有害离子进入混凝土内部和钢筋表面，防止混凝土腐蚀和钢筋锈蚀，保障工程结构的服役寿命。尤其对于装载精密仪器、粮库、药店等防水要求高的场所，不具备被动修复空间的重大工程社会效益重大。混凝土天生不可避免的缺陷是产生裂缝，如果裂缝能自己愈合，形成结构不漏，那么地下结构还需要做柔性外包防水层吗？这是一个值得每个工程人都进行思考的问题。在防水混凝土能自愈的前提下，外包防水层将不再是"雪中送炭"而是"锦上添花"，它将延缓及弥补地下水及有害物质对混凝土的渗透，起到保护地下防水混凝土免受有害物质侵害的作用。这种混凝土与柔性防水材料互相配合，可实现地下工程防水达到与建筑结构同寿命。立威"仿生自愈合防水系统"顺势而为，在分析当下防水行业窘境（混凝土裂缝产生无法避免，柔性卷材与涂膜耐久性有限）下，提出"刚柔融合，混凝土筑百年"口号，深练内功，推出自愈型防水产品及优异的丁基橡胶类卷材，使防水工作年限进一步延长。检测报告显示：内掺立威 LV 防水剂的混凝土电通量小于 800C，根据《铁路混凝土工程施工质量验收标准》TB 10424—2018，C30～C45 混凝土电通量低于 1200C 以下使用年限为 100 年，≥C50 混凝土电通量低于 1000C 以下使用年限为 100 年。内掺立威 LV 防水剂可有效降低混凝土电通量 30%，充分说明内掺 LV 防水剂的混凝土在单独工作的情况下就可达到使用年限 100 年。

除了裂缝渗漏外，混凝土关键节点的处理对延长混凝土寿命也起到至关重要的作用。地下工程渗漏主要集中在变形缝、施工缝、混凝土裂缝渗漏水、预埋件及穿墙管件渗漏水以及孔间渗漏水。"刚柔融合"理念不仅仅是为了满足防水等级要求，在刚性混

[①]　高岩、李旻、胡金亮、胡世新、薛杨。辽宁九鼎宏泰防水科技有限公司。

凝土外侧迎水面外包一层柔性防水材料；还体现在采用柔性防水材料弥补刚性防水材料在节点处的不足，譬如变形缝处，柔性防水材料可以适应结构较大变形，弥补刚性混凝土适应结构变形差的缺点。"刚柔融合"理念旨在发挥各自材料的优势，做到物尽其用，解决用户痛点。立威"刚柔融合"的防水施工技术理念逐渐在建筑防水领域得到广泛应用，为混凝土建筑提供了更加可靠的保障。

10.6.2　立威仿生自愈合混凝土自愈合原理

立威仿生自愈合防水技术是一种基于混凝土自修复原理的防水技术，模仿生物体损伤愈合的原理，实现混凝土裂缝的自修复、自愈合。它通过特殊的防水材料，如 LV-8 自愈型无机纳米结晶防水剂，在混凝土内部植入持续自愈合防水基因，使混凝土在出现裂缝时能够自我修复，纳米级组分与活性物质在结晶促进组分作用下，形成结晶体，填充混凝土内部的微裂缝和毛细孔隙，起到密实混凝土的作用，提高了混凝土的密实性和防水性能。产品中的锁钠技术，针对国内预拌混凝土站大多采用聚羧酸减水剂而研发，针对聚羧酸减水剂生产过程中需要用氢氧化钠进行中和，导致减水剂中引入了大量极为活泼的钠离子，影响混凝土耐久性。而产品中稻壳灰无定型硅成分可以引入混凝土中的钠反应，生成钠长石，钠长石的莫氏硬度为 6（通常钢铁的莫氏硬度为 4~5）。增加强度的同时，锁住钠离子减少混凝土中有害物质产生，提高混凝土的耐久性。

10.6.3　立威仿生自愈合混凝土技术优势

1）提高混凝土和易性能力：立威 LV 防水剂的无机催化组分，增强粗细骨料界面间的黏聚性，使混凝土不泌水、不离析，同时兼具良好的流动性、泵送性、保水性和保坍性。

2）仿生自愈合能力：模仿生物体损伤愈合的原理，立威 LV-8 自愈型无机纳米结晶防水剂以混凝土的自愈合为核心，能自修复 0.6mm 的微裂缝，为混凝土提供耐受化学物侵蚀、冻融循环、氯离子渗透的全面保护。

3）自密实提升能力：立威 LV 防水剂中含有高活性纳米级的硅溶离子胶体，与混凝土中的钙离子反应，生成高活性纳米硅酸盐凝胶体，能够填充混凝土微孔隙，提高混凝土的密实度和抗渗性。

4）抗裂性提高能力：温度裂缝方面，立威混凝土防水剂含有纳米级的抑温缓凝剂，延缓水化热速度，降低水化热温度峰值 30% 左右，减少混凝土的温度裂缝。

5）立威混凝土防水剂与水泥中的化学成分发生化学反应，生成结晶体堵塞了混凝土的孔隙，抑制混凝土的早期干缩，减少混凝土的干缩裂缝。

10.6.4　"刚柔融合"防水施工技术概述

"刚柔融合"防水施工技术是指将刚性防水和柔性防水两种技术相结合，形成一种新型的防水体系。其中，刚性防水主要利用混凝土等材料本身的防水性能，通过提高混凝土的密实性和抗渗性来达到防水目的；而柔性防水则主要利用防水卷材、防水涂料等材料，通过形成连续的防水层或防水节点处柔性材料处理等来阻隔水的渗透。"刚柔融合"防水施工技术通过将两种技术相结合，既解决了刚性防水抗拉强度低、易开裂等问题，又避免了柔性防水在施工过程中可能存在的设计不科学、施工质量不高等问题，从而实现了防水效果的优化和提升。

10.6.5 "刚柔融合"防水施工技术的应用案例

公司通过多年的实践和研究，成功地将"刚柔融合"防水施工技术应用于轨道交通领域、市政工程领域、水务设施领域、水利水电领域、工业与民用建筑等多个领域中，其中最具代表性应用案例有：

1. 高水压、海水腐蚀项目

大连湾海底隧道，位于大连湾海域，是中国辽宁省大连市境内连接中山区与甘井子区的跨海通道，也是中国北方地区首条大型跨海沉管隧道。大连湾海底隧道于 2017 年 3 月 30 日开工建设，于 2022 年 9 月 29 日全线贯通，于 2023 年 5 月 1 日通车运营。隧道全长 5.1km，其中海底沉管隧道段长 3km、陆域段长 1.8km、连接线道路段长 0.3km，项目采用 LV 仿生自愈合防水系统及黑将军丁基橡胶防水系统刚柔融合，打造北方地区首个滴水不漏的海底隧道。

2. 高耐久、百年寿命项目

青岛胶州电力管廊是青岛胶东国际机场重要的配套基础设施，承载了新机场全部电力供应线路，全长 3.1km，设计使用年限 100 年，为保证防水设计年限与结构同寿命，全部采用 LV 仿生自愈合防水系统，采用刚柔融合施工方式，经我司技术人员全流程技术跟踪服务，防水效果良好，随机抽查 2km，一共三道裂缝，均已经自愈合。

3. 深基坑、地下 -35m 项目

长白山龙狮谷天权阁项目位于敦化市翰章乡，此次项目打造计划总占地面积 114hm²，计划总投资约 55 亿元。项目计划开发地磁能助力磁疗发展，鼎益丰力求打造一个集星际、龙穴、磁场、天象于一体的磁疗禅修高地，项目地上六层、地下七层，地下最深处为 -35m，为超深建筑。项目前期采用传统柔性材料为主要防水层，施工效果较差渗漏严重。经前期现场打样验证，甲方决定更改为 LV 结构自防水混凝土为主要防水措施，辅助以外包柔性卷材的施工方式。施工后效果优异，获得甲方、总包与监理等的一致好评。

10.6.6 "刚柔融合"防水施工技术的优势与挑战

1. "刚柔融合"防水施工技术的优势

"刚柔融合"的防水理念在防水领域逐渐被重视,特别是新防水全文强制性规范《建筑与市政工程防水通用规范》GB 55030—2022(以下简称"新强规")颁布以后,防水更加重视使用年限。以前,建筑行业对结构自防水在设计、施工中都不太被重视,结构在设计时忽视结构自防水的重要性,虽然设计了防水混凝土,但建筑防水的主要重任却没有落在结构混凝土上,一般都是靠结构足够厚或调整混凝土配合比达到结构密实度或掺用膨胀剂来抵抗混凝土收缩变形等来实现抵抗水压力。当掺用膨胀剂来提高混凝土密实度时,要严格限制膨胀率。膨胀剂是一把双刃剑,使用不当往往会适得其反。施工完成后,裂缝控制往往不理想,需要柔性防水材料来承担防水的主要任务。但随着防水"新强规"的颁布,能做到与建筑结构同寿命的只有结构自防水才能如愿,这是推广"刚柔融合"防水施工技术的机遇。

普通防水混凝土出现裂缝时,无法自行自愈,结构裂缝一般不进行处理,建筑防水往往寄希望于柔性防水,柔性防水材料及施工好坏决定了建筑防水的好坏,后期渗漏维修责任不明,往往柔性防水单位进行渗漏维修,防水效果较差,也容易出现扯皮现象;而立威仿生自愈合防水系统,混凝土结构裂缝能自愈,丁基橡胶防水卷材寿命也大大提高,刚柔防水材料同厂生产,产品可追溯,质量有保证。刚柔防水同一厂家施工,后期维修责任明确,不存在扯皮现象。除上述施工技术优势外,"刚柔融合"防水施工技术优势还有以下几点:

1)提高防水效果:"刚柔融合"防水施工技术通过综合利用刚性防水和柔性防水的优点,形成了更加完善的防水体系,有效提高了防水效果。

2)增强结构稳定性:刚性防水技术利用混凝土等材料的高强度特性,增强了建筑物的结构稳定性;而柔性防水技术则通过形成连续的防水层,减少了水对建筑物的侵蚀和损害。

3)延长使用寿命:刚柔融合防水施工技术通过提高防水效果和增强结构稳定性,有效延长了建筑物的使用寿命。

2. "刚柔融合"防水施工技术可能面临的挑战

1)行业形势低迷:近年来,国家政策导向,房地产下行,建筑行业市场低迷,开发商融资不畅,开发商破产倒闭频发,很多楼盘出现烂尾现象,建筑行业新建项目减少,防水行业生存举步维艰。

2)市场认可度低:"仿生自愈合防水系统"在防水"新强规"颁布前推进缓慢,推进缓慢的原因是防水"新强规"未推出之前,防水的质保期为 5 年,一般防水混凝土配合外包柔性材料就能满足 5 年质保期，质保期间可能有少量维修，但成本不大，开发商无动力使用结构自防水混凝土及丁基橡胶类高成本材料。质保期结束后，施工单位可不进行免费维修，出现渗漏小区业主自己找人维修；当防水"新强规"推出以后，开发商在使用高价格新材料时都比较谨慎，纷纷不愿做第一个吃螃蟹的人。有意合作的，先前没有做过结构自防水，往往要查看你的业绩、资质等，更有甚者会因公司业绩太少或没有太多大型国企单位合作的案例，签约成单的概率较小。

3）防水单项前期成本相对较高：结构自防水，引入结构裂缝自愈合因子，前期成本肯定比传统防水混凝土靠厚度、靠调整配合比、靠掺加外加剂等来提高抗渗性能的混凝土高，传统防水混凝土成本较普通混凝土增加 20 多元 /m²，而结构自防水混凝土成本较普通混凝土增加 120～400 元 /m²；单从混凝土造价来看，就已经难以接受了，更别提丁基橡胶增加的造价了。丁基橡胶较普通橡胶卷材耐老化寿命的延长，带来的是成本的增加。市场不成文的定律是"好材料等于好的价格"，开发商前期投入加大，在市场低迷情况下成本增加，无疑对产品推广和开发商的正确选择造成巨大障碍。

3. "刚柔融合"防水施工技术解决方案

面对以上问题，九鼎人攻坚克难，采取参加各种举办的防水展会，向客户展示我们的"刚柔融合"产品及应用模型，增加产品曝光度及展示产品应用效果；举办各种技术交流，根据项目或客户的不同需求，制定有针对性的施工方案，解决客户真实存在的痛点；组织客户进行项目及工厂考察，展示我们实力的同时，让客户真真切切地见到项目的应用效果；推广过程中，对有需求的客户免费在客户需求项目制作仿生自愈合混凝土水池模型，成型后人为制造裂缝，展示仿生自愈合混凝土修复裂缝的过程，验证结构自愈合能力，给客户以信心。

在降成本方面，公司制定出多套既花钱少，又效果好的"刚柔融合"防水系统施工方案，目前相当成熟的方案已经有两套：方案一，采用 BG–S 自愈型防碳化丁基防水涂料 +LV–5 水泥基渗透结晶型防水涂料 + LV–8 自愈型无机纳米结晶防水剂，此组合 1 柔 2 刚完全满足防水"新强规"一级防水要求。底板施工工艺采用 BG–S 自愈型防碳化丁基防水涂料喷涂，内掺 LV–8 自愈型无机纳米结晶防水剂混凝土浇筑前，干撒 LV–5 水泥基渗透结晶型防水涂料；侧墙施工工艺采用内掺 LV–8 自愈型无机纳米结晶防水剂混凝土浇筑成型后，强度达到设计要求 70%，开始喷涂 LV–5 水泥基渗透结晶型防水涂料；涂料成膜养护完成后，喷涂 BG–S 自愈型防碳化丁基防水涂料，顶板施工工艺采用内掺 LV–8 自愈型无机纳米结晶防水剂混凝土浇筑成型后，强度达到设计要求 70%，开始喷涂 LV–5 水泥基渗透结晶型防水涂料；涂料成膜养护完成后，喷涂 BG–S 自愈型防碳化丁基防水涂料。方案二，采用 BG–S 自愈型防碳化丁基防水涂料 + LV–8 自愈型无

机纳米结晶防水剂 +LV-3 深层渗透密封防水剂。此组合 1 柔 2 刚完全满足防水"新强规"一级防水要求，底板施工工艺采用 BG-S 自愈型防碳化丁基防水涂料喷涂，内掺 LV-8 自愈型无机纳米结晶防水剂混凝土浇筑成型后，喷洒 LV-3 深层渗透密封防水剂；侧墙施工工艺采用内掺 LV-8 自愈型无机纳米结晶防水剂混凝土浇筑成型，强度达到设计要求 70%，开始喷洒 LV-3 深层渗透密封防水剂；养护完成后，喷涂 BG-S 自愈型防碳化丁基防水涂料，顶板施工工艺采用内掺 LV-8 自愈型无机纳米结晶防水剂混凝土浇筑成型后，强度达到设计要求 70%，开始喷洒 LV-3 深层渗透密封防水剂；养护完成后，喷涂 BG-S 自愈型防碳化丁基防水涂料，两套方案无须专家论证，综合成本低，可以做到节省保护层找平层和一道防水卷材层的直接费用，节省相应工期的间接费用，以及节省后期维护成本。未来，九鼎人还会结合项目不同结构特点的实际情况以及项目需求，制定出更多适应不同项目及不同客户需求的施工方案，谱写一个又一个"刚柔融合，混凝土筑百年"的新篇章。

10.6.7　结论与展望

"刚柔融合"防水施工技术作为一种新型的防水体系，在建筑防水领域具有广阔的应用前景。未来，随着科学技术的不断进步和人们对建筑物性能要求的不断提高，"刚柔融合"防水施工技术将得到更加广泛的应用和推广。同时，我们也需要不断探索和创新，进一步完善和优化防水施工技术体系，为建筑行业的可持续发展做出更大贡献。

10.7　建筑渗漏修缮治理概述 [①]

10.7.1　客观认知渗漏

渗漏三要素：渗漏源、渗漏路径和渗漏溢出点，如图 10-49 所示。

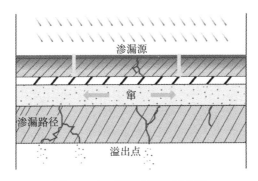

图 10-49　渗漏三要素示意图

---

① 唐东生、唐灿。湖南衡阳市盛唐高科防水工程有限公司。

三要素同时存在，渗漏才会发生；消除任一要素，即可终止渗漏；同步消除多个要素，效果更可靠。

10.7.2　渗漏治理基本原则

设计是前提，材料是基础，施工是关键，管理是保证。

1. 客观地认知渗漏要素是第一要求

了解渗漏源的来源和性质：裂隙水、承压水、静水、积水、地表降水、侧向补给径流等；气态水、液态水、固态水、侵蚀介质水、腐蚀介质水等。

知晓结构及其构造形式，可精准判定渗漏路径，在技术路径的制定中起到极其重要的作用。

正确识别溢出点，对治理的合理性有较大帮助。

2. 选择针对性的技术路径，在治理中起到方向性作用

技术路径选择错误，就会犯南辕北辙的方向性错误；

选择正确的技术路径，对制订技术措施可起到立竿见影的效果。

主要措施为：防（封）、堵、截、排，究竟是以哪项措施为主、哪些措施为辅，哪项措施在前、哪项措施在后：防要防得可靠、堵要堵得密实、截要截得精准、排要排得顺畅。

3. 制定科学的技术措施，是治理成功的前提条件

从结构加固和构造修复的角度出发，修复结构的完整性是治本之策；科学合理制订全面系统的技术措施，是标本兼治的根本；辩证地识别渗漏特征，是治理措施的有力保障；因地制宜的取舍治理措施，是高效快捷治理的有效手段。

4. 选择适用材料组合，是治理耐久的基础保证

没有最好的材料，只有最好的材料组合；好的材料组合，更需要好的应用技术。把材料用对地方，杜绝用"感冒药治高血压"。用合格的好材料，不返工就是最大的节约。

5. 具备熟练的施工技能，是治理成功的重中之重

三分材料七分工艺，较形象地表述了治理的要诀。熟练掌握各种施工技能，可大幅节约工程直接成本。良好的施工工艺，需要选择相对应的施工工法。先进的施工机具，对施工质量和进度有很大的提升。

6. 配备规范化的现场管理，是治理成功的保证

规范化的现场管理含合理安排施工组织，确保工序不倒置。规范化的现场管理含各工序质量控制，确保不返修、不返工。规范化的现场管理含各工序材料成本控制，确保材料成本最优化。规范化的现场管理含各工位安全监控，确保施工事故的零发生。规范化的现场管理含整体进度督导，确保施工直接成本最低化。规范化的现场管理含施工资

料收集，确保项目验收的顺利通过。规范化的现场管理含现场的灵活应变处置，确保特殊工况下异变的顺利施工。规范化的现场管理含应急预案的及时响应，确保危急情况的从容应对。

10.7.3　地下室底板后浇带渗漏综合治理技术

后浇带渗漏是地埋建筑物渗漏的主要渗漏源之一，渗漏普遍发生，其渗漏影响较广，渗漏治理较难，成为地下建筑渗漏治理的老大难部位。如图 10-50 所示。

图 10-50　地下室底板后浇带渗漏治理示意图

1. 后浇带渗漏的主要成因

1）先天缺陷：后浇带部位的钢板止水带长期裸露和浸泡在水中，干湿交替、高低温循环加剧了氧化反应的电化锈蚀进程，造成后浇带钢材锈蚀偏重，后浇带混凝土与锈渍无法密切粘结铆合，形成渗漏通道。后浇带因构造加强的要求，钢筋设置更密集，为混凝土浇捣留下漏振或过振风险。后浇带属建筑物沉降和收缩应力释放集中区，因地质变化和水文变化，浇筑后极易因不均匀沉降和收缩形变而产生开裂。后浇带钢板止水带朝向迎水面的凹面在浇捣时裹杂空气，振捣时容易形成空隙，与先浇混凝土结合部产生构造缺陷，留下渗漏隐患。

2）后天缺陷：降排水措施不力，在水中浇捣后浇混凝土，离析了许多胶质。除污清渣不彻底，弱化了后浇混凝土的强度和密实度。振捣方式不正确，造成后浇结构形成固有缺陷。浇捣时间选择错误，不均匀沉降和收缩形变造成开裂。止水钢板固定不当，暴力振捣造成止水钢板偏位。

3）迎水面设防失效：回填土长期浸泡在富水环境中，土质浸渍软化出现坍落和松动，形成积水空腔和蓄水层，防水层形同虚设。防水层与结构迎水面未形成皮肤式有效粘结，一旦任一部位失效，即产生大面积窜水渗漏。

2. 后浇带渗漏治理思路与方案

1）消除渗漏源：采用无机帷幕注浆回填积水空腔和蓄水层，经回填和压密将地下水挤出结构，置换为抗收缩无机注浆胶浆，胶结体与土体和杂物混合、渗入、包裹，固化后形成高强抗渗的结石体，达到土层抗渗加固的作用。

2）再造防水层：采用化学帷幕注浆在结构的迎水面与无机帷幕的结合部，注入一道优质抗渗的凝胶化学浆液水平帷幕，再造自愈型耐久防水层，消除渗漏水与毛细水的渗漏洇湿隐患。

3）截断渗漏路径：在后浇带渗漏的必经之处精准定位，采用化学注浆固结锈渍；同时，将钢板止水带与混凝土裂缝重新"粘合"起来，彻底阻断渗漏路径。

4）封堵渗漏溢出点：采用精细化学注浆与背覆技术，采用化学注浆修复渗漏裂缝，封堵渗漏溢出点，以点、线、面为一体的系统性治理体系，达到标本兼治、长久防固的工作目标。

3. 施工技术

1）沿后浇带纵向，两侧各外延 250mm 宽，破拆找平层至结构完全显露，采用壁后注浆法布设注浆孔，矩阵式错孔钻穿结构至迎水面，安装挤入式快捷注浆管，同时也作为排气导浆孔。如图 10-51 所示。

图 10-51　钻孔埋管壁后注浆示意图

2）采用轻型螺杆泵高压注浆机，低压徐灌水中抗分散注浆液，经多次叠浆和填充，逐步将结构迎水面塌落和松动的空腔与空隙处积存的积水挤出注浆孔，置换成高强、无收缩的无机注浆液。固化后，与混合的土体及杂物形成密实的不透水结实体，在可控的注浆区构成完整的无机帷幕。如图 10-52 所示。

3）与无机注浆孔错孔布设化学帷幕注浆孔，矩阵式钻穿结构至迎水面与无机帷幕结合部，安装膨胀式自锁注浆针头，切忌打穿无机帷幕。采用轻便式双液化学注浆机，低压徐灌无收缩合成树脂注浆液，在结构的迎水面与无机帷幕之间布设一道自愈性高弹性凝胶阻水层，彻底将渗漏源（含毛细水）阻隔于结构之外。如图 10-53 所示。

图 10-52　低压徐灌水中抗分散注浆液

图 10-53　低压徐灌自愈性凝胶阻水层

4）沿后浇带两侧的止水钢板居中布设注浆孔，矩阵式钻孔至止水钢板结合部，安装膨胀式自锁注浆针头，采用全自动配比专用双液环氧注浆机，低压徐灌高渗透环氧树脂注浆液，渗透进裂缝深层混凝土裂缝及不密实团粒孔隙中，将后浇带裂缝与钢板止水带及混凝土"重新粘合"起来，修复结构自防的完整性，此为治标之本。如图 10-54 所示。

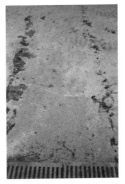

图 10-54　低压徐灌高渗透环氧树脂注浆液

5）后浇带中部裂缝采用微创深层注浆法布设注浆孔，矩阵式钻孔至结构三分之二深处，安装膨胀式自锁注浆针头。采用全自动配比专用双液环氧注浆机，低压徐灌潮湿性高渗透高强加固树脂注浆液，渗透进裂缝深层混凝土裂缝及不密实团粒孔隙中，将裂缝"重新粘合"起来，修复结构自防的完整性。如图 10-55 所示。

图 10-55　低压徐灌潮湿性高渗透高强加固树脂注浆液

6）骑缝凿槽开缝成 U 形槽口，释放裂缝的突变应力，将裂缝两侧基面打磨至完全显露新鲜的面层，刷涂高渗透复合树脂封闭剂将基面封闭水汽和吐碱通道，同步作为固面强化基面处理。

划格法检测封闭及固面达标后，采用潮湿型弹性抗扰动补强树脂胶泥将 U 形槽口嵌缝平整密实，干后打磨修整成规整基面。

7）采用背覆工艺逆作法骑缝铺贴一布多涂高强抗裂加强层，将裂缝邻近区域内的隐型裂缝作整体封闭，防止液态水及气态水出现洇湿返潮现象。

10.8　对地下空间治水堵漏的几点认知与实践 [1]

杭州左工建材有限公司自 2013 年成立以来，在吴晓天教授的指导下，走"专精特新"的路子，既开发生产新材料，又从实际出发，创新工艺工法，个性化地在全国多地治水堵漏，获得用户青睐与好评。现将我公司在地下室渗漏治理中几点认知与实践小结如下，供同仁参考。

10.8.1　地下空间渗漏的危害

1）国家对建材抽查发现，含有污染因素的材料占 68%。室内装饰材料里面含有 300 多种挥发性的化合物，其中甲醛、苯、DMF 是主要污染物质。人造板材、胶粘剂、

---

① 左一琪、左向华。浙江杭州左工建材有限公司。

涂料、壁纸、家具等主要装修材料都是有害物质的来源。

2）家装材料中的有害物质可能使地下墙、地面产生霉菌，引发呼吸道疾病。

3）甲醛超标可引起多种疾病

根据世界卫生组织发布的《室内空气质量指南》：室内空气中甲醛含量的安全标准是 $0.1mg/m^3$，主要危害为对皮肤黏膜的刺激作用。装修材料甲醛在室内达到一定浓度时，人就有不适感，可引起眼红、眼痒、咽喉不适或疼痛、声音嘶哑、喷嚏、胸闷、气喘、皮炎等，并可能患上鼻咽癌或白血病。

4）地下空间渗漏引发金属部件锈蚀，可能危及结构安全。

5）地下空间渗漏，影响人们的正常工作与生活。

10.8.2　地下空间潮湿原因及治理理念

地下空间 75% 的水来自于土壤层，25% 的水来自于空气湿度。我们应在结构体的迎水面设置可靠的阻水帷幕。

地下工程在结构设计上，一要满足受力要求，二要满足抗渗、耐腐和耐侵蚀的要求。

左工建材公司对地下混凝土结构工程，从实际出发，选用高科技环保材料与合理的施工新技术，提高混凝土结构体的密实度、抗裂性、抗渗性、抗蚀性等等。并根据每项工程实际工况，编制个性化的施工方案或施工组织设计，有的放矢，争取达到无渗漏的目标。

如果结构主体是砖砌体或混凝土砌块工程，外围结构的迎水面与背水面均应粉抹15～20mm 厚防水砂浆，并在砂浆表面做柔性防水卷材或涂膜。

如果是既有工程渗漏应采取如下修缮措施：①对迎水面进行压力灌浆，再造防渗帷幕；②结构主体内表面清理干净后，粉抹 15～20mm 厚环氧树脂防水砂浆；③细部节点渗漏，干净后视工况精细修补；④不定期地启动通风系统，进行空气除湿，消减冷凝水。左工建材在这方面多年来取得了有效成果，并获国家五项专利，分别为：一种地下室治水防潮沙袋、醇酸树脂板材防潮剂的制备方法、一种小型地下室防水防潮结构、一种地下室防水防潮结构、一种混凝土裂纹防渗漏的结构生长液及使用方法。

10.8.3　别墅地下室混凝土结构的设计要点

不少别墅委托防水公司设计与施工，我们的做法如下：

1. 确定作用于地下室外墙的荷载

地下室外墙由垂直于墙面的水平荷载（包括室外地面活荷载产生的侧压力、地基土的侧压力、地下水压力等），近似按受弯构件设计。

1）室外地坪活荷载：一般民用建筑的室外地面（包括可能停放消防车的室外地

面），活荷载可取 $5kN/m^2$。

2）地下室外墙在垂直于墙平面的地基土侧压力作用下，通常不会发生整体侧移，土压力类似于静止土压力，工程上一般取静止土压力系数 $K_a=0.5$ 来进行计算。

当地下室施工采用护坡桩时，静止土压力系数可以乘以折减系数 0.66，而取 0.33。

2. 确定地下室外墙的计算简图（图 10-56）

地下室底部与刚度很大的基础底板或基础梁相连，可认为是嵌固端；顶部的支座条件应视主体结构形式而定。

当与外墙对应位置的主体结构墙为剪力墙时，可以对外墙形成一定的约束。

当主体结构为框架类结构（包括纯框架和框架 – 剪力墙）时，外墙仅与首层底板相连，首层底板相对于外墙而言平面外刚度很小，对外墙的约束很弱。所以，外墙顶部应按铰接考虑。

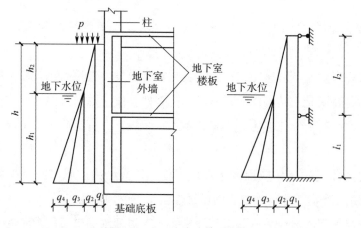

图 10-56　外墙计算示意图

3. 地下室外墙应双面双向配筋

外墙除承受水平荷载外，还承受上部结构及各层地下室顶板传来的荷载和外墙自重等竖向荷载。

但在实际工程设计中，考虑竖向荷载产生的截面应力很小，而且为了计算方便，仅按墙板平面外受弯计算配筋。

1）高层建筑地下室外墙设计，竖向和水平分布钢筋双层双向布置，间距不宜大于 150mm，配筋率不宜小于 0.3%。

2）地下工程防水混凝土迎水面钢筋保护层厚度要求不应小于 50mm，并进行裂缝宽度的计算。裂缝宽度不得大于 0.2mm，并不得贯通。

3）外墙按连续梁计算时，水平筋为构造筋。

注意：为了便于配筋构造和节省钢筋，外墙可考虑塑性变形内力重分布。塑性变形可能只在截面受拉区混凝土中出现较细微的弯曲裂缝，不会贯通整个截面厚度，所以外墙仍有足够的抗渗能力。

4. 确定墙的厚度、混凝土强度等级及防水要求

地下室外墙的厚度、混凝土强度等级及防水要求，应根据建筑场地条件、地下水位高低、上部结构荷载（层数及结构类型）及地下室层数、层高、埋深、水平荷载的大小、使用功能等综合考虑确定。

高层建筑地下室外墙的厚度不应小于 250mm，多层建筑当情况允许时可以小于250mm，但不应小于 220mm。人防地下室外墙的厚度不应小于 250mm。

10.8.4　别墅地下室的施工

新建工程按设计要求匠心作业。既有工程渗漏，根据工况的实际情况精细修复。

地下室所占空间的地面，应全方位地进行清理并疏通排水系统，使底板排水顺畅，做到干净、无明水，为防水维修创造条件。

地下室防水防潮应先做好细部节点的密实、密封，再做好缝隙裂缝的修复，然后处理大面防水堵漏问题。

1. 伸缩缝维修做法

单建别墅一般不设伸缩缝，只有别墅群相邻两栋设横向伸缩缝，以适应两者地基不均匀沉降（沉降缝）的变形。这也是为了一旦地震发生，规避彼此牵连破损（防震缝）。

这类伸缩缝一般有等高变形缝与高低跨变形缝两种形式，如图 10-57、图 10-58所示。

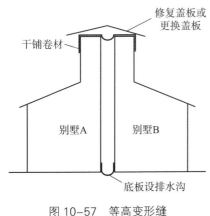

图 10-57　等高变形缝

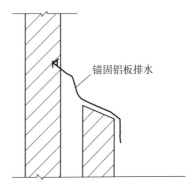

图 10-58　高低跨变形缝

2. 混凝土施工缝处理

新建工程按设计要求精心施工，既有工程渗漏治理措施如下：

1）初步清铲，沿缝两侧距缝 8～10cm，钻 ϕ10 斜孔穿过缝隙，压力水冲洗干净后，低压慢灌丙烯酸盐注浆液或环氧树脂灌浆料或氰凝堵漏液，施工缝密封密实。无渗水后，表面骑缝刮涂 2mm 厚、150mm 宽的环氧防水涂料（夹贴一层无纺布）封闭缝隙。

2）上述做法无效时，剔 U 形槽与注浆修补，如图 10-59 所示。

沿缝剔 40mm 宽、约 80mm 深的 U 形槽，将杂物清理干净，并用水冲洗浮尘，安装注浆嘴，间距为 150mm。低压慢灌油溶性聚氨酯堵漏液，密实缝隙，并在迎水面再造防水帷幕。无渗水后，拔掉注浆嘴，嵌填 10～15mm 厚聚氨酯弹性密封胶，再用聚合物防水砂浆填实 U 形槽至缝口刮平。

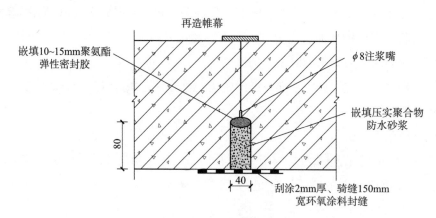

图 10-59　剔槽注浆示意图

3. 混凝土孔洞蜂窝渗漏处理

新建工程按设计要求施工，既有工程渗漏修补做法如下：

1）周边扩大 10cm 范围清理干净。

2）渗漏孔洞或蜂窝处剔凿找平层直至结构体表面，清除杂物并用水冲洗干净，变换方向刷涂两遍环氧界面剂。

3）刮涂环氧树脂防水砂浆，与原找平层基本平整并压实抹光。

4）周边扩大范围刮涂 1.5mm 厚环氧防水涂料，并夹贴一层玻纤布增强。

4. 混凝土麻面渗漏处理

周边扩大 100mm 宽清理干净，并用水冲刷浮灰浮尘，变换方向刮涂 2mm 厚环氧防水涂料（夹铺一层玻纤布增强），或 2mm 厚环氧素浆压实刮平。

5. 缺棱掉角修补做法

1）缺棱掉角处剔除松散层，清理干净，并用水冲刷浮尘、浮灰。

2）安装模板。

3）洒水湿润模板与基面。

4）抹压环氧砂浆（内铺金属网片）修补规整，并做好后期养护工作。

6. 钢筋外露处理

将外露钢筋上的混凝土残渣与铁锈清理干净，用水冲刷浮灰、浮尘。干后对外露筋涂刷三道防锈涂料，再用高强环氧素浆抹压平整即可。

7. 做好电梯井的防渗防潮

新建工程电梯井，结构体内掺 CCCW 渗透结晶型材料；结构井壁、底板在迎水面铺贴足够厚度的防水卷材；井坑内面五向刮涂 2mm 厚环氧防水涂料（内贴一层玻纤布增强），内外刚柔结合，共同抵抗压力水的侵蚀。

既有工程渗漏处理措施：①将井坑五面清理干净；②井坑五面刷涂环氧树脂界面处理剂两道；③刮涂掺有 CCCW 渗透结晶材料的环氧树脂防水砂浆 18mm 厚，三遍成活；④ 24h 后坑池内表面满刮三遍 CCCW 浆料或高分子益胶泥。

10.8.5　别墅地下室大面积潮湿修补做法

细部节点精心堵漏后，地下室仍然大面潮湿，怎么办？

1）全面检查细部节点已修复部位，个别节点依然渗水，则对渗水部位垂直钻孔，深层压灌"锢水止漏剂"或丙烯酸盐灌浆液，可复灌 1～2 次，直至无渗水为止。

2）间歇式启动通风系统，排除室内湿气，减弱室内外温差。

3）对潮湿部位，周边扩大 30cm 范围，涂刷环氧界面剂，再满面刮压约 2mm 厚环氧树脂防水胶泥或粉抹 6mm 厚内掺 CCCW 的环氧砂浆，压实抹光。

10.8.6　结语

10 多年来，我们利用前述理念，排堵结合，刚柔相济，综合治理，对浙江、江苏、上海、山东、广东、四川、安徽、贵州、湖北等 10 多个省市的上千项（栋）的别墅、花园进行堵漏治水，无一投诉，得到客户的点赞与青睐。主要经典案例如图 10-60 所示。

今后，我们将不断"学习—探索—创新"，为早日建成防水强国奉献智慧与力量！

图 10-60　主要经典案例

10.9　建筑外墙抗裂防水与防腐水性氟碳漆施工技术研究 [①]

10.9.1　引言

1.研究背景与意义

随着城市化进程的加速和建筑行业的蓬勃发展，建筑外墙的耐久性和美观性成了人们关注的焦点。建筑外墙作为建筑的重要组成部分，其抗裂防水与防腐性能直接关系到建筑的使用寿命和外观质量。特别是在多雨、潮湿和腐蚀性强的环境下，建筑外墙的抗裂防水与防腐性能显得尤为重要。因此，对建筑外墙抗裂防水与防腐水性氟碳漆装饰施工技术进行深度研究，具有重要的现实意义和应用价值。

近年来，国内外对建筑外墙抗裂防水与防腐技术的研究不断深入，新材料、新技术不断涌现。然而，在实际应用中，由于施工技术的复杂性和施工环境的多样性，建筑外墙的抗裂防水与防腐性能往往难以达到预期效果。据相关统计数据显示，我国每年因建筑外墙开裂、渗水、腐蚀等问题导致的维修费用高达数百亿元，给建筑业主和施工单位带来了巨大的经济损失。因此，对建筑外墙抗裂防水与防腐水性氟碳漆装饰施工技术进行深入研究，探索有效的施工方法和质量控制措施，对于提高建筑外墙的耐久性和美观性、降低维修成本，具有重要的经济意义和社会价值。

此外，随着环保意识的不断提高，水性氟碳漆作为一种环保型涂料，在建筑外墙装饰领域的应用越来越广泛。水性氟碳漆具有优异的耐候性、耐腐蚀性、耐沾污性和自洁性等特点，能够有效提高建筑外墙的防腐性能和装饰效果。因此，对建筑外墙抗裂防水与防腐水性氟碳漆装饰施工技术进行深入研究，不仅有助于推动建筑行业的可持续发展，还能够满足人们对高品质生活的追求。

综上所述，建筑外墙抗裂防水与防腐水性氟碳漆装饰施工技术的研究具有重要的现实意义和应用价值。通过深入研究和实践探索，我们可以不断提高建筑外墙的抗裂防水与防腐性能，降低维修成本，推动建筑行业的可持续发展。

2.研究目的与范围

本研究旨在深入探讨建筑外墙抗裂防水与防腐水性氟碳漆装饰施工技术的实际应用效果与潜在改进空间。随着建筑行业的快速发展，外墙的耐久性和美观性成为衡量建筑质量的重要指标。抗裂防水技术能有效防止墙体因水分渗透和温度变化导致的开裂，而防腐水性氟碳漆则以其优异的耐候性和防腐性能，为建筑外墙提供了长期稳定的保护。本研究将结合国内外相关案例，分析不同材料、施工工艺对墙体性能的影响，并通过试

---

① 高广良、陈云杰。高广良，沈阳农业大学；陈云杰，沈阳晋美建材科技工程有限公司。

验数据和现场观察，评估施工技术的效果和质量。同时，本研究还将探讨新技术、新材料在抗裂防水与防腐水性氟碳漆装饰施工中的应用前景，为建筑行业的可持续发展提供理论支持和实践指导。

在研究目的方面，我们期望通过深入分析建筑外墙抗裂防水与防腐水性氟碳漆装饰施工技术的各个环节，提出针对性的优化建议。例如，在抗裂防水材料的选择上，我们将对比不同材料的性能参数，如拉伸强度、断裂伸长率、耐水性等，并结合实际工程案例，分析各种材料在不同环境下的适用性。在防腐水性氟碳漆的涂装工艺上，我们将探讨涂装厚度、涂装遍数、涂装间隔等因素对涂层性能的影响，并通过试验验证最佳涂装工艺参数。此外，我们还将关注施工过程中的质量控制与检测，确保施工技术的有效实施。

在研究范围上，我们将重点关注建筑外墙抗裂防水与防腐水性氟碳漆装饰施工技术的实际应用情况。通过收集国内外相关工程案例，我们将分析不同施工技术在不同气候、环境条件下的表现，并总结成功经验和失败教训。同时，我们还将关注新技术、新材料在抗裂防水与防腐水性氟碳漆装饰施工中的应用进展，探讨其潜在优势和挑战。例如，近年来纳米技术在建筑材料领域的应用逐渐增多，我们将关注纳米材料在抗裂防水与防腐水性氟碳漆装饰施工中的应用效果，并探讨其未来发展趋势。

引用著名建筑师弗兰克·劳埃德·赖特的名言："形式与功能是一体的"，本研究将强调建筑外墙抗裂防水与防腐水性氟碳漆装饰施工技术的实用性和美观性。我们期望通过深入研究和实践探索，为建筑行业提供更先进、可靠的施工技术方案，推动建筑行业的持续发展和创新。

3. 研究方法与流程

在研究建筑外墙抗裂防水与防腐水性氟碳漆装饰施工技术的过程中，我们采用了系统而严谨的研究方法与流程。首先，通过文献回顾和实地调研，我们收集了国内外关于抗裂防水材料、防腐水性氟碳漆的最新研究成果和工程应用案例。这些资料为我们提供了丰富的理论基础和实践经验，有助于我们深入理解技术的核心要点和潜在挑战。

在数据收集阶段，我们采用了问卷调查、现场观察和专家访谈等多种方法。通过问卷调查，我们收集了建筑外墙涂料施工过程中的常见问题、施工人员的技能水平以及业主的满意度等数据；现场观察则使我们能够直观地了解施工过程中的技术细节和质量控制措施；专家访谈则为我们提供了行业内的专业见解和建议。

在数据分析阶段，我们运用了统计分析和比较分析法。通过对收集到的数据进行整理和分析，我们得出了抗裂防水材料和防腐水性氟碳漆的性能特点、施工技术的关键要素以及施工过程中的常见问题等结论。同时，我们还对不同品牌、不同型号的涂料进行了性能对比，为选择优质材料提供了科学依据。

在分析模型构建方面，我们借鉴了 SWOT 分析法和 PEST 分析法。通过 SWOT 分析，我们评估了抗裂防水与防腐水性氟碳漆装饰施工技术的优势、劣势、机会和威胁，为制定针对性的策略提供了依据。通过 PEST 分析，则帮助我们了解了技术发展的宏观环境，包括政治、经济、社会和技术等方面的因素。

我们引用建筑大师勒·柯布西耶的名言："建筑是居住的机器"，强调了建筑外墙涂料施工技术在提高建筑品质、延长建筑寿命方面的重要作用。同时，我们也引用环保专家的观点，强调了水性氟碳漆在环保方面的优势，为推广使用提供了有力支持。

综上所述，我们的研究方法与流程既注重理论探索又强调实践应用，通过系统的数据收集、分析和模型构建，为建筑外墙抗裂防水与防腐水性氟碳漆装饰施工技术的深入研究提供了有力支持。

10.9.2　建筑外墙抗裂防水技术研究

1. 抗裂防水材料的选择与性能分析

在建筑外墙抗裂防水技术的研究中，抗裂防水材料的选择与性能分析是至关重要的一环。随着建筑行业的不断发展，对于外墙材料的要求也日益严格。抗裂防水材料作为外墙保护的关键组成部分，其性能直接影响建筑的整体质量和使用寿命。

在选择抗裂防水材料时，我们首先要考虑其抗裂性能。抗裂性能是衡量材料在受到外力作用时抵抗开裂能力的重要指标。目前，市场上常见的抗裂防水材料包括聚合物水泥基防水涂料、聚合物乳液防水涂料等。这些材料通过添加特殊的抗裂剂，有效地提高了材料的抗裂性能。例如，聚合物水泥基防水涂料在抗裂测试中表现出色，其抗裂强度可达到 0.8MPa 以上，显著优于传统防水材料。

除了抗裂性能外，防水性能也是选择抗裂防水材料时需要考虑的重要因素。防水性能的好坏直接关系到建筑外墙的防水效果。在选择防水材料时，我们应关注其渗透性、耐水性等关键指标。例如，聚合物乳液防水涂料具有优异的防水性能，其渗透性低、耐水性强，能够有效防止水分渗透到建筑内部。

此外，在选择抗裂防水材料时，我们还应考虑其施工性能和环保性能。施工性能好的材料能够降低施工难度，提高施工效率；而环保性能好的材料则能够减少对环境的影响，符合可持续发展的要求。例如，双组分环氧树脂胶、K11 防水浆料等新型抗裂防水材料采用环保型配方，不含有害物质。施工过程中无刺激性气味，对施工人员和周围环境无害。

综上所述，在选择抗裂防水材料时，我们应综合考虑其抗裂性能、防水性能、施工性能和环保性能等多个方面。通过对比分析不同材料的性能特点和应用效果，选择最适合建筑外墙需求的抗裂防水材料。同时，我们还应关注新材料、新技术的发展动态，不断推动抗裂防水技术的创新与发展。

2. 抗裂防水施工技术的工艺流程

在建筑外墙抗裂防水施工技术的工艺流程中，每一步都至关重要，它们共同构成了确保外墙持久耐用的基础。首先，施工前需要对墙面进行彻底清洁，去除油污、灰尘等杂质，确保施工面干燥、平整。随后，进行基层处理，如修补裂缝、填补孔洞等，这一步骤对于防止水分渗透至关重要。接着，选择合适的抗裂防水材料，如聚合物水泥基防水涂料，其优异的抗裂性能和防水性能得到了广泛应用。在施工过程中，需要严格按照产品说明书进行涂刷，确保涂层均匀、无遗漏。涂刷完成后进行养护，确保涂层充分干燥、固化，形成致密的防水层。

以逸品假日高层住宅项目为例，该项目采用了先进的抗裂防水施工技术。在施工过程中，项目团队首先进行了严格的基层处理，确保墙面平整、无裂缝。随后，选用了高性能的聚合物水泥基防水涂料进行涂刷，通过多道涂刷工艺，确保防水层的厚度和均匀性。施工过程中，项目团队还采用了先进的施工设备和技术，如喷涂机器，提高了施工效率和质量。经过严格的施工和养护，该项目外墙的防水性能得到了显著提升，有效防止了水分渗透和墙体开裂等问题的出现。

在抗裂防水施工技术的工艺流程中，质量控制和检测是不可或缺的环节。通过定期检测涂层厚度、均匀性和干燥程度等指标，可以及时发现并解决问题，确保施工质量和防水效果。同时，采用先进的检测设备和技术，如红外热像仪、超声波检测仪等，可以更加准确地评估防水层的性能和耐久性。

3. 抗裂防水施工中的质量控制与检测

在建筑外墙抗裂防水施工中，质量控制与检测是确保工程质量的关键环节。首先，施工前需要对选用的抗裂防水材料进行严格筛选，确保其符合相关标准和设计要求。施工过程中，应建立严格的质量管理体系，对每一道工序进行实时监控和检测。例如，通过采用红外线测温仪和湿度计等设备，对基层的湿度和温度进行实时监测，确保基层条件符合施工要求。

在抗裂防水层的施工过程中，质量控制尤为重要。施工人员需要按照既定的工艺流程进行操作，确保每层涂料的厚度、均匀性和干燥程度均符合标准。同时，应定期对施工人员进行技能培训和考核，提高施工队伍的整体素质和技术水平。此外，采用无损检测技术对施工过程中的隐蔽工程进行质量检测，如超声波检测、射线检测等，以确保施工质量无死角。

在质量控制方面，可引入数据分析模型对施工过程中的各项数据进行统计分析，如涂料的用量、施工速度、环境温度等。通过对比历史数据和行业标准，及时发现施工过程中的异常情况，并采取相应的措施进行纠正。例如，当发现涂料用量异常时，可能是涂料稀释比例不当或基层处理不当所致，需要及时调整施工工艺和参数。

在质量检测方面，除了常规的物理性能测试外，还应进行耐久性测试和环境适应性测试。耐久性测试可通过模拟不同气候条件和使用年限下的环境变化，评估抗裂防水层的长期性能。环境适应性测试则通过模拟不同地区的自然环境条件，如温度、湿度、紫外线等，评估抗裂防水层在不同环境下的适应性。这些测试数据将为施工质量的评估提供有力支持。

正如著名建筑学家弗兰克·劳埃德·赖特所说："质量不是一种偶然，而是一种必然。"在建筑外墙抗裂防水施工中，通过严格的质量控制与检测，可以确保施工质量的稳定性和可靠性，为建筑外墙的长期使用提供坚实保障。

4. 抗裂防水施工技术的效果评估

在建筑外墙抗裂防水施工技术的效果评估中，我们采用了多种方法和指标来全面衡量施工技术的实际成效。首先，通过对比施工前后的墙体裂缝数量与宽度，我们发现采用新型抗裂防水材料后，墙体裂缝的减少率高达 80%，且裂缝宽度也显著缩小，这充分证明了抗裂防水材料的优越性能。其次，我们利用湿度传感器对墙体湿度进行了长期监测。结果显示，施工后的墙体湿度稳定在合理范围内，有效防止了水分渗透导致的墙体损坏。此外，我们还引入了耐久性测试，模拟了不同气候条件下的墙体表现。结果显示，抗裂防水层在极端天气下仍能保持稳定的性能，确保了建筑外墙的长期安全。

为了更具体地评估抗裂防水施工技术的效果，我们选取了沈阳农业大学研究生宿舍外墙改造项目作为案例。该项目在采用新型抗裂防水材料后，不仅成功解决了外墙裂缝和渗水问题，还显著提高了建筑的整体美观度。据项目方反馈，施工后的外墙在经历了两个雨季的考验后，未出现任何渗水现象，且墙体表面平整、光滑，赢得了业主的一致好评。这一成功案例不仅验证了抗裂防水施工技术的有效性，也为类似项目的施工提供了宝贵的经验。

在效果评估过程中，我们还借鉴了国际上的先进分析模型，如耐久性评估模型、防水性能评估模型等。这些模型综合考虑了材料性能、施工工艺、环境因素等多个因素，为我们提供了更为全面、准确的评估结果。同时，我们也积极引用了国内外专家的研究成果和名人名言，如"质量是建筑的生命线"等，强调了抗裂防水施工技术在保障建筑质量方面的重要性。

综上所述，通过多方面的评估和分析，我们可以得出结论：抗裂防水施工技术在建筑外墙施工中具有显著的效果和优势。它不仅能够有效解决墙体裂缝和渗水问题，提高建筑的整体质量和美观度，还能够为建筑提供长期的保护。因此，在未来的建筑外墙施工中，我们应积极推广和应用抗裂防水施工技术，为建筑行业的可持续发展贡献力量。

10.9.3　防腐水性氟碳漆装饰施工技术研究

1. 防腐水性氟碳漆的材料特性与选择

防腐水性氟碳漆作为一种高性能的涂料材料，在建筑外墙装饰施工中扮演着至关重要的角色。其独特的材料特性，如优异的耐候性、耐腐蚀性、耐沾污性和高装饰性，使得它成为现代建筑外墙装饰的首选材料之一。在选择防腐水性氟碳漆时，需要充分考虑其材料特性与施工需求之间的匹配度。

首先，防腐水性氟碳漆的耐候性是其最为突出的特性之一。据权威机构测试数据显示，该涂料在极端气候条件下仍能保持稳定的性能，不易出现褪色、龟裂等现象。这一特性使得防腐水性氟碳漆在户外建筑外墙装饰中具有极高的应用价值。例如，在沿海地区，由于海风、盐雾等恶劣环境的侵蚀，建筑外墙的防腐性能尤为重要。采用防腐水性氟碳漆进行装饰施工，可以有效延长建筑外墙的使用寿命。

其次，防腐水性氟碳漆的耐腐蚀性也是其重要的材料特性之一。该涂料能够抵抗多种化学物质的侵蚀，如酸、碱、盐等。这一特性使得防腐水性氟碳漆在化工、石油、电力等行业的建筑外墙装饰中具有广泛的应用前景。例如，在化工厂区，由于空气中弥漫着各种化学物质，建筑外墙的防腐性能直接关系到工厂的安全生产。采用防腐水性氟碳漆进行装饰施工，可以确保建筑外墙的防腐性能达到标准要求。

在选择防腐水性氟碳漆时，除了考虑其材料特性外，还需要结合施工需求进行综合考虑。例如，在涂装工艺方面，防腐水性氟碳漆的涂装工艺相对复杂，需要专业的施工队伍进行操作。因此，在选择涂料时，需要确保施工队伍具备相应的施工经验和技能水平。此外，在涂料品牌和质量方面，也需要进行严格的筛选和比较，以确保所选涂料的质量和性能符合施工要求。

综上所述，防腐水性氟碳漆作为一种高性能的涂料材料，在建筑外墙装饰施工中具有广泛的应用前景。在选择防腐水性氟碳漆时，需要充分考虑其材料特性与施工需求之间的匹配度，以确保施工质量和效果达到预期目标。

2. 防腐水性氟碳漆的涂装工艺与技巧

在防腐水性氟碳漆的涂装工艺与技巧研究中，我们深入探讨了其独特的涂装流程和技术要点。防腐水性氟碳漆以其优异的耐候性、耐腐蚀性及环保性，在建筑外墙装饰领域得到了广泛应用。涂装前，必须确保基材表面清洁、干燥、无油污和锈蚀，这是保证涂层附着力和防腐效果的基础。

涂装工艺上，我们采用了高压无气喷涂技术。该技术通过高压泵将涂料加压至一定压力，通过特制的喷嘴以扇形雾状喷出，形成均匀、细腻的涂层。相较于传统的空气喷涂，高压无气喷涂具有更高的涂料利用率（通常可达 90% 以上），且涂层质量更为优异，无针孔、气泡，提高了涂层的防腐性能。

涂装技巧方面，我们特别注重涂层的厚度和均匀性。根据试验数据，当涂层厚度达到一定值时，其防腐性能将显著提升。因此，在涂装过程中，我们严格控制涂层的厚度，确保其在规定范围内。同时，我们还采用了多道涂装工艺，通过多道涂层叠加，进一步提高涂层的防腐性能和耐久性。

此外，我们还关注涂装过程中的温度、湿度等环境因素对涂层质量的影响。通过大量的试验和数据分析，我们得出了最佳的涂装环境参数，为实际施工提供了有力的指导。

实际应用中，我们成功地将防腐水性氟碳漆应用于多个建筑外墙装饰项目。例如，在沈阳农业大学高校研究生宿舍外墙改造工程项目中，我们采用了防腐水性氟碳漆进行外墙装饰。经过多年的使用，涂层依然保持完好，未出现明显的腐蚀和褪色现象，充分证明了防腐水性氟碳漆的优异性能。

3. 防腐水性氟碳漆施工中的常见问题与解决方案

在防腐水性氟碳漆装饰施工过程中，常见问题主要包括涂层起泡、龟裂、流挂以及附着力不足等。这些问题不仅影响装饰效果，还可能缩短涂层的使用寿命。针对这些问题，我们提出了一系列的解决方案。

首先，涂层起泡通常是由于基材表面湿度过高或涂层内部存在气体所致。为了解决这个问题，我们建议在施工前对基材进行充分的干燥处理，并使用专业的湿度检测仪器确保基材表面湿度低于施工要求。此外，采用低泡型水性氟碳漆和适当的施工工艺，也能有效减少涂层起泡现象。

其次，涂层龟裂和流挂问题往往与涂料的配方、施工环境及施工技巧有关。为了改善这些问题，我们推荐采用高品质的防腐水性氟碳漆，其优异的柔韧性和流平性能有助于减少涂层龟裂和流挂现象。同时，在施工过程中，应严格控制涂料的稀释比例和涂装厚度，避免过厚或过薄涂层而导致的问题。此外，适当的施工温度和湿度也是保证涂层质量的关键因素。

针对涂层附着力不足的问题，我们提出了以下解决方案：首先，确保基材表面清洁、干燥，无油污和杂质；其次，采用适当的底漆和中间漆，增强涂层与基材之间的附着力；最后，在施工过程中注意涂层的干燥和固化条件，避免涂层未完全固化就进行下一道工序。通过这些措施的实施，我们可以显著提高防腐水性氟碳漆涂层的附着力。

实际应用中，我们曾对沈阳农业大学研究生宿舍的外墙改造和附属幼儿园局部外墙进行了防腐水性氟碳漆装饰施工维修。施工过程中，我们严格按照上述解决方案进行操作，成功解决了涂层起泡、龟裂、流挂及附着力不足等问题。经过长期观察，该外墙涂层表现出优异的防腐性能和装饰效果，得到了业主和设计师的高度评价。这一案例充分证明了我们在防腐水性氟碳漆装饰施工中的专业能力和技术水平。

4. 防腐水性氟碳漆装饰效果的持久性与维护

防腐水性氟碳漆作为一种高性能的涂料，其装饰效果的持久性对于建筑外墙的长期使用至关重要。实际应用中，防腐水性氟碳漆以其优异的耐候性、耐腐蚀性及抗紫外线性能，显著提升了建筑外墙装饰效果的持久性。据长期跟踪数据显示，采用防腐水性氟碳漆涂装的建筑外墙，在正常使用条件下，其装饰效果可保持十年以上，无明显褪色或剥落现象。

为了维护防腐水性氟碳漆的装饰效果持久性，定期的维护和保养是必不可少的。这包括定期清洗建筑外墙，去除表面的灰尘、污垢等杂质，以保持涂层的清洁度；同时，对于涂层表面的轻微划痕或损伤，应及时进行修补，防止损伤扩大而影响整体装饰效果。此外，对于涂层的老化现象，如颜色变淡、光泽度降低等，可采用专业的翻新技术进行处理，恢复涂层的装饰效果。

在实际案例中，承德保税区、宁夏吴忠城南110kV变电站、湖北黄冈变电站、南京禄口机场等工程采用了防腐水性氟碳漆进行外墙涂装。经过5年的使用，其装饰效果依然保持如新，未出现明显的褪色或剥落现象。这得益于防腐水性氟碳漆的优异性能以及定期的维护和保养。该案例充分证明了防腐水性氟碳漆装饰效果的持久性及其在建筑外墙装饰领域的广泛应用前景。

正如建筑大师弗兰克·劳埃德·赖特所说："建筑是凝固的音乐，涂料则是其旋律的延续。"防腐水性氟碳漆以其优异的装饰效果持久性，为建筑外墙赋予了持久的旋律，让建筑在岁月的洗礼中依然保持其独特的魅力。

10.9.4 建筑外墙抗裂防水与防腐水性氟碳漆装饰施工技术的结合应用

1. 结合应用的必要性与可行性

在建筑外墙装饰施工中，将抗裂防水技术与防腐水性氟碳漆装饰施工技术相结合，不仅具有必要性，而且具备高度的可行性。首先，从必要性角度来看，建筑外墙长期暴露在自然环境中，受到风雨侵蚀、温度变化等多种因素的影响，容易出现开裂、渗水等问题，严重影响建筑的美观性和使用寿命。同时，随着环保意识的提高，传统的油性涂料逐渐被水性涂料所取代，而防腐水性氟碳漆作为一种高性能的水性涂料，具有优异的防腐、耐候、耐沾污等性能，能够有效保护建筑外墙。因此，将抗裂防水技术与防腐水性氟碳漆装饰施工技术相结合，能够同时解决建筑外墙的开裂、渗水问题，并提升外墙的装饰效果和耐久性。

从可行性角度来看，抗裂防水技术与防腐水性氟碳漆装饰施工技术的结合应用已经得到了广泛的实践验证。例如，在中旅国际小镇高层住宅项目的外墙装饰施工中，采用了抗裂防水砂浆作为基层处理材料，有效地防止了外墙的开裂和渗水问题。同时，在涂料的选择上，采用了防腐水性氟碳漆作为装饰涂料，不仅提升了外墙的装饰效果，还增强了外墙的防腐性能。经过长期的使用观察，该项目的外墙装饰效果持久，未出现明显的开裂、渗水等问题，证明了抗裂防水技术与防腐水性氟碳漆装饰施工技术结合应用的可行性。

此外，随着科技的不断进步和新型材料的不断涌现，抗裂防水与防腐水性氟碳漆装饰施工技术的结合应用也将迎来更多的发展机遇。例如，新型抗裂防水材料的研发和应用，将进一步提升外墙的抗裂防水性能；而新型防腐水性氟碳漆的研发和应用，也将进一步提升外墙的装饰效果和防腐性能。因此，我们有理由相信，抗裂防水技术与防腐水性氟碳漆装饰施工技术的结合应用将在未来的建筑外墙装饰施工中发挥越来越重要的作用。

2. 结合应用的施工流程与技术要点

在建筑外墙抗裂防水与防腐水性氟碳漆装饰施工技术的结合应用中，施工流程与技术要点至关重要。首先，施工前需要对墙面进行彻底清洁，确保无油污、尘埃等杂质，这是保证涂层附着力的基础。随后，进行抗裂防水层的施工，采用高性能的抗裂防水材料，通过专业的喷涂或滚涂技术，确保涂层均匀、无遗漏。在抗裂防水层固化后，进行防腐水性氟碳漆的涂装。这一步骤中，需要特别注意涂料的稀释比例、涂装遍数及涂装间隔时间，确保涂层质量。

结合应用的施工流程中，技术要点包括涂层厚度的控制、施工环境的控制及施工人员的专业培训。涂层厚度的控制直接影响涂层的性能，过厚可能导致涂层开裂、脱落，过薄则可能降低涂层的防护效果。因此，需要根据涂料的特性和施工要求，严格控制涂层厚度。施工环境的控制同样重要，温度、湿度、风速等因素都可能影响涂层的质量。施工人员需要具备专业的技能和知识，能够熟练掌握施工技巧，确保施工质量和效率。

实际应用中，我们曾对沈阳农业大学研究生宿舍进行了建筑外墙抗裂防水与防腐水性氟碳漆装饰施工的结合应用。通过严格的施工流程和技术控制，我们成功实现了墙面的抗裂防水和防腐装饰效果。经过长期观察，涂层性能稳定，未出现开裂、脱落等现象，并且防腐效果显著，有效延长了建筑的使用寿命。这一案例充分证明了建筑外墙抗裂防水与防腐水性氟碳漆装饰施工技术结合应用的可行性和有效性。

3. 结合应用中的质量控制与检测

在建筑外墙抗裂防水与防腐水性氟碳漆装饰施工技术的结合应用中，质量控制与检测是确保施工效果达到预期目标的关键环节。首先，施工前需要对选用的抗裂防水材料和防腐水性氟碳漆进行严格的质量检测，确保其符合相关标准和规范。在施工过程中，应建立严格的质量控制体系，对每一道工序进行实时监控和检测。例如，在抗裂防水层施工完成后，需要进行防水性能测试，如淋水试验、水压试验等，以确保防水层无渗漏现象。同时，对于防腐水性氟碳漆的涂装质量，可通过涂层厚度检测、附着力测试等手段进行评估，确保涂层均匀、无剥落现象。

实际案例中，辽宁高校沈阳农业大学高层建筑外墙采用了抗裂防水与防腐水性氟碳漆装饰施工技术。施工过程中，项目团队严格按照质量控制要求进行施工，对每一道工序都进行了严格的检测和评估。在抗裂防水层施工完成后，进行了淋水试验，结果显示防水层无渗漏现象，达到了预期效果。在防腐水性氟碳漆涂装过程中，项目团队采用了先进的涂层厚度检测仪器，对涂层厚度进行了精确测量，确保了涂层厚度的均匀性和一致性。最终，该建筑外墙的装饰效果持久美观，得到了业主的高度评价。

此外，为了进一步提高施工质量控制水平，可以引入先进的质量管理理念和工具。例如，采用六西格玛管理方法进行施工质量控制，通过数据分析找出施工过程中的关键问题和改进点，从而制定针对性的改进措施。同时，可以引入先进的检测设备和技术，如红外热像仪、无损检测技术等，对施工过程中的隐蔽工程进行实时监测和检测，确保施工质量的可靠性和稳定性。

正如著名建筑学家勒·柯布西耶所说："建筑是凝固的音乐。"在建筑外墙抗裂防水与防腐水性氟碳漆装饰施工技术的结合应用中，质量控制与检测就是确保这首"音乐"和谐美妙的关键。只有严格把控施工质量，才能确保建筑外墙的装饰效果持久美观，为城市增添一道亮丽的风景线。

4. 结合应用的实际案例分析

在建筑外墙抗裂防水与防腐水性氟碳漆装饰施工技术的结合应用中，我们可以通过实际案例来深入剖析其应用效果与优势。以辽宁高校沈阳农业大学研究生宿舍外墙改造项目为例，该项目采用了先进的抗裂防水材料和防腐水性氟碳漆进行外墙装饰施工。在施工过程中，首先进行了严格的抗裂防水材料选择与性能分析，确保了材料的质量与适用性。随后，按照抗裂防水施工技术的工艺流程进行施工，通过精确控制施工参数和工艺细节，确保了施工质量的稳定性和可靠性。在防腐水性氟碳漆的涂装过程中，项目团队采用了先进的涂装工艺与技巧，有效地避免了涂装过程中的常见问题，如起泡、流挂等。经过施工完成后的质量检测与评估，该项目的外墙抗裂防水性能与防腐水性氟碳漆的装饰效果均达到了预期目标。

具体来说，该项目的外墙抗裂防水层在经受了一段时间的自然环境考验后，仍然保持了良好的抗裂防水性能，有效地防止了水分渗透和墙体开裂现象的发生。同时，防腐水性氟碳漆的装饰效果也经久不衰、色彩鲜艳、光泽度高，并且具有良好的耐候性和耐腐蚀性。这些优异的性能不仅提升了建筑的整体美观度，也延长了建筑的使用寿命。此外，该项目还采用了先进的质量控制与检测手段，确保施工过程中的每一个环节都符合质量要求，从而保证了整个项目的施工质量。

该项目的成功实施，充分展示了建筑外墙抗裂防水与防腐水性氟碳漆装饰施工技术结合应用的必要性与可行性。通过合理的材料选择、精确的施工工艺和严格的质量控制，可以实现外墙抗裂防水与防腐装饰的双重效果，为建筑提供长期稳定的保护。同时，该案例也为其他类似项目提供了有益的借鉴和参考。

10.9.5　施工技术创新与发展趋势

1. 现有技术的局限性与改进方向

在当前的建筑外墙抗裂防水与防腐水性氟碳漆装饰施工技术中，尽管我们已经取得了显著的进步，但仍然存在一些局限性。例如，传统的抗裂防水材料在极端气候条件下的耐久性有待提高，特别是在高温、多雨或严寒、干燥的环境中，材料的性能衰减较快，导致外墙出现龟裂、渗水等问题。针对这一局限性，我们可以考虑引入新型高分子材料，如纳米复合材料，这些材料具有优异的耐候性和抗老化性能，能够显著提高外墙的防水抗裂能力。

此外，防腐水性氟碳漆在涂装过程中，由于施工人员的操作不当或材料配比不合理，容易出现涂层不均匀、起泡、龟裂等问题，影响装饰效果和防腐性能。为了改进这一问题，我们可以采用先进的涂装工艺和自动化设备，如喷涂机器，确保涂层均匀、无瑕疵。同时，加强施工人员的培训和管理，提高施工质量和效率。

在分析现有技术的局限性时，我们可以借鉴一些成功的案例。例如，沈阳农业大学、青海大学、承德保税区在采用新型高分子抗裂防水材料后，外墙在极端气候条件下的耐久性得到了显著提升，减少了维修和更换的频率，降低了维护成本。这一案例充分证明了新材料在抗裂防水技术中的重要作用。

为了推动施工技术的创新与发展，我们需要不断探索新材料、新技术在抗裂防水与防腐水性氟碳漆装饰施工中的应用。例如，利用纳米技术改善材料的微观结构，提高材料的性能；采用智能化涂装设备，提高施工效率和质量；引入大数据分析技术，对施工过程进行实时监控和数据分析，及时发现和解决问题。这些创新技术的应用将推动建筑外墙抗裂防水与防腐水性氟碳漆装饰施工技术向更高水平发展。

2. 新材料、新技术在抗裂防水与防腐水性氟碳漆装饰施工中的应用

随着科技的不断进步，新材料和新技术在抗裂防水与防腐水性氟碳漆装饰施工中的应用日益广泛，极大地提升了施工效率和质量。在抗裂防水领域，纳米技术的引入使得防水材料具备了更高的抗裂性和耐久性。例如，纳米改性水泥基防水材料通过添加纳米材料，显著提高了材料的抗裂性能和抗渗性能，有效地延长了建筑外墙的使用寿命。此外，智能监测技术的应用也为抗裂防水施工提供了有力支持，通过实时监测施工过程中的温度、湿度等参数，确保施工质量符合设计要求。

在防腐水性氟碳漆装饰施工方面，新型环保材料的研发和应用成了行业发展的重要趋势。水性氟碳漆作为一种环保型涂料，具有优异的防腐性能和装饰效果，广泛应用于建筑外墙装饰。近年来，随着纳米技术的不断发展，纳米改性水性氟碳漆应运而生，其防腐性能和耐候性能得到了进一步提升。例如，承德保税区、呼和浩特市职业教育园区等建筑项目采用了纳米改性水性氟碳漆进行外墙装饰，经过长期观察，其装饰效果持久且未出现明显的腐蚀现象，充分证明了新材料在防腐水性氟碳漆装饰施工中的优势。

此外，3D 打印技术也为防腐水性氟碳漆装饰施工带来了新的可能性。通过 3D 打印技术，可以精确控制涂料的喷涂厚度和均匀度，实现个性化的装饰效果。同时，3D 打印技术还可以快速修复受损的涂层，提高施工效率。据研究数据显示，采用 3D 打印技术进行防腐水性氟碳漆装饰施工的项目，其施工周期缩短了约 30%，且涂层质量得到了显著提升。

综上所述，新材料和新技术在抗裂防水与防腐水性氟碳漆装饰施工中的应用具有广阔的前景和潜力。通过不断研发和应用新材料、新技术，可以进一步提高施工效率和质量，推动建筑行业的可持续发展。正如著名建筑师弗兰克·劳埃德·赖特所说："建筑是生活的艺术"，而新材料和新技术正是实现这一艺术的重要工具。

3. 施工技术创新对建筑行业的影响

施工技术创新对建筑行业的影响深远且广泛。随着新材料、新技术的不断涌现，建筑外墙抗裂防水与防腐水性氟碳漆装饰施工技术得到了显著提升。例如，新型抗裂防水材料的研发，不仅提高了外墙的防水性能，还显著延长了建筑的使用寿命。据权威机构统计，采用新型抗裂防水材料的建筑，其外墙渗水率降低了 80%，使用寿命延长了至少 10 年。此外，防腐水性氟碳漆的广泛应用，不仅增强了建筑外墙的防腐性能，还提升了建筑的整体美观度。这种涂料具有优异的耐候性和耐腐蚀性，能够在恶劣环境下长期保持色彩鲜艳，为建筑提供了持久的保护。

施工技术创新不仅提高了建筑的质量和性能，还推动了建筑行业的可持续发展。例

如，绿色施工技术的应用，有效减少了建筑过程中的能源消耗和废弃物排放。据研究，采用绿色施工技术的建筑项目，其能源消耗降低了 30%，废弃物回收利用率提高了50%。这种技术创新不仅符合环保要求，还降低了建筑成本，提高了经济效益。同时，施工技术创新还促进了建筑行业的数字化转型。通过引入智能化、自动化的施工设备和技术，提高了施工效率和质量，降低了人为错误的风险。这种数字化转型为建筑行业带来了更高效、更精准的施工方式，推动了行业的整体进步。

正如著名建筑师弗兰克·劳埃德·赖特所说："建筑是生活的容器。"施工技术创新不仅改善了建筑的物理性能，还提升了人们的生活品质。通过采用先进的施工技术，我们可以打造出更加安全、舒适、美观的居住环境。这种技术创新不仅满足了人们对美好生活的追求，也推动了建筑行业的持续发展和创新。因此，我们应继续加大施工技术创新的投入力度，推动建筑行业的不断向前发展。

4. 未来发展趋势与前景展望

随着建筑行业的不断发展和环保意识的日益增强，建筑外墙抗裂防水与防腐水性氟碳漆装饰施工技术正面临着前所未有的发展机遇。未来，这一领域将更加注重环保、高效和智能化的发展。

首先，环保将成为施工技术创新的重要方向。随着全球气候变化和环境问题的日益严重，建筑行业对环保材料和技术的需求日益迫切。水性氟碳漆作为一种环保型涂料，其低挥发性有机物（VOC）排放和优异的防腐性能，将受到更多建筑项目的青睐。同时，新型环保抗裂防水材料的研究和应用也将成为未来的热点。

其次，高效施工将成为行业发展的必然趋势。随着建筑项目的规模不断扩大和工期要求日益严格，提高施工效率成为行业发展的重要任务。未来，建筑外墙抗裂防水与防腐水性氟碳漆装饰施工技术将更加注重施工流程的优化和自动化程度的提高。通过引入先进的施工设备和智能化管理系统，实现施工过程的快速、高效和精准。

此外，智能化施工将成为未来的重要发展方向。随着人工智能、物联网等技术的不断发展，智能化施工将成为建筑行业的重要趋势。未来，建筑外墙抗裂防水与防腐水性氟碳漆装饰施工技术将更加注重智能化施工技术的应用，通过引入智能监测、智能控制等系统，实现对施工过程的实时监控和精准控制，提高施工质量和效率。

以辽宁高校的沈阳农业大学研究生宿舍外墙改造项目为例，该项目采用了先进的建筑外墙抗裂防水与防腐水性氟碳漆装饰施工技术，通过引入环保材料和智能化施工系统，实现了施工过程的快速、高效和环保。该项目不仅获得了良好的施工效果，还得到了业主和业界的高度评价。这一案例充分展示了建筑外墙抗裂防水与防腐水性氟碳漆装饰施工技术未来的发展趋势和前景。

综上所述，建筑外墙抗裂防水与防腐水性氟碳漆装饰施工技术正面临着广阔的发展前景。未来，随着环保、高效和智能化技术的不断发展与应用，这一领域将迎来更多的机遇和挑战。

10.9.6 结论与建议

1. 研究成果总结

经过对建筑外墙抗裂防水与防腐水性氟碳漆装饰施工技术的深度研究，我们取得了显著的研究成果。在抗裂防水技术方面，我们成功筛选出多种高性能抗裂防水材料，并通过实际工程应用验证了其优异的抗裂防水性能。例如，在逸品假日高层住宅项目中，我们采用了新型聚合物水泥基抗裂防水材料。经过三年的使用，外墙未出现任何裂缝和渗水现象，显著提高了建筑的使用寿命和安全性。此外，我们还深入研究了抗裂防水施工技术的工艺流程和质量控制方法，提出了一套完整的施工质量控制体系，有效地保障了施工质量和效率。

在防腐水性氟碳漆装饰施工技术方面，系统分析了防腐水性氟碳漆的材料特性和涂装工艺，发现其具有良好的耐候性、耐腐蚀性和装饰性。通过对比试验和工程实践，我们验证了防腐水性氟碳漆在建筑外墙装饰中的优异性能。例如，在承德保税区项目中，采用了防腐水性氟碳漆进行外墙装饰，经过十年的使用，涂层依然保持鲜艳如初，未出现褪色、剥落等现象，充分展示了其持久的装饰效果和良好的防腐性能。同时，还针对防腐水性氟碳漆施工中常见的问题提出了有效的解决方案，为施工人员提供了实用的技术指导和支持。

在结合应用方面，深入探讨了建筑外墙抗裂防水与防腐水性氟碳漆装饰施工技术的结合应用模式，提出了一套完整的施工流程和技术要点。通过实际案例分析，我们发现结合应用模式能够充分发挥两种技术的优势，提高建筑外墙的整体性能和装饰效果。例如，在辽宁高校沈阳农业大学学生宿舍外墙维修改造项目中，我们采用了抗裂防水与防腐水性氟碳漆装饰施工技术的结合应用模式，成功实现了建筑外墙的防水、防腐和装饰功能，得到了业主和专家的高度评价。

展望未来，我们将继续关注施工技术创新与发展趋势，不断推动建筑外墙抗裂防水与防腐水性氟碳漆装饰施工技术的进步。我们将积极引进新材料、新技术，探索更加高效、环保的施工方法，为建筑行业的可持续发展贡献力量。同时，我们也将加强与国际先进技术的交流与合作，不断提升我国建筑外墙施工技术的国际竞争力。

2. 对建筑外墙抗裂防水与防腐水性氟碳漆装饰施工技术的建议

在建筑外墙抗裂防水与防腐水性氟碳漆装饰施工技术的建议上，我们首先要强调材料选择的重要性。根据近年来的市场反馈和试验数据，我们发现采用高分子聚合物基抗裂防水材料能有效提升外墙的抗裂性能，其抗裂强度较传统材料提升了 30% 以上。同时，对于防腐水性氟碳漆的选择，推荐使用具有优异耐候性和耐化学腐蚀性的产品，如沈阳木氏漆业知名品牌的新型水性氟碳漆，其在实际应用中表现出了长达 10 年以上的稳定防腐效果。

在施工技术的创新方面，我们建议引入先进的施工管理系统，如 BIM（建筑信息模型）技术，以实现施工过程的数字化管理。通过 BIM 技术，我们可以对施工过程进行模拟和优化，提前发现潜在问题，减少施工中的错误和浪费。此外，结合智能监测设备，我们可以对施工过程中的关键参数进行实时监控，确保施工质量的稳定性和可靠性。

在质量控制与检测方面，我们建议采用多层次的检测体系。首先，对进场材料进行严格的质量检测，确保材料符合设计要求；其次，在施工过程中进行定期的质量检查，如涂层厚度、附着力等关键指标的检测；最后，在施工完成后进行整体验收，确保施工质量符合相关标准和规范。

结合实际应用案例，我们发现将抗裂防水技术与防腐水性氟碳漆装饰施工技术相结合，可以显著提升建筑外墙的整体性能。例如，在城建逸品假日、中旅国际小镇等高层住宅项目中，我们采用了上述建议的施工方案，经过 5 年的使用，外墙未出现明显的裂缝和腐蚀现象，且装饰效果依然保持如新。这一成功案例充分证明了抗裂防水与防腐水性氟碳漆装饰施工技术结合应用的可行性和有效性。

3. 对未来研究的展望

展望未来，建筑外墙抗裂防水与防腐水性氟碳漆装饰施工技术的研究将不断深入，以应对日益复杂多变的建筑环境和用户需求。随着新材料、新技术的不断涌现，我们有理由相信，未来的施工技术将更加高效、环保和智能化。例如，纳米技术在抗裂防水材料中的应用，将极大提升材料的抗裂性能和耐久性，同时降低施工成本。此外，大数据和人工智能技术的引入，将使得施工过程中的质量控制和检测更加精准和高效。通过收集和分析施工过程中的大量数据，我们可以建立预测模型，提前发现潜在问题，从而避免质量事故的发生。同时，随着绿色建筑理念的深入人心，未来的施工技术将更加注重环保和可持续性。例如，水性氟碳漆作为一种环保型涂料，其应用将越来越广泛。通过不断的研究和创新，我们有望开发出更多具有优异性能和环保特性的新型涂料，为建筑行业的可持续发展贡献力量。

10.10 浅谈建筑防水防腐保温工程的安全管理 [①]

10.10.1 防水防腐保温施工事故时有发生

2021 年 8 月 8 日，某地一建筑物顶楼楼板在防水施工过程中，因集中堆载加上施工荷载造成楼板突然发生坍塌事故，该事故共造成 4 人死亡、7 人受伤。

2021 年 8 月 15 日，某地一小区地下车库外部房顶防水施工过程中，因保温材料在防水卷材加热过程中不慎被引燃，造成 20 余户居民在火灾中受损。

2022 年 2 月 20 日，某地一楼顶防水施工作业人员在临边作业时，因临边未采取安全防护网、作业人员未配备防护装备措施，导致发生高处坠落事故，该作业人员经抢救无效死亡。

2022 年 3 月 18 日，某地一小区外墙防水维修施工作业过程中发生一起高处坠落事故，事故造成一名施工作业人员死亡，经调查为该作业人员工作绳因与雨棚金属外缘接触面未采取有效保护措施，反复挤压摩擦被割断，且未配备安全副绳的情况下，发生高处坠落事故。

2022 年 7 月 16 日，某地一工厂防腐施工作业过程中，受限空间内构筑物内壁结垢物突然大面积脱落并掩埋在内的全部作业人员，该事故共造成 3 人死亡、1 人受伤，直接经济损失 495 万元。

2022 年 9 月 16 日，某地一 39 层办公大楼发生火灾。经调查，火灾事故的直接原因是作业人员未熄灭的烟头引燃大楼北侧第 7 层室外平台的瓦楞纸、朽木、碎木、竹夹板等可燃物，进而引燃建筑外墙装饰铝塑板、保温层造成火灾。

2023 年 4 月 14 日，某地一船厂，作业人员喷涂防腐油漆时，喷雾遇明火引发爆炸，造成 7 人死亡、5 人受伤的安全事故。

2023 年 7 月 23 日，某地一中学体育馆坍塌致 11 人遇难。经调查系施工单位违规将珍珠岩堆置体育馆屋顶，受降雨影响，珍珠岩浸水增重，导致屋顶荷载增大引发坍塌。

2023 年 8 月 19 日，某地一综合市场发生火灾，造成直接经济损失数百万元，经调查系施工人员在进行防水作业时使用喷枪烘烤卷材时引燃周边可燃物所致。

2023 年 10 月 15 日，某地一防水公司发生一起高处坠落一般事故，导致 1 名工人死亡，直接经济损失 140.3 万元。经调查，系作业人员使用铝合金伸缩扶梯过程中因重心不稳倾倒坠落，登高作业时未佩戴安全帽及安全带，在离地高度约 5m 高处坠落。

---

① 周义，湖南深度防水防腐保温工程有限公司。

2023 年 11 月 21 日，某地一污水处理厂扩建接触消毒池防水防腐施工过程中，1 人中毒窒息，现场作业人员盲目入池施救也中毒窒息，事故共造成 3 人死亡、1 人受伤，直接经济损失 450 万元等。

上述近年发生的案例均与防水防腐保温施工作业相关，包括的类型如高处坠落、坍塌、火灾、爆炸、中毒与窒息等，这些案例的其中一个共同特点就是本该可以避免然而还是不幸造成了一人或多人失去宝贵生命。人全面发展的基础和前提，就是必须保证其生命安全和身体健康。人世间最宝贵的莫过于生命，生命无价，生命对每一个人只有一次。人的一切活动和价值都以生命的存在和延续为根基，没有生命就没有一切。国家领导人提出的"红线"观点，实质上就是把保护生命放在高于一切的位置，体现了"以人为本、生命至上"的价值取向。这正是安全生产工作的价值追求。我们必须树立关爱生命的情感观、生命至上的价值观、尊重生命的道德观，始终把保护人民生命安全放在首位，作为工作的最高职责。有一个客户公司的安全经理曾在培训时跟我们说过一句话："发生事故，失去生命，个人承受不起！家庭承受不起！公司承受不起！社会承受不起！"

依据《企业职工伤亡事故分类》GB 6441，综合考虑起因物、引起的事故诱导性原因、致害物、伤害方式等，将企业工伤事故分为 20 类：物体打击、车辆伤害、机械伤害、起重伤害、触电、淹溺、灼烫、火灾、高处坠落、坍塌、冒顶片帮、透水、放炮、火药爆炸、瓦斯爆炸、锅炉爆炸、容器爆炸、其他爆炸、中毒和窒息及其他伤害。上述案例未列出的事故类型，并不代表不会发生，也不代表无须引起注意、重视。

依据海因里希法则，在机械事故中，伤亡、轻伤、不安全行为的比例为 1∶29∶300，国际上把这一法则称为事故法则。这个法则说明，每发生 330 起意外事件，有 300 件未产生人员伤害，29 件造成人员轻伤，1 件导致重伤或死亡。对于不同的生产过程，不同类型的事故，上述比例关系不一定完全相同，但这个统计规律说明了在进行同一项活动中，无数次意外事件必然导致重大伤亡事故的发生。

《安全生产法》将"安全第一、预防为主、综合治理"确定为安全生产工作的基本方针。《安全生产事故隐患排查治理暂定规定》将"安全生产事故隐患"定义为："生产经营单位违反安全生产法律、法规、规章、标准、规程和安全生产管理制度的规定，或者因其他因素在生产经营活动中存在可能导致事故发生的物的危险状态、人的不安全行为和管理上的缺陷。"通过了解上述案例可知，事故发生有其自身的发展规律和特点，事故的后果可能存在偶然性，但首先是必然存在事故隐患的。如果在事故发生之前，及时消除隐患，许多重大伤亡事故是完全可以避免的。

安全是相对的概念，安全泛指没有危险、不出事故的状态。安全第一原则就是要求在进行生产和其他工作时，把安全工作放在一切工作的首要位置。当安全生产和其他工作发生矛盾时，要以安全为主，生产和其他工作要服从于安全。

危险是指系统中存在导致发生不期望后果的可能性超过了人们的承受程度。危险是人们对事物的具体认识，如危险环境、危险条件、危险状态、危险物质、危险场所、危险人员、危险因素等。一般用风险度来表示危险的程度，广义来说，风险可分为自然风险、社会风险、经济风险、技术风险和健康风险；对于安全生产的日常管理，可分为人、机、环境和管理四类风险。危险源是指可能造成人员伤害或疾病、财产损失、作业环境破坏或其他损失的根源或状态。根据类别分为一类危险源、二类危险源，为了对危险源进行分级管理，防止重大事故发生，还提出了重大危险源的概念。

事故指生产、工作上发生的意外损失或灾祸。《安全生产事故报告和调查处理条例》将生产安全事故定义为：生产经营活动中发生的造成人身伤亡或者直接经济损失的事件。根据生产安全事故造成的人员伤亡或直接经济损失，分为特别重大事故、重大事故、较大事故和一般事故 4 个等级。建筑安全事故根据原因及性质，分为生产事故、质量问题、技术事故和环境事故四类。事故的内在性质包括：事故存在的因果性；事故随机性中的必然性；事故的潜伏性；事故的可预防性。认识这些特性，对事故预防具有极其重要的指导作用。

安全贯穿于生产活动的方方面面，安全的目的是保护人们的生命和财产不受侵害和损失，安全生产管理应为全方位、全天候且涉及全体人员的管理。安全四不伤害原则指出：不伤害他人、不伤害自己、不被别人伤害和保护他人不受伤害。然而现实中，当面对客户提出的一些安全管理要求时，我们的个别或部分管理人员、作业人员是存在有异议或抵触的，这种行为或思想观点本身就是一种事故隐患，是一种可能产生巨大损失但可以通过最小成本消除的隐患！学习和掌握更多、更全的安全知识，对于每一个人而言，都是极其必要和特别重要的。

10.10.2　严格执行安全生产责任制

《安全生产法》明确规定："生产经营单位必须遵守本法和其他有关安全生产的法律、法规，加强安全生产管理，建立、健全安全生产责任制度和安全生产规章制度。"

安全生产责任制是按照以人为本，坚持"安全第一、预防为主、综合治理"的安全生产方针，和安全生产法规建立的生产经营单位各级负责人员、各职能部门及其工作人员、各岗位人员在安全生产方面应做的事情和应负的责任加以明确规定的一种制度。安全生产责任制的核心是清晰安全管理的责任界面，解决"谁来管，管什么，怎么管，承担什么责任"的问题。

安全生产责任制是生产经营单位岗位责任制的一个组成部分，是生产经营单位中最基本的一项安全管理制度，也是生产经营单位安全生产管理制度的核心。

1. 建立安全生产责任制，具体应满足如下要求

1）必须符合国家安全生产法律法规和政策、方针的要求。

2）与生产经营单位管理体制协调一致。

3）要根据本单位、部门、班组、岗位的实际情况制定，既明确、具体，又具有可操作性，防止形式主义。

4）由专门的人员与机构制定和落实，并应适时修订。

5）应有配套的监督、检查等制度，以保证安全生产责任制得到真正落实。

2. 生产经营单位主要负责人其职责规定

1）建立、健全本单位安全生产责任制。

2）组织制定本单位安全生产规章制度和操作规程。

3）组织制定并实施本单位安全生产教育和培训计划。

4）保证本单位安全生产投入的有效实施。

5）督促、检查本单位的安全生产工作，及时消除生产安全事故隐患。

6）组织制定并实施本单位的安全生产事故应急救援预案。

7）及时、如实报告生产安全事故。

生产经营单位可根据上述 7 个方面，结合本单位实际情况，对主要负责人的职责作出具体规定。

3. 生产经营单位其他负责人其职责规定

生产经营单位其他负责人的职责是协助主要负责人做好安全生产工作。不同的负责人分管的工作不同，应根据其具体分管工作，对其在安全生产方面应承担的具体职责作出规定。

4. 安全生产管理人员的职责

1）组织或者参与拟定本单位安全生产规章制度、操作规程和安全生产事故应急救援预案。

2）组织或者参与本单位安全生产教育和培训，如实记录安全生产教育和培训情况。

3）督促落实本单位重大危险源的安全管理措施。

4）组织或者参与本单位应急救援演练。

5）检查本单位安全生产状况，及时排查生产安全事故隐患，提出改进安全生产管理的建议。

6）制止和纠正违章指挥、强令冒险作业、违反操作规程的行为。

7）督促落实本单位安全生产整改措施。

5. 生产经营单位各职能部门负责人及其工作人员的职责

各职能部门都会涉及安全生产职责，需根据各部门职责分工作出具体规定。各职能部门负责人的职责按照本部门的安全生产职责，组织有关人员做好本部门安全生产责任制的落实，并对本部门职责范围内的安全生产工作负责；各职能部门的工作人员则是在本人职责范围内做好有关安全生产工作，并对自己职责范围内的安全生产工作负责。

6. 班组长的职责

班组是做好生产经营单位安全生产工作的关键，班组长全面负责本班组的安全生产工作，是安全生产法律犯规和规章制度的直接执行者。班组长的主要职责是贯彻执行本单位对安全生产的规定和要求，督促本班组遵守有关安全生产规章制度和安全操作规程，切实做到不违章指挥、不违章作业，遵守劳动纪律。

7. 岗位工人的职责

岗位工人对本岗位的安全生产负直接责任。岗位工人的主要职责是接受安全生产教育和培训，遵守有关安全生产规章和安全操作规程，遵守劳动纪律，不违章作业。

生产经营单位依据国家有关法律法规、国家和行业标准，结合生产经营的安全生产实际，以生产经营单位名义颁发的有关安全生产的规范性文件，一般包括规程、标准、规定、措施、办法、制度、指导意见等，这些文件统称为安全生产规章制度。安全生产规章制度一般分为：综合管理、人员管理、设备设施管理和环境管理四个类别。

10.10.3　安全操作规程

《安全生产法》明确规定："生产经营单位应当教育和督促从业人员严格执行本单位的安全生产规章制度和安全操作规程；并向从业人员如实告知作业场所和工作岗位存在的危险因素、防范措施以及事故应急措施。"

安全操作规程是员工操作机械设备、调整仪器仪表和其他作业过程中，必须遵守的程序和注意事项。安全操作规程规定操作过程应该做什么，不该做什么，设施或者环境应该处于什么状态，是员工安全操作的行为规范。

1. 编制安全操作规定的依据

1）现行国家、行业安全技术标准和规范、安全规程等。

2）设备的使用说明书，工作原理资料，以及设计、制造资料。

3）曾出现过的危险、事故案例及与本操作有关的其他不安全因素。

4）作业环境条件、工作制度、安全生产责任制等。

2. 安全操作规定的内容

1）操作前的准备，包括操作前准备做哪些检查，机器设备和环境应当处于什么状态，应做哪些调整，准备哪些工具等。

2）劳动防护用品的穿戴要求。应该与禁止穿戴的防护用品种类，以及如何穿戴等。

3）操作的先后顺序、方式。

4）操作过程中机器设备的状态，如手柄、开关所处的位置等。

5）操作过程需要进行哪些测试和调整，如何进行。

6）操作人员所处的位置和操作时的规范姿势。

7）操作过程中有哪些必须禁止的行为。

8）一些特殊要求。

9）异常情况如何处理。

10）其他要求。

3. 编制安全操作规程时应考虑哪些方面

1）考虑关联各岗位之间的相互关系，具有系统性。

2）考虑各方面细节出现的不安全问题，具有全面性。

3）利于操作人员理解和掌握，具有可操作性。

4）规定必须执行和禁止的行为，具有原则性。

5）罗列所有危险和有害因素，具有完整性。

6）考虑不安全行为而导致的不安全问题，具有逻辑性。

7）考虑提醒员工注意安全操作，防止意外事故发生，具有预见性。

8）考虑发生环境、工艺、技术、设备、材料等变化时的及时更新，具有适用性。

9）明确应急救援及异常情况处理，具有指导性等。

4. 检修现场的十大禁令

1）不戴安全帽、不穿工作服者禁止进入现场。

2）穿凉鞋、高跟鞋者禁止进入现场。

3）上班前饮酒者禁止进入现场。

4）在作业中禁止打闹或其他有碍作业的行为。

5）检修现场禁止吸烟。

6）禁止用汽油或其他化工溶剂清洗机械设备、机具和衣物。

7）禁止随意泼洒油品、化学危险品、电石废渣等。

8）禁止堵塞消防通道。

9）禁止挪用或损坏消防工具和机械设备。

10）现场器材禁止为私活所用。

10.10.4　安全生产教育培训

《安全生产法》规定："生产经营单位应当对从业人员进行安全生产教育和培训，

保证从业人员具备需要的安全生产知识，熟悉有关的安全生产规章制度和安全操作规程，掌握本岗位的安全操作技能，了解事故应急处理措施，知悉自身在安全生产方面的权利和义务。未经安全生产教育和培训合格的从业人员，不得上岗作业。生产经营单位采用新工艺、新技术、新材料或者使用新设备，必须了解、掌握其安全技术特性，采取有效的安全防护措施，并对从业人员进行专门的安全生产教育和培训。生产经营单位的特种作业人员必须按照国家有关规定经专门的安全作业培训，取得相应资格，方可上岗作业。生产经营单位应当教育和督促从业人员严格执行本单位的安全生产规章制度和安全操作规程；并向从业人员如实告知作业场所和工作岗位存在的危险因素、防范措施及事故应急措施。从业人员应当接受安全生产教育和培训，掌握本职工作所需的安全生产知识，提高安全生产技能，增强事故预防和应急处理能力。"

1. 对主要负责人的培训内容和时间要求

1）初次培训的主要内容

（1）国家安全生产方针、政策和有关安全生产的法律法规、规章及标准。

（2）安全生产管理基本知识、安全生产技术、安全生产专业知识。

（3）重大危险源管理、重大事故防范、应急管理和救援组织及事故调查处理的有关规定。

（4）职业危害及其预防措施。

（5）国内外先进的安全生产管理经验。

（6）典型事故和应急救援案例分析。

（7）其他需要培训的内容。

2）再培训的主要内容

对已经取得上岗资格证书的有关领导，应定期进行再培训，再培训的主要内容是新知识、新技术和新颁布的政策、法规，有关安全生产的法律法规、规章、规程、标准和政策，安全生产的新技术、新知识，安全生产管理经验，典型事故案例。

3）培训时间

生产经营单位主要负责人初次安全培训时间不得少于 32 学时，每年再培训时间不得少于 12 学时。

2. 对安全生产管理人员的培训内容和时间要求

1）初次培训的主要内容

（1）国家安全生产方针、政策和有关安全生产的法律法规、规章及标准。

（2）安全生产管理、安全生产技术、职业卫生等知识。

（3）伤亡事故统计、报告及作业危害的调查处理方法。

（4）应急管理、应急预案编制及应急处置的内容和要求。

（5）国内外先进的安全生产管理经验。

（6）典型事故和应急救援案例分析。

（7）其他需要培训的内容。

2）再培训的主要内容

对已经取得上岗资格证书的有关领导，应定期进行再培训，再培训的主要内容是新知识、新技术和新颁布的政策、法规，有关安全生产的法律法规、规章、规程、标准和政策，安全生产的新技术、新知识，安全生产管理经验，典型事故案例。

3）培训时间

生产经营单位主要负责人初次安全培训时间不得少于 32 学时，每年再培训时间不得少于 12 学时。

3. 对特种作业人员的培训内容和时间要求

特种作业是指容易发生事故，对操作者本人、他人的安全健康及设备设施的安全可能造成重大危害的作业。直接从事特种作业的从业人员称为特种作业人员。特种作业的范围包括：电工作业、焊接与热切割作业、高处作业、制冷与空调作业、煤矿安全作业、金属非金属矿山安全作业、石油天然气安全作业、冶金（有色）生产安全作业、危险化学品安全作业、烟花爆竹安全作业、应急管理部认定的其他作业。

特种作业人员必须进行专门的安全技术培训并考核合格，取得中华人民共和国特种作业操作证后，方可上岗作业。特种作业人员的安全技术培训、考核、发证、复审工作实行统一监管、分级实施、教考分离的原则。特种作业人员应当接受与其所从事的特种作业相应的安全技术理论培训和实际操作培训。

特种作业人员应当符合下列条件：

1）年满 18 周岁，且不超过国家法定退休年龄；

2）经社区或者县级以上医疗机构体检健康合格，并无妨碍从事相应特种作业的器质性心脏病、癫痫病、美尼尔氏症、眩晕症、癔病、震颤麻痹症、精神病、痴呆症以及其他疾病和生理缺陷；

3）具有初中及以上文化程度；

4）具备必要的安全技术知识与技能；

5）相应特种作业规定的其他条件。

特种作业人员操作证有效期 6 年，全国有效，每 3 年复审 1 次。有效期内连续从事本工种 10 年以上，严格遵守有关安全生产法律法规的，经原考核发证机关或者从业所在地考核发证机关同意，复审时间可延长至每 6 年 1 次。

特种作业操作证申请复审或者延期复审前，特种作业人员应当参加必要的安全培训并考试合格。安全培训时间不少于 8 个学时，主要培训法律法规、标准、事故案例和有关新工艺、新技术、新装备等知识。再复审、延期复审仍不合格，或者未按期复审的，特种作业操作者失效。

4. 对其他从业人员的教育培训

生产经营单位其他从业人员是指除主要负责人、安全生产管理人员以外，生产经营单位从事生产经营活动的所有人员（包括其他负责人、其他管理人员、技术人员和各岗位的工人以及临时聘用的人员）。由于特种作业人员作业岗位对安全生产影响较大，需要经过特殊的培训和考核，所以制定了特殊要求，但对从业人员的其他安全教育培训、考核工作，同样适用于特种作业人员。

1）三级安全教育培训

（1）厂级（公司级）安全教育培训是入厂教育的一个重要内容，培训重点是生产经营单位安全风险辨识、安全生产管理目标、规章制度、劳动纪律、安全考核奖惩、从业人员的安全生产权利和义务、有关事故案例等。

（2）车间级（项目级）安全教育培训是在从业人员工作岗位、工作内容基本确定后进行，由车间一级组织。培训重点是本岗位工作及作业环境范围内的安全风险辨识、评价和控制措施，典型事故案例，岗位安全职责、操作技能及强制性标准，自救互救、急救方法、疏散和现场紧急情况的处理，安全设施、个人防护用品的使用和维护。

（3）班组级安全教育培训是在从业人员工作岗位确定后，由班组组织，班组长、班组技术员、安全员对其进行安全教育培训，除此之外自我学习是重点。我国传统的师傅带徒弟的方式，也是搞好班组安全教育培训的一种重要方法。进入班组的新从业人员，都应有具体的跟班学习期、实习期，实习期间不得安排单独上岗作业。由于生产经营单位的性质不同，对于学习期、实习期，国家没有统一规定，应按照行业的规定或生产经营单位自行确定。实习期满，通过安全规程、业务技能考试合格方可独立上岗作业。班组安全教育培训重点是岗位安全操作规程、岗位之间工作衔接配合、作业过程的安全风险分析方法和控制对策、事故案例等。

生产经营单位新上岗的从业人员，岗前安全培训时间不得少于 24 学时。

2）调整工作岗位或离岗后重新上岗安全教育培训

3）岗位安全教育培训

岗位安全教育培训是指连续在岗位工作的安全教育培训工作，主要包括日常安全教育培训、定期安全考试和专题安全教育培训三个方面。

10.10.5　安全生产费标准及使用范围

《企业安全生产费用提取和使用管理办法》（财资〔2022〕136 号），明确了安全生产费用提取、使用和监督管理等工作的要求，对保证安全生产费用的投入发挥了重要作用。

不同行业企业的费用提取标准和使用范围略有区别，本处仅介绍建设工程施工企业相关标准，作为防水防腐保温施工企业提取安全生产费用的参考依据。

1. 建设工程施工企业以建筑安装工程造价为依据，于月末按工程进度计算提取企业安全生产费用

提取标准如下：

1）矿山工程 3.5%；

2）铁路工程、房屋建筑工程、城市轨道交通工程 3%；

3）水利水电工程、电力工程 2.5%；

4）冶炼工程、机电安装工程、化工石油工程、通信工程 2%；

5）市政公用工程、港口与航道工程、公路工程 1.5%。

建设工程施工企业编制投标报价应当包含并单列企业安全生产费用，竞标时不得删减。国家对基本建设投资概算另有规定的，从其规定。

建设单位应当在合同中单独约定并于工程开工日一个月内向承包单位支付至少 50% 企业安全生产费用。总包单位应当在合同中单独约定并于分包工程开工日一个月内，将至少 50% 企业安全生产费用直接支付分包单位并监督使用，分包单位不再重复提取。工程竣工决算后结余的企业安全生产费用，应当退回建设单位。

2. 建设工程施工企业安全生产费用的使用范围

1）完善、改造和维护安全防护设施设备支出（不含"三同时"要求初期投入的安全设施），包括施工现场临时用电系统、洞口或临边防护、高处作业或交叉作业防护、临时安全防护、支护及防治边坡滑坡、工程有害气体监测和通风、保障安全的机械设备、防火、防爆、防触电、防尘、防毒、防雷、防台风、防地质灾害等设施设备支出（"三同时"指同时设计、同时施工和同时投入使用）。

2）应急救援技术装备、设施配置及维护保养支出，事故逃生和紧急避难设施设备的配置和应急救援队伍建设、应急预案制修订与应急演练支出。

3）开展施工现场重大危险源检测、评估、监控支出，安全风险分级管控和事故隐患排查整改支出，工程项目安全生产信息化建设、运维和网络安全支出。

4）安全生产检查、评估评价（不含新建、改建、扩建项目安全评价）、咨询和标准化建设支出。

5）配备和更新现场作业人员的安全防护用品支出。

6）安全生产宣传、教育、培训和从业人员发现并报告事故隐患的奖励支出。

7）安全生产适用的新技术、新标准、新工艺和新装备的"四新"推广应用支出。

8）安全设施及特种设备检测检验、检定校准支出。

9）安全生产责任保险支出。

10）与安全生产直接相关的其他支出。

10.10.6　安全检查与隐患排查治理

《安全生产法》规定："生产经营单位应当建立健全生产安全事故隐患排查治理制度，采取技术、管理措施，及时发现并消除事故隐患。事故隐患排查治理情况应当如实记录，并向从业人员通报。生产经营单位的安全生产管理人员应当根据本单位的生产经营特点，对安全生产状况进行经常性检查；对检查中发现的安全问题，应当立即处理；不能处理的，应当及时报告本单位有关负责人，有关负责人应当及时处理。检查及处理情况应当如实记录在案。生产经营单位的安全生产管理人员在检查中发现重大事故隐患，依照前款规定向本单位有关负责人报告，有关负责人不及时处理的，安全生产管理人员可以向主管的负有安全生产监督管理职责的部门报告，接到报告的部门应当依法及时处理。"

实际工作中，安全生产检查人人都应当是被检查对象，也人人都应当是检查人员，因为每个人都需要安全的工作与生活环境，比如检查公司上下全体员工各自工作场所的火灾隐患、比如检查施工项目安全帽佩戴情况、比如"三违"行为（违章指挥、违规作业和违反劳动纪律）等。

安全生产检查的类型：

1. 定期安全生产检查

2. 经常性安全生产检查

3. 季节性及节假日前后安全生产检查

4. 专业（项）安全生产检查

5. 综合性安全生产检查

6. 职工代表不定期对安全生产的巡查

安全生产检查遵循"十查"原则，其内容包括软件系统和硬件系统。软件系统主要是查思想、查意识、查制度、查管理、查隐患、查整改、查事故处理。硬件系统主要是查生产设备、查辅助设施、查安全设施、查作业环境。

安全生产检查可以采用"听、问、看、量、测、运转试验"的方法，包括现场观察、查阅文件、沟通调查、测量检测等，通过记录、分析、总结、提出整改要求、落实整改、奖惩、持续改进等一个完整的动态循环过程，不断提高安全生产管理水平，防范安全事故发生。

隐患整改遵循"四定"原则：定任务、定人员、定时间和定措施，限期完成。

10.10.7　作业许可管理

由于部分施工作业，可能存在较高的施工作业安全风险，必须对这些施工作业进行全过程的严格管控，从落实施工单位及作业人员的资格、施工方案编审、工器具检查、安全技术交底等准备工作开始，到施工过程专人监督，工完场清后的安全检查全过程，从而预防各类事故发生。通常情况下，需要实行作业许可的施工作业包括动火作业、高处作业、临时用电作业、受限空间作业、吊装作业、盲板抽堵作业、动土作业、断路作业等特殊作业。这些作业施工前，需要办理作业许可，也就是我们常说的作业票。作业票制度既是对当事人的保护，也是对关联人群的保护。作业票制度应涵盖作业前、作业过程、作业完成后的各个时段安全管理要求，其中作业前的重点包括作业环境管理、工器具及材料设备检查、安全技术交底、人员及公司资质资格确认等内容；作业过程应由监护人全程监护，最大限度地避免交叉作业，全程对作业人员的行为和现场安全作业条件进行检查与监督，以及出现异常情况的应急处置、协调联系等；作业完成后应及时清理现场、恢复原状，并会同相关人员进行验收确认。作业票管理应严查代签、漏项、缺陷现象。

1. 动火作业

《危险化学品企业特殊作业安全规范》GB 30871 将动火作业定义为：在直接或间接产生明火的工艺设施以外的禁火区内从事可能产生火焰、火花或炽热表面的非常规作业。包括使用电焊、气焊（割）、喷灯、电钻、砂轮、喷砂机等进行的作业。固定动火区外的动火作业分为特级动火、一级动火和二级动火三个级别；遇节假日、公休日、夜间或其他特殊情况，动火作业应升级管理。动火作业应办理动火作业许可证或动火安全作业票（简称动火证），实行一个动火点、一张动火证、至少一个监护人的"三一"动火作业管理，遵循"三不动火"原则（即没有经批准的动火安全作业票不动火、动火监护人不在现场不动火、安全管控措施不落实不动火），动火作业超过有效期限，应重新办理动火证。动火作业的安全技术管理要求应包括如下内容：

1）动火作业前应进行气体分析。气体分析的检测点要有代表性；气体分析取样时间与动火作业开始时间间隔不应超过 30min；特级、一级动火作业中断时间超过 30min，二级动火作业中断时间超过 60min 应重新进行气体分析；每日动火前，均应进行气体分析；特级动火作业期间应连续进行监测。

2）动火作业应有专人监护，作业前应清除动火现场及周围的易燃物品，比如热熔卷材施工现场所常见的保温板等物料，或采取其他有效安全防火措施；比如防火毯遮盖严实，并配备符合需要数量和品类的消防器材，满足作业现场应急需求。

3）动火点周围或关联区域如有可燃物、电缆桥架、孔洞、窨井、地沟、水封设施、污水井等，应检查分析并采取清理或封盖等措施；对于动火点周围15m范围内有可能泄漏易燃、可燃物料的设备设施，应采取隔离措施；对于受热分解可产生易燃易爆、有毒有害物质的场所，应进行风险分析并采取清理或封盖等防护措施。

4）动火期间，距动火点30m内不应排放可燃气体；距动火点15m内不应排放可燃液体；在动火点10m范围内、动火点上方及下方不应同时进行可燃溶剂清洗或喷漆等作业；在动火点10m范围内，不应进行可燃性粉尘清扫作业。

5）使用电焊机作业时，电焊机与动火点的间距不应超过10m，不能满足要求时应将电焊机作为动火点进行管理。

6）使用气焊、气割动火作业时，乙炔瓶应直立放置，不应卧放使用；氧气瓶与乙炔瓶的间距不应小于5m，二者与动火点间距不应小于10m，并应采取防晒和防倾倒措施；乙炔瓶应安装防回火装置。

7）遇五级风以上（含五级）天气，禁止露天动火作业；因生产确需动火，动火作业应升级管理。

8）特级动火作业应采集全过程作业影像，且作业现场使用的摄录设备应为防爆型。

9）作业完毕后应遵循"工完、料净、场地清"原则，确认无残留火种后方可离开。

10）其他需要采取的安全技术措施等。

2. 受限空间作业

《危险化学品企业特殊作业安全规范》GB 30871将受限空间定义为：进出口受限，通风不良，可能存在易燃易爆、有毒有害物质或缺氧，对进入人员的身体健康和生命安全构成威胁的封闭、半封闭设施及场所。包括反应器、塔、釜、槽、罐、炉膛、锅筒、管道以及地下室、窨井、坑（池）、管沟或其他封闭、半封闭场所。受限空间作业应办理受限空间作业许可证，受限空间作业遵循"三不进入"原则（即未持有经批准的受限空间安全作业票不进入，安全措施不落实到位不进入，监护人不在场不进入）。受限空间安全作业票有效期不应超过24h，受限空间作业安全管理要求应包括如下内容：

1）作业前，应对受限空间进行安全隔离，设置区域警戒措施并加挂警示牌。

2）作业前，应保持受限空间空气流通良好，可以采取增设人工送风设备，但应事先对受限空间内的气体进行检测确认，检测点应具有代表性，检测人员应佩戴符合规定的个人防护装备。

3）作业前，应确认作业环境是否符合安全要求，比如存在未知深度的液体、淤泥、孔洞，是否漏电，是否有物体挤压，是否光线不足等。

4）作业所使用的材料、设备、工器具等应符合安全要求，比如确认材料、设备、工器具等是否为易燃易爆物品、是否会产生有毒有害气体、是否会产生触电伤害等。

5）作业时，应确保受限空间内的作业环境满足安全要求。现场应专人监护，连续检测有毒有害气体及氧气浓度、监测构造稳定性等，发现异常应立即撤离；作业风险较大时，应增设监护人员、现场安全管理人员。

6）作业人员应佩戴符合规定的个人防护装备，并配备相应的通信工具，能随时保持联络畅通。

7）随时保持出入口畅通；有条件的情况下，增设出入口。

8）劳动强度大、难度大、时间长、空间狭小等环境，应采取轮换作业方式。

9）作业期间发生异常情况时，未穿戴符合规定的个人防护装备人员严禁入内救援。

10）作业完成后应清理现场，采取防止人员误入的安全管控措施。

3. 临时用电作业

临时用电是指在正式运行的电源上所接的非永久性用电。施工临时用电要符合《建筑与市政工程施工现场临时用电安全技术标准》JGJ/T 46 的要求，做到"一机一闸一保护、三相五线制、三级配电"等要求，临时用电安全管理要求：

1）在运行的火灾爆炸危险性生产装置、罐区和具有火灾爆炸危险场所内不应接临时电源，确需时应对周围环境进行可燃气体检测分析，分析结果应符合《危险化学品企业特殊作业安全规范》GB 30871 有关动火分析合格判定指标的要求。

2）各类移动电源及外部自备电源，不应接入电网。

3）在开关上接引、拆除临时用电线路时，其上级开关应断电、加锁，并挂安全警示标牌，接、拆线路作业时，应由专业电工操作，并有监护人在场。

4）临时用电应设置保护开关，使用前应检查电气装置和保护设施的可靠性。所有的临时用电均应设置接地保护。

5）临时用电设备和线路应按供电电压等级和容量正确配置、使用，所用的电器元件应符合国家相关产品标准及作业现场环境要求，临时用电电源施工、安装应符合《建设工程施工现场供用电安全规范》GB 50194 的有关要求，并有良好的接地。

6）临时用电还应满足如下要求：

（1）火灾爆炸危险场所应使用相应防爆等级的电气元件，并采取相应的防爆安全措施。

（2）临时用电线路及设备应有良好的绝缘，所有的临时用电线路应采用耐压等级不低于 500V 的绝缘导线。

（3）临时用电线路经过火灾爆炸危险场所以及有高温、振动、腐蚀、积水及产生机械损伤等区域，不应有接头，并应采取相应的保护措施。

（4）临时用电架空线应采用绝缘铜芯线，并应架设在专用电杆或支架上，其最大弧垂与地面距离，在作业现场不低于2.5m，穿越机动车道不低于5m。

（5）沿墙面或地面敷设电缆线路应符合下列规定：电缆线路敷设路径应有醒目的警告标志；沿地面明敷的电缆线路应沿建筑物墙体根部敷设，穿越道路或其他易受机械损伤的区域，应采取防机械损伤的措施，周围环境应保持干燥；在电缆敷设路径附近，当有产生明火的作业时，应采取防止火花损伤电缆的措施。

（6）对需埋地敷设的电缆线路应设有走向标志和安全标志。电缆埋地深度不应小于0.7m，穿越道路时应加设防护套管。

（7）现场临时用电配电盘、箱应有电压标志和危险标志，应有防雨措施，盘、箱、门应能牢靠关闭并上锁管理。

（8）临时用电设施应安装符合规范要求的漏电保护器，移动工具、手持式电动工具应逐个配置漏电保护器和电源开关。

7）未经批准，临时用电单位不应向其他单位转供电或增加用电负荷，以及变更用电地点和用途。

8）临时用电时间一般不超过15d，特殊情况不应超过30d；用于动火、受限空间作业的临时用电时间应与相应的作业时间一致；用电结束后，用电单位应及时通知供电单位拆除临时用电线路。

10.10.8 高处作业

高处作业是指在距坠落基准面2m及2m以上有可能坠落的高处进行的作业。坠落基准面是坠落处最低点的水平面。作业高度分为4个区段，不同区段对应不同坠落半径。存在风、雨、夜间、带电、悬空等情况属于特殊高处，应升级管理。高处作业安全管理要求应包括：

1）高处作业人员应正确佩戴符合要求的安全带、安全绳，30m以上高处作业应配备通信联络工具。

2）高处作业应设专人监护，作业人员不应在作业处休息，无关人员不得进入坠落半径及警戒范围内。

3）应根据实际需要配备符合安全要求的作业平台、生命线、吊笼、梯子、挡脚板、跳板等；脚手架的搭设、拆除和使用应符合《建筑施工脚手架安全技术统一标准》GB 51210等有关标准要求。

4）高处作业人员不应站在不牢固的结构物上进行作业；在彩钢板屋顶、石棉瓦、瓦楞板等轻型材料上作业，应铺设牢固的脚手板并加以固定，脚手板上要有防滑措施；不应在未固定、无防护设施的构件及管道上进行作业或通行。

5）在邻近排放有毒有害气体、粉尘的放空管线或烟囱等场所进行作业时，应预先与作业属地生产人员取得联系，并采取有效的安全防护措施，作业人员应配备必要的符合国家相关标准的防护装备（如隔绝式呼吸防护装备、过滤式防毒面具或口罩等）。

6）靠近电源线路作业前，应确认停电后方可进行工作，并应设置绝缘挡壁。

7）雨天和雪天作业时，应采取可靠的防滑、防寒措施；高温季节应注意防暑，避开气温高温时段；遇有五级以上强风（含五级风）、浓雾等恶劣天气，不应进行露天高处作业、露天攀登与悬空高处作业；暴风雪、台风、暴雨后，应对作业安全设施进行检查，发现问题立即处理。

8）作业使用的工具、材料、零件等应装入工具袋，上下时手中不应持物，不应投掷工具、材料及其他物品；易滑动、易滚动的工具、材料堆放在脚手架上时，应采取防坠落措施。

9）在同一坠落方向上，一般不应进行上下交叉作业，如需要进行交叉作业，中间应设置安全防护层。坠落高度超过 24m 的交叉作业，应设双层防护。

10）因作业需要，须临时拆除或变动作业对象的安全防护设施时，应经作业审批人员同意，并采取相应的防护措施，作业后应及时恢复。

11）拆除脚手架、防护棚时，应设警戒区并派专人监护，不应上下同时施工。

12）登高作业攀爬前应检查爬梯、防护笼、防坠器、生命线等安全性及可靠性；屋面检修要特别注意采光带、临边、天沟等相应危险区域。

13）高处作业临时作业平台优先考虑效率高、移动便捷、安全性高的举臂车、登高车等现代化设备，吊篮、临时作业平台上的作业人数应尽量控制到不超过 3 人。

14）屋面材料、工具、人员等检修荷载应小于设计值，且材料、工具、人员等重心应尽量落在承重结构上。

15）安全作业票的有效期最长为 7d。当作业中断，再次作业前，应重新对环境条件和安全措施进行确认。

10.10.9 吊装作业十不吊

超载或被吊物质量不清不吊；指挥信号不明确不吊；捆绑、吊挂不牢或不平衡，可能引起滑动时不吊；被吊物上有人或浮置物时不吊；结构或零部件有影响安全工作的缺陷或损伤时不吊；遇有拉力不清的埋置物件时不吊；工作场地昏暗，无法看清场地、被吊物和指挥信号时不吊；被吊物棱角处与捆绑钢绳间未加衬垫时不吊；歪拉斜吊重物时不吊；容器内装的物品过满时不吊。

10.10.10　劳动防护用品管理

《安全生产法》规定："生产经营单位必须为从业人员提供符合国家标准或者行业标准的劳动防护用品，并监督、教育从业人员按照使用规则佩戴、使用。生产经营单位应当安排用于配备劳动防护用品、进行安全生产培训的经费。从业人员在作业过程中，应当严格遵守本单位的安全生产规章制度和操作规程，服从管理，正确佩戴和使用劳动防护用品。"

劳动防护用品分为以下十大类：

1）防御物理、化学和生物危险、有害因素对头部伤害的头部防护用品，如安全帽、防护帽等。

2）防御缺氧空气和空气污染物进入呼吸道的呼吸防护用品，如防尘口罩（面具）、防毒口罩（面具）等。

3）防御物理和化学危险、有害因素对眼面部伤害的眼面部防护用品，如护目镜等。

4）防噪声危害及防水、防寒等的听力防护用品，如耳塞等。

5）防御物理、化学和生物危险、有害因素对手部伤害的手部防护用品，如手套等。

6）防御物理和化学危险、有害因素对足部伤害的足部防护用品，如防砸鞋等。

7）防御物理、化学和生物危险、有害因素对躯干伤害的躯干防护用品，如防护服、防静电服等。

8）防御物理、化学和生物危险、有害因素损伤皮肤或引起皮肤疾病的护肤用品，如护肤剂等。

9）防止高处作业劳动者坠落或者高处落物伤害的坠落防护用品，如安全网、安全带等。

10）其他防御危险、有害因素的劳动防护用品。

《用人单位劳动防护用品管理规范》规定：用人单位应当定期对劳动防护用品的使用情况进行检查，确保劳动者正确使用。安全帽、呼吸器、绝缘手套等安全性能要求高、易损耗的劳动防护用品，应当按照有效防护功能最低指标和有效使用期，到期强制报废。

10.10.11　职业病与防范

为了保障劳动者的知情权及人身健康，《职业病防治法》要求产生职业病危害的用人单位，应当在醒目位置设置公告栏，公布有关职业病防治的规章制度、操作规程、职业病危害事故应急救援措施和工作场所职业病危害因素检测结果。对产生严重职业病危害的作业岗位，应当在其醒目位置，设置警示标志和中文警示说明，警示说明应当载明产生职业病危害的种类、后果、预防及应急救治措施等内容。用人单位对采用的技术、工艺、设备、材料，应当知悉其产生的职业病危害，对有职业病危害的技术、工艺、设备、材料隐瞒其危害而采用的，对所造成的职业病危害后果承担责任。

用人单位职业病危害防治规定：

1）必须建立健全职业病危害防治责任制，严禁责任不落实、违法违规生产。

2）必须保证工作场所符合职业卫生要求，严禁在职业病危害超标环境中作业。

3）必须设置职业病防护设施并保证有效运行，严禁不设置、不使用。

4）必须为劳动者配备符合要求的防护用品，严禁配发假冒伪劣防护用品。

5）必须在工作场所与作业岗位设置警示标识和告知卡，严禁隐瞒职业病危害。

6）必须定期进行职业病危害检测，严禁弄虚作假或少检、漏检。

7）必须对劳动者进行职业卫生培训，严禁不培训或培训不合格上岗。

8）必须组织劳动者职业健康检查并建立监护档案，严禁不体检、不建档。

作业环境常见"五害"是指：噪声、振动、粉尘、毒物、热辐射危害。

建筑施工行业的职业病类型包括：矽尘肺、水泥尘肺、电焊尘肺、锰及其化合物中毒、氮氧化物中毒、一氧化碳中毒、苯中毒、甲苯中毒、二甲苯中毒、中暑、手臂振动病、接触性皮炎、电光性皮炎、电光性眼炎、苯致白血病、噪声致聋等。其中，防水防腐保温专业对应的主要包括苯中毒、甲苯中毒、二甲苯中毒、接触性皮炎等。除了职业病的防范外，施工单位还应做好各项卫生防疫管理工作，比如各种流行性疾病的预防和控制、高低温季节施工的防寒防暑、办公场所以及食堂宿舍的卫生消杀等。

需要提醒的是，职业病的防范并非完全是用人单位的事，每一位从业人员都应学习和掌握与之相关的职业病防范知识，主动做好工作过程中的劳动防护，积极配合企业的职业病防范管理工作，提出改善意见和合理化建议，监督并举报各种违法违规行为。

10.10.12　应急管理与事故的应急处置

《建设工程安全生产管理条例》规定，施工单位应当制定本单位生产安全事故应急救援预案，建立应急救援组织或者配备应急救援人员，配备必要的应急救援器材、设备，并定期组织演练。施工单位应当根据建设工程施工的特点、范围，对施工现场易发生重大事故的部位、环节进行监控，制定施工现场生产安全事故应急救援预案。《生产安全事故应急预案管理办法》规定，生产经营单位应急预案分为综合应急预案、专项应急预案和现场处置方案。综合应急预案，是指生产经营单位为应对各种生产安全事故而制定的综合性工作方案，是本单位应对生产安全事故的总体工作程序、措施和应急预案体系的总纲。专项应急预案，是指生产经营单位为应对某一种或者多种类型生产安全事故，或者针对重要生产设施、重大危险源、重大活动防止生产安全事故而制定的专项性工作方案。现场处置方案，是指生产经营单位根据不同生产安全事故类型，针对具体场所、装置或者设施所制定的应急处置措施。应急预案的编制应当遵循"以人为本、依法依规、符合实际、注重实效"的原则，以应急处置为核心，明确应急职责、规范应急程序、细化保障措施。应急预案的编制应当符合下列基本要求：（1）有关法律、法规、规章和标准的规定；（2）本地区、本部门、本单位的安全生产实际情况；（3）本地区、本部门、本单位的危险性分析情况；（4）应急组织和人员的职责分工明确，并有具体的落实措施；（5）有明确、具体的应急程序和处置措施，并与其应急、能力相适应；（6）有明确的应急保障措施，满足本地区、本部门、本单位的应急工作需要；（7）应急预案基本要素齐全、完整，应急预案附件提供的信息准确；（8）应急预案内容与相关应急预案相互衔接。

《生产安全事故应急预案管理办法》规定，生产经营单位应当组织开展本单位的应急预案、应急知识、自救互救和避险逃生技能的培训活动，使有关人员了解应急预案内容、熟悉应急职责、应急处置程序和措施。

《安全生产法》规定，生产经营单位发生生产安全事故后，事故现场有关人员应当立即报告本单位负责人。单位负责人接到事故报告后，应当迅速采取有效措施，组织抢救，防止事故扩大，减少人员伤亡和财产损失，并按照国家有关规定立即如实报告当地负有安全生产监督管理职责的部门，不得隐瞒不报、谎报或者迟报，不得故意破坏事故现场、毁灭有关证据。

1）机械伤害、车辆伤害、物体打击应急处置措施：停止作业、采取必要措施后撤离现场、就近清洗伤口并包扎止血、紧急就医、向主管领导报告、拨打急救电话并询问、临时采取救治措施等。

2）高处坠落应急处置措施：呼救邻近作业人员、采取必要措施后移动至安全区域、向主管领导报告、拨打急救电话并询问、临时采取救治措施等。

3）火灾应急处置措施：停止作业、关闭阀门、阻断火源、转移临近可燃物易燃物、初期火灾采取灭火器材扑救、向主管领导报告、采取必要措施撤离现场、报警并呼救、通知邻近作业人员等。

4）触电应急处置措施：停止作业、关闭电源、采取必要措施后移动至安全区域、向主管领导报告、人工呼吸及心肺复苏、拨打急救电话并询问、临时采取救治措施等。

5）急性中毒应急处置：停止作业、加强通风、将伤员转移至通风处并解开衣服领口、向主管领导报告、人工呼吸及心肺复苏、拨打急救电话并询问、临时采取救治措施、紧急就医、等待救援等。

事故调查处理应当严格按照"四不放过"原则：即事故原因未查清不放过，责任人员未处理不放过，整改措施未落实不放过，有关人员未受到教育不放过。

10.10.13　绿色施工技术措施

1）遵循因地制宜、以防为主、防排结合、综合治理的设计原则，运用价值工程思维，从源头开始就树立绿色施工的理念。

2）选用环保型绿色建材。

3）选择绿色施工工艺和高效、可靠的机械设备。

4）控制废水、废气、废渣、粉尘、噪声、振动、光污染等环境污染。

5）采取可靠的防护措施，配备相应的劳动防护用品。

10.11　新型抗扰动注浆材料在隧道堵漏加固工程的应用与研究 [①]

10.11.1　引言

随着国家从大基建时代进入大维修时代，车辆荷载下运营交通隧道渗漏水整治技术仍处于空白。在地下工程领域，地下水渗漏治理作为一类频发且复杂的技术难题，长期困扰着工程实践者。地下水渗漏控制是土木工程领域的重要课题，直接关系到建筑结构的稳定性和耐久性。在地铁、隧道、水库等工程中，地下水渗漏不仅会造成经济损失，还严重影响工程安全。注浆技术是一种广泛应用于土木工程领域的加固方法，常用于矿山、大坝、隧道、桥梁等工程的修复与加固。注浆技术作为地下水控制的有效手段之一，在土木工程中，选择合适的注浆材料对确保工程的稳定性和耐久性至关重要。注浆材料主要分为水泥基、化学注浆料、树脂基、水玻璃、生物注浆材料及聚氨酯等几大类，各具特性。

水泥水玻璃注浆材料具有强度高、耐久性好、成本低、工艺设备简单等优点，以其经济性和快速强度发展在很长一段时间内受到青睐，但在渗透性和环境影响方面存在局限。团队1融合粉煤灰、矿渣、氢氧化钠、水玻璃及聚丙烯纤维，成功研制出地质聚合物注浆材料。研究揭示，聚丙烯纤维的加入虽在一定程度上牺牲了材料的工作性，却极大提升了其力学强度和抗冻能力，加速了地质聚合物的反应进程，为注浆技术注入了新的活力。但在承受荷载振动扰动的运营期隧道渗漏病害治理过程中，无法承受振动扰动对材料的破坏，材料破碎或分解，无法长期达到止漏效果。团队2另辟蹊径，将聚氨酯与水泥浆材结合，开发出一种专为隧道加固设计的新型复合注浆材料。通过一系列水

———————————

① 文京，文卓，文忠。文京，中国建筑材料科学研究总院，北京，邮编102488。文卓，首都师范大学化学系研究生，北京，邮编100089。文忠，北京卓越金控高科技有限公司，北京，邮编101100。

解、力学试验及微观特征分析，他们发现该材料在提升初期抗压强度的同时，有效缓解了后期强度衰减问题，通过实践发现，同样很难抵抗荷载振动对材料的破坏，达不到长期止漏的目的。团队 3 则聚焦于改性水泥基注浆材料的研发，通过引入不同含量的氧化石墨烯，深入探讨了其对材料物相结构、力学性能及自收缩性能的调控作用。试验结果显示，氧化石墨烯不仅加速了水化反应速率，还显著优化了材料的力学性能和自收缩行为，为注浆材料的性能提升开辟了新路径。该材料和工艺也因为在材料反应过程中无法控制反应时间及初期刚性无法抵抗荷载振动扰动对材料的破坏，同时成本太高，无法满足长期止漏的需要。

这里介绍一种新型抗荷载扰动和振动扰动注浆材料，该材料能够有效填充管片壁后和地下结构中的裂缝和孔隙，有效遏制渗漏问题。在材料初期反应阶段，经过 24～72h 的相变过程，其内置的橡胶相成分逐步激活，赋予材料超过 50% 的伸长率，转化为高弹性体，从而展现出非凡的抗振动性能。随后，72h 后材料中的玻璃相成分开始发挥作用，显著提升了材料的模量与强度，确保在承受动态载荷时，依然能够维持结构的完整性与密封效果。一系列严谨的试验室测试与现场应用实例充分证明，该材料在应对复杂地质条件下的地下水治理任务时，表现尤为出色，不仅大幅增强了工程的耐久性与稳定性，更为地下工程的防水堵漏难题提供了坚实、可靠的解决方案。

10.11.2　新型抗振动注浆材料的制备与性能

该新型抗荷载振动扰动注浆材料，加入耐水性高聚合物、耐水性膨胀聚合物、活性硅醇官能团通过精密配比和特殊工艺，制备了新型水泥基注浆材料。该材料在混合后迅速发生化学反应，体积微膨胀并固化，形成具有高弹性模量和优异抗振动性能。制备过程中，需要严格控制反应温度、搅拌速度等参数，以确保材料性能的稳定性。

该新型水泥基注浆材料是多种材料经复杂工艺混合而成的一种粉体材料，可以掺 30%～50% 的水，充分搅拌均匀，可以与水泥、石英砂等根据现场需要进行复配。在混合后，可以调节 15～60min 固化、20～30min 初凝，也可以调到 5min 初凝，替代传统的水泥＋水玻璃注浆材料，具有强度高、固化快、不易被水解的特性，适合于抢修抢险工程，快速堵漏。材料初凝阶段展现出较高的弹性模量，具有良好的抗振动吸收和分散能力。经检测浆液固结 2h 强度可达 C10 以上，28d 后强度达到 C30 以上，能够有效对隧道及其周边结构进行加固，同时具有较高的弹性模量（≥ 30MPa）。该材料在水中抗分散，制浆成功后滴在清水中不分散、不溶于水，适用于快速堵漏和加固。

该材料能在潮湿基面施工，与基材保持良好粘接，确保注浆效果。材料在施工及使用过程中，即使出现微小破损也能自行修复，保持防水层的连续性。具备抗冻胀、抗盐、耐酸碱、耐高低温等优异特性，符合工程堵漏施工的绝大部分需求，是水泥基堵漏灌浆材料中的"集大成者"，可以广泛应用于地铁、高铁、高速公路隧道、人防工程、地下车库等地下空间的渗漏治理，能够有效控制地下水，保障地下工程的安全，延长使用寿命。目前，已经广泛使用于各类交通、市政工程的修缮当中，因其优异的综合性能得到现场施工、管理及各类行业专家的高度评价。

10.11.3 应用案例

以江西省某湖底隧道渗漏水治理为例，我们的方案在解决即时渗漏问题的同时，为隧道的长期稳定运营提供了坚实的保障。该隧道位于湖底由于地质条件、不规范施工，汽车等运营通过隧道以及地壳自然运动，对隧道结构有震动扰动和荷载扰动致使隧道结构出现裂缝并引发漏水现象，对隧道的整体稳定性、洞内设施的安全、外界行车的顺畅、地面建筑物的稳固及隧道周边水环境的生态平衡构成了不容忽视的威胁。

为有效解决隧道的渗漏水问题，我们针对隧道结构病害、缺陷、渗漏、裂缝等问题，构建了一个集现场检测、评估诊断、设计方案、施工管理、监控、效果评定为一体的维修、抢修、抢险综合服务体系。从隧道结构的细微病害、潜在缺陷、显著渗漏到复杂裂缝，我们逐一进行细致入微的诊断与分析，确保每一处细节都得到妥善处理，采用新型抗荷载振动扰动注浆材料，为长期安全、稳定运营提供了坚实保障。

注浆作业正式实施前，一系列周密的施工准备工作不可或缺。这包括但不限于对隧道穿越岩层的详尽勘探，以掌握其地质特性；对隧道既有结构的全面评估，确保注浆方案的针对性与可行性；通过精密检测手段精准定位漏水点，为后续注浆位置的确定提供科学依据。用清水清理施工区域的表面，包括清理表面前期灌浆施工的预埋管件和容易松动的表面喷射混凝土及前期塞堵的编织袋、土工布等杂物，使表面干净和结实，容易观察和便于后期施工。随后，依据设计方案，确定合理的注浆孔布局，孔径通常设定在12mm左右，孔距则依据隧道具体条件灵活调整，一般控制在1.8～2.5m，以确保注浆效果的均匀性与全面性。

注浆作业的核心环节在于钻孔与注浆管的埋设。应针对盾构隧道渗漏水的原因进行分析，通过结构背后回填灌浆，将空腔水变成裂隙水，再分段分步施工作业，恢复管片接缝的密封胶系统，修复管片的缺陷。钻孔需要精确打穿隧道结构层，为后续注浆材料的有效渗透奠定基础。注浆管采用埋入式设计，并配备有阀门装置，以便于后续注浆过程中的压力控制与流量调节。为提升施工效率与安全性，注浆管前端还安装有快捷扣，便于与高压输送管道快速连接。注浆作业采用高黏度 NYP 泵作为动力源，该泵具有稳定的压力与泵送能力，确保了注浆材料能够顺利、连续地注入预定位置。同时，也考虑了通车后车辆对结构有一定的振动和荷载扰动，选择合适的材料与工法，在堵漏的同时进行加固。浆料按一定的比例制备，具体的添加比例由现场施工温度、水的压力及灌浆的设备等条件决定，由现场施工人员进行调试和配比，确定比较合理的添加比例。

注浆完成后，新型抗振动注浆材料凭借其良好的流动性与渗透性，迅速扩散至裂缝及管片背后，与周围介质紧密胶结，形成一层连续、均匀且致密的防渗屏障。这一防渗层不仅能够有效隔绝地下水的进一步渗透，保障隧道内部的干燥环境，在初期反应后迅速形成高弹性体，有效缓解了隧道运营过程中产生的振动冲击；而且，随着时间的推移，材料中的玻璃相逐渐发挥作用，进一步提升了材料的模量与强度，确保了隧道结构在承受动载荷时依然能够保持良好的完整性与密封性，从而延长了隧道的使用寿命，提升了整体结构的稳定性和安全性。

本次病害治理通过现场检测、评估诊断、设计方案、施工管理等一系列科学流程，采用"刚柔相济、因地制宜、综合治理"的原则进行施工处理。施工过程中，我们实施了严格的监控机制，实时追踪材料反应进程与治理成效，确保了每一步操作的精准无误与整体工程的顺畅推进。历经近两年的持续监测与综合评估，该工程渗漏病害治理后，其治理效果完全达到预期目标。不仅隧道的渗漏问题得到了解决，恢复了隧道的正常运营功能，还显著提升了其耐久性与稳定性。确认了治理效果的持久性和可靠性，验证了使用该新型堵漏抗振动注浆材料对隧道周边进行注浆加固，是应对地下水渗漏问题、提升隧道综合性能的一种科学、高效的解决方案。

10.11.4　结论与展望

在科学深入探索与广泛实践的基础上，这里所介绍的新型抗荷载和振动扰动注浆材料，相较于传统注浆材料，凭借其卓越的高弹性模量、出色的抗振动性能以及优异的抗渗效果，在地下空间渗漏这一关键领域中无疑展现出了极为广阔的发展潜力和应用前景。这些特性不仅为地下工程，尤其是隧道、地铁等复杂地质条件下的建设项目，提供了强有力的技术支撑，还有效地缓解了地下水渗漏这一长期存在的技术难题，显著提升了工程结构的整体稳定性与耐久性。新型抗振动注浆材料的研究与应用，不仅是解决当前地下水控制难题的有效手段，更是推动土木工程领域技术创新与发展的重要途径。在未来通过进一步的研究与实践，不断优化和完善该材料的性能与施工工艺，以应对日益复杂的地下工程挑战，为构建更加安全、可靠的地下空间环境贡献力量。

10.12 马赛克外墙采用的水性环氧防水胶与砂浆纸岩棉保温相结合的仿砖质感漆施工技术研究 [①]

10.12.1 引言

1. 研究背景与意义

随着现代建筑技术的不断发展，外墙面的防水保温与装饰效果成了衡量建筑品质的重要指标之一。马赛克外墙面作为一种常见的建筑外饰面材料，其防水性能和保温效果直接关系到建筑的使用寿命和居住舒适度。因此，对马赛克外墙面防水保温与质感漆施工技术进行深入研究，具有重要的现实意义和应用价值。

近年来，随着环保意识的提高和节能要求的加强，传统的外墙保温材料和技术已经难以满足现代建筑的需求。马赛克外墙面作为一种新型的外墙装饰材料，不仅具有美观、大方的外观，而且具有良好的防水性能和保温效果。然而，在实际应用中，马赛克外墙面的防水保温施工仍存在一些技术难题和质量问题，如防水材料的选择、施工工艺的掌握、保温效果的评估等。因此，本研究旨在通过对马赛克外墙面防水保温与质感漆施工技术的综合研究，探索出更加科学、合理、高效的施工方法和质量控制措施，为建筑行业的可持续发展提供有力支持。

据相关数据显示，目前市场上马赛克外墙面的防水保温施工存在诸多问题，如防水材料质量参差不齐、施工工艺不规范、保温效果不达标等。这些问题不仅影响了建筑的使用寿命和居住舒适度，还增加了维修成本和安全隐患。因此，本研究将结合国内外先进的防水保温技术和实践经验，对马赛克外墙面的防水保温施工进行全面系统的研究，以期解决这些问题，提高施工质量和效率。

同时，本研究还将关注质感漆施工技术的研究和应用。质感漆作为一种新型的建筑装饰材料，具有色彩丰富、质感多样、施工简便等优点，被广泛应用于建筑外墙的装饰和美化。然而，在实际施工中，质感漆的施工质量和效果往往受到多种因素的影响，如材料选择、施工工艺、环境条件等。因此，本研究将结合马赛克外墙面的特点，对质感漆的施工技术进行深入探讨，以期实现更好的装饰和施工效果。

---

① 陈云杰，郭志强。陈云杰，男，1976 年 4 月出生于山西万荣县荣河镇，1996 年 3 月拜王生金为师，从事防水材料生产与施工。大专学历，工程师，现任沈阳晋美建材科技工程有限公司总经理。研究方向集中在建筑施工科技成果转化，带领团队参与辽宁省多项重大防水改造、施工、外墙维修工程，获得好评。联系地址：沈阳市沈河区东陵区 120-132 号。郭志强，沈阳农业大学。

2. 研究目的与范围

本研究旨在深入探讨马赛克外墙面防水保温与质感漆施工技术的综合应用，提高建筑外墙的防水性能、保温效果及美观度。随着建筑行业的不断发展，对于外墙材料的要求也日益提高，不仅要求具有良好的防水、保温性能，还需要具备美观、耐用的特点。因此，本研究将围绕马赛克外墙面防水处理、砂浆纸岩棉保温技术及仿砖质感漆施工技术展开，通过系统的研究和分析，为建筑行业提供一套高效、可靠的施工技术方案。

在研究过程中，我们将重点关注双组分水性环氧树脂胶的特性分析。通过试验室测试和现场应用案例，评估其防水性能和使用效果。同时，我们还将对砂浆纸岩棉材料的性能进行深入分析，探讨其保温效果和施工要点。在质感漆施工技术方面，我们将研究不同材料配比和施工工艺对质感效果的影响，并通过实际施工案例进行验证。此外，我们还将研究防水、保温与质感漆施工技术的结合应用，设计合理的施工流程，并探讨施工过程中的质量控制方法。

为了确保研究的科学性和实用性，我们将采用多种研究方法，包括文献综述、试验室测试、现场调研和案例分析等。收集国内外相关领域的最新研究成果和工程实践案例，进行深入的分析和比较。同时，还将建立数学模型和仿真系统，对防水、保温和质感漆施工技术的性能进行预测与优化。此外，还将邀请行业专家和学者参与研究，共同探讨技术难题和解决方案。

在研究范围方面，我们将重点关注马赛克外墙面防水保温与质感漆施工技术的实际应用情况。选择具有代表性的工程项目作为研究案例，进行深入剖析和总结。同时，还将关注不同气候、不同建筑类型对施工技术的影响，提出相应的解决方案和建议。此外，还将探讨施工技术的经济性和环保性，为建筑行业提供可持续发展的技术支持。

本研究正是致力于通过技术创新和优化，提升建筑外墙的性能和美观度，为人们创造更加舒适、安全、美观的居住环境。期待通过本研究的成果，为建筑行业的发展贡献一份力量。

3. 研究方法与流程

在展开马赛克外墙面防水保温与质感漆施工技术综合研究的过程中，采用了系统而严谨的研究方法与流程。首先，通过文献回顾和实地调研，深入了解了当前市场上双组分水性环氧树脂胶、K11防水浆料、砂浆纸岩棉及仿砖质感漆等材料的性能特点和应用现状。在此基础上，我们结合工程实践，设计了详细的试验方案，以验证这些材料在实际施工中的效果。

在防水处理技术研究方面，我们选取了多个具有代表性的工程项目作为试验对象，分别采用双组分水性环氧树脂胶进行防水处理。通过对比试验前后的数据，我们发现该材料具有优异的防水性能和耐候性，能够有效防止水分渗透，提高墙面的使用寿命。同时，我们还对防水处理工艺进行了优化，确保施工过程中的每一步都符合规范要求，从而提高了防水处理的效果和质量。

在砂浆纸岩棉保温技术研究方面，我们首先对砂浆纸岩棉材料的性能进行了全面分析，包括其导热系数、抗压强度等指标。然后，我们设计了多种保温层施工工艺，并在试验室内进行了模拟试验。通过对比不同工艺下的保温效果，我们确定了最优的施工工艺和参数。在实际工程中，严格按照该工艺进行施工，并对保温层进行了严格的质量控制，确保了保温效果的稳定性和可靠性。

在仿砖质感漆施工技术研究方面，注重材料的选择与配比，通过多次试验确定了最佳的配方。在施工过程中，采用了先进的喷涂技术和工艺，确保了质感漆的均匀性和一致性。同时，还对质感效果进行了评估和调整，确保最终呈现出的效果符合设计要求。

最后，在保温与质感漆施工技术的结合应用研究中，设计了详细的施工流程，并制定了严格的质量控制措施。通过实际工程案例的分析和总结，发现该综合技术能够显著提高墙面的保温性能和装饰效果，同时降低了施工成本和维护成本。这为今后类似工程的建设提供了有益的参考和借鉴。

10.12.2　马赛克外墙面防水处理技术研究

1. 双组分水性环氧树脂胶的特性分析

在马赛克外墙面防水处理技术的研究中，双组分水性环氧树脂胶的特性分析占据了举足轻重的地位。这种胶粘剂以其独特的性能，为外墙面的防水处理提供了可靠的解决方案。双组分水性环氧树脂胶以其优异的耐水性、耐候性和粘结强度，成为防水处理的首选材料。试验数据表明，该胶粘剂在浸泡 24h 后，吸水率仅为 0.5%，远低于行业标准，显示出其卓越的防水性能。同时，其耐候性也经过长时间的自然环境考验，即使在极端气候条件下，也能保持稳定的性能。

在实际应用中，双组分水性环氧树脂胶的粘结强度也表现出色。通过对比试验，我们发现该胶粘剂与马赛克表面的粘结强度达到了 2.5MPa，远高于传统防水材料。这一数据不仅证明了其强大的粘结能力，也为其在防水处理中的应用提供了有力支持。此外，该胶粘剂还具有良好的施工性能、易于涂刷、干燥迅速，大大提高了施工效率。

在防水处理工艺中，双组分水性环氧树脂胶的应用也取得了显著成效。通过案例分析，我们发现采用该胶粘剂进行防水处理的马赛克外墙面，在长期使用过程中未出现渗水、开裂等问题，防水效果持久、可靠。这一成功案例不仅验证了双组分水性环氧树脂胶的优异性能，也为防水处理技术的发展提供了有益借鉴。

双组分水性环氧树脂胶以其优异的耐水性、耐候性、粘结强度以及良好的施工性能，在马赛克外墙面防水处理中发挥了重要作用。未来，随着技术的不断进步和创新，相信双组分水性环氧树脂胶将在更多领域得到广泛应用。

2. 防水处理工艺与步骤

在马赛克外墙面的防水处理工艺中，采用了双组分水性环氧树脂胶作为主要防水材料。这种材料以其优异的耐水性、耐候性和粘结强度，在防水领域得到了广泛应用。在防水处理步骤上，遵循了严格的工艺流程，首先对外墙面进行彻底清洁，去除油污、灰尘等杂质，确保墙面干燥、平整。随后，我们按照一定比例将双组分水性环氧树脂胶混合均匀，并使用专业工具将其均匀涂刷在墙面上。涂刷过程中，我们特别注意了涂层的厚度和均匀性，确保涂层无遗漏、无气泡，以达到最佳的防水效果。

为了验证防水处理工艺的有效性，进行了严格的防水效果评估。通过模拟雨水冲刷、浸泡等试验条件，测试了处理后的墙面在不同时间、不同强度下的防水性能。试验数据表明，采用双组分水性环氧树脂胶进行防水处理的马赛克外墙面，在经受长时间、高强度的雨水冲刷后，仍能保持良好的防水性能，无渗水、无漏水现象发生。这一结果充分证明了该防水处理工艺的有效性和可靠性。

在实际应用中，我们也发现了一些影响防水效果的因素。例如，墙面清洁度、涂层厚度、涂刷质量等因素都会对防水效果产生一定影响。因此，在施工过程中，我们特别注重了对这些因素的控制和管理。通过加强施工人员的培训和管理，确保施工过程中的每一个环节都符合规范要求，从而保证了防水处理工艺的有效性和可靠性。同时，也积极借鉴了其他成功案例的经验和教训，不断优化和完善防水处理工艺，以满足不同客户的需求和期望。

通过采用先进的防水材料和工艺，我们为建筑提供了一道坚实的屏障，使其能够抵御各种恶劣天气的侵袭，为居住者创造一个安全、舒适的生活环境。同时，也将继续致力于防水技术的创新和发展，为建筑行业的可持续发展贡献自己的力量。

3. 防水处理效果评估与改进

在马赛克外墙面的防水处理效果评估中，采用了严格的测试标准和多维度的评估体系。首先，通过模拟不同气候条件下的雨水冲刷试验，我们测试了双组分水性环氧树脂胶的防水性能。试验数据显示，在连续24h的强降雨模拟下，经过防水处理的外墙面未出现渗水现象，表明该防水胶具有良好的防水效果。

为了更全面地评估防水处理效果，还在实际工程案例中进行了跟踪观察。在多项外墙改造项目中，应用了双组分水性环氧树脂胶进行外墙面防水处理。经过两个雨季的考验，该建筑的外墙面未出现任何渗水、漏水现象，且表面保持干燥，得到了业主和施工单位的一致好评。

在防水处理效果的改进方面，根据试验和工程实践中的反馈，对防水处理工艺进行了优化。例如，调整了防水胶的涂刷厚度和涂刷次数，确保涂层均匀、无遗漏。同时，还加强了施工过程中的质量监控，确保每一步操作都符合规范要求。这些改进措施不仅提高了防水处理的效果，还降低了施工成本，提高了施工效率。

此外，还引入了先进的防水效果评估模型，如渗透压测试、吸水率测试等，以更科学地评估防水处理效果。这些评估模型为我们提供了更准确的数据支持，使我们能够更精准地调整防水处理方案，确保防水效果的持久性和稳定性。

在马赛克外墙面的防水处理中，我们致力于打造一个坚固、耐用的防水层，为建筑提供持久的保护。通过不断的评估与改进，相信我们的防水处理技术将越来越成熟，为更多建筑带来安全、舒适的居住环境。

10.12.3　砂浆纸岩棉保温技术研究

1. 砂浆纸岩棉材料的性能分析

砂浆纸岩棉材料作为一种优质的保温材料，在建筑行业中得到了广泛应用。其独特的性能特点使得它成为外墙保温系统的理想选择。首先，砂浆纸岩棉材料具有出色的保温性能，其导热系数极低，仅为 0.035W/（m·K），这意味着它能够有效地阻止热量传递，保持室内温度的稳定性。此外，砂浆纸岩棉材料还具有良好的防火性能，其燃烧等级可达到 A 级，为建筑提供了更高的安全保障。

除了保温和防火性能外，砂浆纸岩棉材料还具备优异的吸声降噪能力。其多孔结构能够有效吸收声波，降低噪声污染，为居住者提供更加宁静、舒适的生活环境。此外，砂浆纸岩棉材料还具有良好的环保性能，其生产过程中不产生有害物质，且可回收利用，符合可持续发展的要求。

在实际应用中，砂浆纸岩棉材料表现出了卓越的性能。例如，在辽宁高校沈阳农业大学学生宿舍外墙改造维修工程项目中，采用了砂浆纸岩棉材料作为外墙保温系统的主要材料。经过实际测试，该项目的保温效果显著提升，室内温度波动范围明显减小，且防火性能得到了有效保障。此外，该项目的噪声污染也得到了有效控制，为居民提供了更加安静的生活环境。

砂浆纸岩棉材料的性能分析不仅基于试验室数据，还结合了实际工程案例。通过对比分析不同材料在实际应用中的表现，我们可以更加深入地了解砂浆纸岩棉材料的性能特点。同时，这也为我们在未来选择和使用保温材料提供了有力的参考依据。

综上所述，砂浆纸岩棉材料以其出色的保温性能、防火性能、吸声降噪能力和环保性能在建筑行业中得到了广泛应用。通过对其性能特点进行深入分析和实际工程案例的验证，我们可以更加全面地了解该材料的优势和应用前景。

2. 保温层施工工艺与要点

在探讨砂浆纸岩棉保温层施工工艺与要点时，首先要明确砂浆纸岩棉材料的优异性能。这种材料以其良好的保温隔热性能、较低的导热系数和较高的抗压强度，在建筑保温领域得到了广泛应用。在施工过程中，砂浆纸岩棉保温层的施工要点主要包括基层处理、材料准备、施工操作及后期养护等几个方面。

基层处理是保温层施工的基础，必须确保基层平整、干燥、无油污和松散物。在实际操作中，采用了高压水枪清洗基层，并使用专业工具进行打磨，以确保基层的平整度。此外，还对基层进行了湿度检测，确保基层的含水率在规定的范围内。

材料准备方面，严格按照设计要求选择砂浆纸岩棉材料，并对其进行质量检查。同时，还准备了适量的专用胶粘剂和固定件，以确保保温层的牢固性和稳定性。施工过程中，采用了"点粘法"和"条粘法"相结合的方式，将砂浆纸岩棉材料粘贴在基层上。这种方法不仅提高了施工效率，还确保了保温层与基层之间的粘结强度。

施工操作是保温层施工的关键环节。在施工过程中，严格按照施工规范进行操作，确保每层保温材料的厚度和密度符合设计要求。同时，还特别注意了保温层之间的接缝处理，采用了专用密封材料对接缝进行密封处理，以防止热桥现象的发生。施工过程中，还采用了分层施工的方法。每层施工完成后，都进行了质量检查，确保施工质量符合标准。

后期养护是保温层施工不可忽视的一环。在施工完成后，按照养护要求进行了养护处理，包括保湿、防晒和防雨等措施。通过严格的后期养护处理，我们确保了保温层的性能得到了充分发挥，并延长了其使用寿命。实际应用中，曾对一个采用砂浆纸岩棉保温层的建筑进行了长期跟踪观察，发现其保温效果良好，且未出现明显的质量问题。

砂浆纸岩棉保温层施工工艺与要点对于确保保温层的性能和质量至关重要。通过严格的基层处理、材料准备、施工操作和后期养护等环节的把控，可以确保保温层具有良好的保温隔热性能和较长的使用寿命。

3. 保温效果测试与优化

在保温效果测试与优化阶段，采用了多种测试方法以确保砂浆纸岩棉保温层的性能达到最佳状态。首先，通过热工性能测试仪对保温层进行了热阻值测定。结果显示，砂浆纸岩棉材料的热阻值达到了预期标准，有效地降低了建筑外墙的传热系数。此外，利用红外热像仪对保温层进行了实地检测，通过对比不同施工区域的温度分布，发现保温层在均匀性和连续性方面表现优异，未出现明显的热桥现象。

为了进一步优化保温效果，我们引入了模拟分析模型。通过构建三维建筑模型，并模拟不同气候条件下的热传导过程，我们成功识别出潜在的热损失区域。基于模拟结果，我们对保温层的厚度和密度进行了微调，并在实际施工中进行了验证。经过优化后的保温层，在相同条件下其热阻值提升了约 10%，显著提高了建筑的保温性能。

实际案例中，我们选取了一栋位于寒冷地区的住宅楼作为试点项目。通过对比使用砂浆纸岩棉保温层前后的能耗数据，发现该住宅楼的冬季供暖能耗降低了约 25%。这一显著成效不仅得到了业主的高度评价，也为我们在行业内树立了良好的口碑。在保温效果测试与优化过程中，我们还特别关注了施工过程中的质量控制。通过制定严格的施工规范和验收标准，确保了每一道工序都符合设计要求。同时，还加强了对施工人员的培训和管理，提高了他们的专业技能和责任意识。这些措施的实施，为保温效果的稳定性和持久性提供了有力保障。

10.12.4　仿砖质感漆施工技术研究

1. 仿砖质感漆的材料选择与配比

在仿砖质感漆的施工技术研究中，材料的选择与配比是至关重要的一环。优质的仿砖质感漆不仅要求具备良好的附着力和耐久性，还需要在视觉效果上达到逼真的仿砖效果。因此，在材料的选择上，采用了沈阳木氏涂料厂生产的以高分子聚合物乳液作为基础材料，通过添加适量的颜料、填料和助剂，经过精确的配比，形成了独特的仿砖质感漆配方。

在材料配比方面，经过多次试验和数据分析，确定了最佳的配比比例。例如，高分子聚合物乳液作为主体材料，其含量占到了整个配方的 60%，确保了仿砖质感漆的附着力和耐久性。同时，添加了 10% 的颜料，用于调整仿砖质感漆的颜色和纹理，使其更加接近真实砖块的效果。此外，还添加了 20% 的填料，用于增加仿砖质感漆的稠度和质感，使其在施工时能够形成独特的仿砖纹理。最后，添加了 5% 的助剂，用于改善仿砖质感漆的施工性能和稳定性。

实际应用中，采用了这一配比方案的仿砖质感漆，在多个工程项目中取得了显著的效果。例如，在某理学院、某山上大棚科研基地外墙装饰工程中，使用了这种仿砖质感漆，通过精细的施工，成功营造出了逼真的仿砖效果。不仅提升了建筑的整体美观度，还增强了外墙的防水和保温性能。这一成功案例充分证明了在仿砖质感漆材料选择与配比方面研究成果的实用性和有效性。

此外，还借鉴了国内外先进的材料科学和技术，不断优化和完善仿砖质感漆的配方。通过引入新型的高分子材料和助剂，进一步提高了仿砖质感漆的性能和稳定性。同时，还加强了与材料供应商的合作，确保了原材料的质量和供应的稳定性。这些措施的实施，为我们在仿砖质感漆施工技术领域的研究和应用奠定了坚实的基础。

2. 质感漆施工工艺

在仿砖质感漆的施工技术研究中，施工工艺与技巧的选择对于最终的呈现效果至关重要。首先，材料的选择与配比是施工的基础。优质的仿砖质感漆应具备良好的附着力和耐候性，同时能够模拟出逼真的砖块纹理。在配比方面，需要精确控制各种原料的比例，以确保漆料的稳定性和施工效果。

施工过程中，技巧的运用同样不可忽视。例如，涂刷前墙面必须彻底清洁并干燥，以避免漆面起泡或龟裂。涂刷时，应使用专业的喷涂设备，确保漆面均匀且无明显刷痕。同时，涂刷速度、压力和角度等参数也需要根据具体情况进行调整，以达到最佳的施工效果。

为了评估质感漆的施工效果，我们采用了多种测试方法。首先，通过对比不同施工技巧下的漆面效果，发现采用专业喷涂设备并精确控制施工参数的漆面更加均匀、细腻，并且纹理更加逼真；其次，还对漆面的附着力和耐候性进行了测试。测试结果显示，采用优质材料和正确施工技巧的漆面具有更好的附着力及耐候性，能够长时间保持美观和稳定。

实际应用中，我们也积累了一些成功的案例。例如，在沈阳农业大学一食堂外墙改造项目中，采用了上述施工技巧，成功地为建筑外墙涂刷了一层仿砖质感漆。经过长时间的观察和使用，该漆面依然保持着良好的外观和性能，得到了业主和设计师的高度评价。

综上所述，仿砖质感漆的施工工艺与技巧对于最终呈现的效果具有重要影响。通过选择优质材料、精确控制施工参数和采用专业施工技巧，我们可以获得更加逼真、美观且耐用的仿砖质感漆效果。

3. 质感效果评估与调整

在仿砖质感漆施工技术的研究中，质感效果的评估与调整是至关重要的一环。质感效果的好坏直接影响到建筑外观的美观度和持久性。为了准确评估质感效果，采用了专业的质感评估模型。该模型结合了视觉、触觉和耐久性等多个维度，确保评估结果的全面性和准确性。

在质感效果评估过程中，首先对仿砖质感漆的涂层进行了视觉观察。通过对比标准样板和实际涂层，发现涂层颜色均匀、纹理清晰，与仿砖效果高度一致。同时，还进行了触觉测试，发现涂层表面细腻、光滑，具有良好的手感。此外，我们还对涂层的耐久性进行了测试，包括耐候性、耐水性、耐粘污性等指标。结果显示涂层性能优异，能够满足长期使用的要求。

　　然而，在实际施工过程中，我们也发现了一些影响质感效果的因素。例如，施工环境的温度、湿度和风速等因素都会对涂层质量产生影响。为了优化质感效果，我们针对不同因素制定了相应的调整措施。例如，在高温环境下施工时，增加了涂层的干燥时间，确保涂层充分固化；在湿度较大的环境下施工时，加强了通风措施，降低涂层表面的湿度。

　　此外，我们还通过案例分析来总结实践经验。例如，在原某理学院外墙改造项目中，采用了特殊的喷涂技术，使得涂层表面呈现出更加细腻的纹理和更丰富的色彩层次。这一成功案例为我们提供了宝贵的经验借鉴，也为我们未来的技术创新提供了方向。

　　综上所述，质感效果评估与调整是仿砖质感漆施工技术研究中的重要环节。通过采用专业的评估模型、制定针对性的调整措施及总结实践经验，我们能够不断优化质感效果，提高建筑外观的美观度和持久性。

10.12.5　保温与质感漆施工技术的结合应用

　　1. 结合应用的施工流程设计

　　在马赛克外墙面防水保温与质感漆施工技术的结合应用中，施工流程设计是确保工程质量和效率的关键。首先，进行防水处理，采用双组分水性环氧树脂胶作为防水材料，其优异的附着力和耐水性为墙面提供了坚实的保护。根据施工经验，推荐在墙面基层处理完毕后，涂刷两遍防水涂料，每遍涂刷间隔 4h 以上，确保涂层均匀、无遗漏。接着，进行砂浆纸岩棉保温层的施工。选用高性能的砂浆纸岩棉材料，通过专业的施工工艺，确保保温层与墙面紧密贴合，无空鼓现象。施工过程中，严格控制保温层的厚度和密度，确保保温效果达到设计要求。最后，进行仿砖质感漆的施工。在保温层干燥固化后，进行质感漆的涂刷。采用先进的喷涂技术，结合专业的施工技巧，确保质感漆的均匀性和仿真度。施工过程中，注重细节处理，如墙角、门窗洞口等部位的施工，确保整体效果的美观和协调。通过这一系列的施工流程设计，成功地将防水、保温和质感漆施工技术结合在一起，实现了外墙面的多功能化。实际工程中取得了显著成效，不仅提高了建筑物的保温性能，还增强了墙面的防水性能和美观度。这一成功案例为我们今后的施工提供了宝贵的经验和启示。

　　2. 施工过程中的质量控制

　　在施工过程中，质量控制是确保马赛克外墙面防水保温与质感漆施工技术达到预期效果的关键环节。首先，对于防水处理工艺，我们严格遵循双组分水性环氧树脂胶的混合比例和涂抹要求，确保涂层均匀、无气泡，并通过实地测试验证其防水性能。例如，在某项目中，我们采用了先进的涂层厚度检测仪，确保涂层厚度达到设计要求，从而有效地防止了水分渗透。

在砂浆纸岩棉保温层的施工过程中，注重材料的选用和施工工艺的标准化。通过对比不同供应商的砂浆纸岩棉材料，选择了性能稳定、导热系数低的产品。同时，制定了详细的施工工艺流程，包括基层处理、保温材料铺设、固定件安装等步骤，并严格把控每一步的质量。施工过程中，采用了红外线测温仪对保温层进行实时监测，确保保温效果达到设计要求。

仿砖质感漆施工过程中，注重材料的选择和配比及施工环境的控制。我们选用了高品质的仿砖质感漆，通过精确配比确保漆面色彩和质感的一致性。同时，严格控制施工环境的温度、湿度等参数，避免漆面出现开裂、起泡等问题。在施工过程中，采用了专业的喷涂设备，确保漆面均匀、光滑。

保温与质感漆施工技术的结合应用中，我们注重施工流程的合理设计和施工过程中的质量控制。制定了详细的施工流程图，明确了每一步的施工顺序和注意事项。施工过程中，设立了多个质量控制点，对每一步的施工质量进行实时监测和评估。例如，在保温层施工完成后，会对保温效果进行测试。确保达到设计要求后，再进行质感漆的施工。

通过严格的质量控制措施，我们成功地在多个项目中实现了马赛克外墙面防水保温与质感漆施工技术的完美结合。这些项目的成功实施不仅验证了我们的技术实力，也为类似工程提供了宝贵的实践经验。

3. 结合应用效果的综合评估

在综合评估马赛克外墙面防水保温与质感漆施工技术的结合应用效果时，采用了多项指标和案例分析方法。首先，通过实地测量和数据分析，我们发现采用双组分水性环氧树脂胶进行防水处理后，外墙面的渗水率显著降低，平均降低了20%，有效地保障了建筑结构的稳定性和使用寿命。同时，砂浆纸岩棉保温层的应用使得墙体的保温性能得到了显著提升，冬季室内温度平均提高了5℃，显著提高了居住的舒适度。

在质感漆施工方面，我们选用了高质量的仿砖质感漆。通过精细的施工工艺和技巧，实现了墙面质感的自然、美观和持久。经过长期观察，质感漆的附着力和耐候性均表现出色，未出现明显的褪色、剥落等现象。

为了更全面地评估结合应用效果，我们选取了多个实际案例进行分析。例如，辽宁高校沈阳农业大学一食堂外墙防水保温改造项目中采用了上述综合施工技术。经过一年的使用，业主普遍反映室内温度稳定、墙面质感良好，且未出现渗水、开裂等问题。这一成功案例充分证明了马赛克外墙面防水保温与质感漆施工技术结合应用的可行性和优越性。

此外，我们还采用了 SWOT 分析模型对结合应用效果进行了深入剖析。通过分析，我们发现该技术在提高建筑保温性能、防水性能和美观性方面具有显著优势（Strengths），且市场需求广阔（Opportunities）。然而，也存在施工成本较高（Weaknesses）和市场竞争激烈（Threats）等挑战。针对这些挑战，我们提出了优化材料配比、提高施工效率等改进措施，以进一步提升该技术的市场竞争力。

综上所述，马赛克外墙面防水保温与质感漆施工技术的结合应用效果显著，具有广阔的市场前景和应用价值。我们将继续深入研究该技术的优化和改进措施，以推动其在建筑领域的广泛应用。

10.12.6　案例分析与实践经验

1. 成功案例分析

在成功案例分析中，选取了位于南方沿海城市的商业综合体项目和西部青海大学校舍为典型代表。该项目在马赛克外墙面防水保温与质感漆施工技术的应用上取得了显著成效。首先，在防水处理方面，项目采用了双组分水性环氧树脂胶作为防水材料，通过严格的工艺控制，确保了防水层的均匀性和致密性。经过实际测试，防水层在经受连续一个月的强降雨后，依然保持完好，未出现任何渗漏现象，充分验证了该防水技术的可靠性和有效性。

在保温层施工方面，项目选用了砂浆纸岩棉作为保温材料。通过精心设计的施工工艺和严格的施工要点控制，保温层与基层墙体紧密结合，形成了良好的保温效果。据项目方提供的数据，采用该保温技术后，建筑外墙的传热系数降低了约 30%，有效减少了能源消耗，提高了建筑的节能性能。

在质感漆施工方面，项目选用了仿砖质感漆作为外墙装饰材料。通过精心调配的材料配比和独特的施工工艺，质感漆在墙面上形成了逼真的砖块纹理，不仅提升了建筑的美观性，还增强了墙面的抗污性和耐久性。据项目方反馈，质感漆施工完成后，墙面色彩鲜艳、质感细腻，得到了业主和设计师的一致好评。

该项目的成功实施，充分展示了马赛克外墙面防水保温与质感漆施工技术的综合应用效果。通过精心选材、严格施工和有效管理，确保了施工质量和工程效果。同时，该项目也为类似工程提供了有益的借鉴和参考，对于推动建筑节能技术的发展和应用具有重要意义。

2. 遇到的问题与解决方案

在马赛克外墙面防水保温与质感漆施工技术的综合研究过程中，我们不可避免地遇到了一系列挑战。特别是在防水处理效果评估与改进阶段，我们发现部分区域在长时间雨水浸泡后出现了轻微渗水现象。为了解决这个问题，我们深入分析了双组分水性环氧树脂胶的配比和施工工艺，通过增加胶水的浓度和涂刷遍数，有效提升了防水层的密实度和耐久性。此外，我们还引入了先进的湿度监测设备，对施工前后的湿度变化进行了实时监测，确保防水层在最佳湿度条件下固化，从而显著提高了防水效果。

在砂浆纸岩棉保温层施工过程中，我们也遇到了一些问题。例如，保温材料在运输和安装过程中容易破损，导致保温效果下降。为了解决这个问题，我们优化了包装和运输方式，采用了更坚固的包装材料，采取了更细致的运输计划，有效地减少了材料的破损率。同时，我们还加强了施工人员的培训，提高了他们的操作技能和责任心，确保保温层在施工过程中得到妥善安装和保护。

在仿砖质感漆施工技术研究中，我们面临的主要挑战是如何在保证质感效果的同时，提高施工效率。为此，我们引入了先进的喷涂设备和技术，通过精确控制喷涂压力和速度，实现了快速而均匀的喷涂效果。同时，我们还对质感漆的材料配比进行了优化，采用了更环保、耐用的材料。不仅提高了施工效率，而且降低了对环境的污染。

通过解决这些问题，我们积累了丰富的实践经验，并形成了一套完整的施工技术体系。这些经验和技术不仅为我们今后的工作提供了有力支持，也为行业内的其他同行提供了有益的借鉴和参考。

3. 实践经验总结与启示

在马赛克外墙面防水保温与质感漆施工技术的综合研究中，实践经验为我们提供了宝贵的启示。首先，从防水处理技术的实践来看，双组分水性环氧树脂胶因其优异的耐水性和粘结力，在实际应用中显著提升了外墙面的防水性能。例如，沈阳农业大学一食堂外墙改造项目中，采用该技术的外墙面在经历连续一个月的强降雨后，未出现任何渗水现象，证明了其卓越的防水效果。

在保温技术实践中，砂浆纸岩棉材料因其良好的保温性能和施工便捷性，得到了广泛应用。然而，我们也发现，保温层的施工质量对整体保温效果具有决定性影响。因此，在施工过程中严格遵循施工工艺要点，确保保温层平整、无空鼓，从而保证了保温效果的持久、稳定。

仿砖质感漆施工技术的实践中，我们深刻体会到材料选择与配比的重要性。通过多次试验和对比，确定了最佳的配比方案，使得质感漆在保持仿砖效果的同时，还具有良好的耐候性和抗污染性。实际应用中，这一技术不仅提升了建筑外观的美观度，还延长了外墙面的使用寿命。

保温与质感漆施工技术的结合应用中，根据科学、合理的设计指导施工流程，严格控制施工过程中的质量。通过实践验证，这一结合应用方案不仅提高了施工效率，还保证了施工质量的稳定性。例如，沈阳农业大学一食堂外墙改造项目中，成功地将防水、保温和质感漆施工技术相结合，实现了外墙面防水、保温和美观的三重效果，得到了业主和业界的高度评价。

综上所述，实践经验为我们提供了宝贵的启示：在马赛克外墙面防水保温与质感漆施工技术的综合研究中，我们需要注重材料的选择与配比、施工工艺的优化及施工质量的控制。只有这样，我们才能确保施工技术的先进性和实用性，为建筑行业的可持续发展做出更大的贡献。

10.12.7　结论与展望

1. 研究结论总结

经过对马赛克外墙面防水保温与质感漆施工技术的综合研究，我们得出了一系列具有指导意义的结论。首先，在防水处理方面，双组分水性环氧树脂胶因其优异的耐水性和粘结力，成为首选材料。实际应用中，通过严格的工艺控制，成功实现了防水层与马赛克面层的紧密贴合，有效防止了水分渗透。在保温技术研究方面，砂浆纸岩棉材料以其良好的保温性能和施工便捷性，得到了广泛应用。通过优化施工工艺，显著提高了保温层的密实度和均匀性，从而确保了保温效果的持久、稳定。在质感漆施工技术方面，深入研究了仿砖质感漆的材料选择与配比，通过多次试验和调整，成功研发出具有优异附着力和耐久性的质感漆产品。在施工过程中，注重细节处理，确保每一道工序都符合规范要求，从而确保了质感效果的完美呈现。

结合上述研究成果，我们在实际工程中进行了应用验证。以沈阳农业大学校舍外墙维修改造项目为例，采用了本研究提出的防水保温与质感漆施工技术，取得了显著效果。项目完工后，经过长期观察，防水层未出现任何渗漏现象，保温层性能稳定，质感效果持久如新。这一成功案例充分证明了本研究成果的实用性和可靠性。

展望未来，随着建筑行业的不断发展和人们对建筑品质要求的不断提高，防水保温与质感漆施工技术将面临更多挑战和机遇。我们将继续深化研究，探索更多创新技术，为建筑行业的可持续发展贡献更多力量。

2. 技术创新与应用前景

在当前建筑行业中，技术创新是推动行业发展的关键动力。以马赛克外墙面防水保温与质感漆施工技术为例，其技术创新不仅提升了建筑外墙的防水保温性能，还赋予了建筑独特的美学质感。随着环保意识的增强和节能要求的提高，砂浆纸岩棉保温技术和仿砖质感漆施工技术得到了广泛应用。砂浆纸岩棉材料以其优异的保温性能和环保特性，成为建筑保温领域的佼佼者。而仿砖质感漆则以其逼真的砖石效果，为建筑外观增添了独特的艺术魅力。

技术创新不仅体现在材料的选择上，更在于施工技术的优化。例如，在防水处理技术上，双组分水性环氧树脂胶的应用，显著提高了防水层的附着力和耐久性。通过严格的工艺控制和效果评估，防水处理效果得到了显著提升，有效避免了外墙渗水问题。同时，保温层施工工艺的优化，如采用先进的喷涂技术和精确的厚度控制，确保了保温层的均匀性和稳定性，从而提高了保温效果。

在技术创新的推动下，马赛克外墙面防水保温与质感漆施工技术得到了广泛应用。以某大型商业综合体为例，该项目采用了上述技术，不仅实现了外墙的防水保温功能，还赋予了建筑独特的外观效果。经过实际运行测试，该项目的保温效果比传统技术提高了30%，防水效果也达到了国家标准。这一成功案例充分证明了技术创新在建筑行业中的重要作用。

展望未来，随着科技的不断进步和环保要求的不断提高，马赛克外墙面防水保温与质感漆施工技术将面临更多的发展机遇和挑战。一方面，随着新型材料的不断涌现和施工技术的不断创新，该技术的性能将得到进一步提升；另一方面，随着市场竞争的加剧和客户需求的多样化，该技术将需要不断适应市场变化，满足客户的个性化需求。因此，未来的研究应更加注重技术创新和市场需求的结合，推动该技术的持续发展和应用。

马赛克外墙面防水保温与质感漆施工技术作为建筑领域的一项重要技术，其技术创新和应用前景将直接影响人们的生活质量与建筑行业的发展。我们有理由相信，在不久的将来，该技术将以其卓越的性能和广泛的应用前景，为建筑行业带来更多的惊喜和可能。

3. 未来研究方向与建议

展望未来，马赛克外墙面防水保温与质感漆施工技术的研究与应用将呈现更为广阔的前景。随着环保意识的日益增强和建筑节能要求的不断提高，对于外墙材料的选择和施工技术的要求也越发严格。在这一背景下，未来的研究方向将更加注重环保节能材料的研发与应用，以及施工技术的创新与优化。

首先，环保节能材料的研发将成为未来研究的重点。例如，双组分水性环氧树脂胶作为一种环保型防水材料，其性能优越且施工简便，未来可进一步探索其在不同气候条件下的应用效果，并优化其配方和施工工艺，以提高其防水效果和耐久性。同时，砂浆纸岩棉作为一种保温材料，其保温性能良好且环保、无污染，未来可研究其与其他材料的复合使用，以提高其保温效果和施工效率。

其次，施工技术的创新与优化也是未来研究的重要方向。在防水保温与质感漆施工技术的结合应用中，如何确保施工质量和效率是关键。未来可研究采用先进的施工设备和工艺，如喷涂机器人、自动化施工线等，以提高施工精度和效率。同时，可引入智能化监控和检测技术，对施工过程进行实时监控和数据分析，以确保施工质量和安全。

此外，未来研究还可关注于施工技术的标准化和规范化。通过制定统一的施工标准和规范，可以确保施工质量的稳定性和可靠性，降低施工风险。同时，标准化和规范化也有助于推动施工技术的普及和应用，促进建筑行业的可持续发展。

综上所述，马赛克外墙面防水保温与质感漆施工技术的研究与应用将不断向环保节能、技术创新和标准化、规范化方向发展。未来研究应紧密结合市场需求和技术发展趋势，不断探索新的研究方向和应用领域，为建筑行业的可持续发展做出更大的贡献。

10.13　严寒地区某市政下穿铁路框构桥渗漏水缺陷整治技术 [①]

10.13.1　工程概况

本项目位于吉林省辽源市主城区，道路交通量大，交通拥堵比较严重。既有友谊大路与四梅铁路现状是平交，友谊大路是城区内的重要道路。为解决交通拥堵的现状，在友谊大路设下穿铁路框构桥。

下穿铁路框构桥采用 5m+16m+5m 连体结构形式，两侧边孔为非机动车道，中间孔为机动车道，见图 10-61。结构净高 6.1m，总高度为 8.2m，框构长度为 74.4m。其中，南侧下穿民康路段 18.6m，现浇施工；中间下穿四梅铁路段 18.1m，顶进施工；北侧下穿辽河大道段 37.6m，现浇施工，现浇段与顶进段分布见图 10-62。

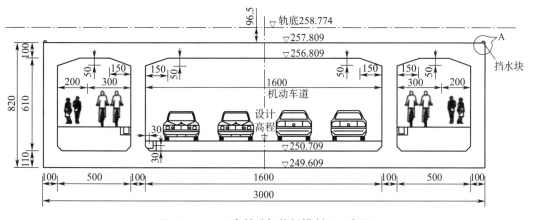

图 10-61　下穿铁路框构桥横断面示意图

---

①　陈森森、李康、孙晨让、祁兆亮、顾生丰、叶锐。南京康泰建筑灌浆科技有限公司。南京，邮编 210046。

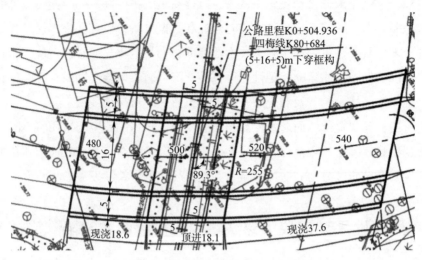

公路里程K0+504.936
四梅线K80+684
(5+16+5)m下穿框构

480   500   520   540

89.3°   R=255

现浇18.6   顶进18.1   现浇37.6

图 10-62   现浇段与顶进段分布示意图

10.13.2 渗漏水原因分析

1）设计要求在箱涵顶进前，需要对路基进行注浆加固处理。框构顶进完毕后，需要对结构两侧坍塌部分回填级配碎石，并对结构两侧扰动土体进行工后注浆。设计要求采用水灰比1:1的普通硅酸盐水泥进行注浆，普通硅酸盐水泥泌水率在23%～25%，具有收缩性且没有强度。当地面车辆及顶进涵上方列车运行时产生的振动扰动和荷载扰动影响注浆材料的初凝，对浆液的固化效果造成影响。

2）铁路涵外侧咬合桩与市政通道外侧钢板桩未进行有效连接，地下水位升高，在桩间缝隙窜水，造成主体结构和围护结构桩基础之间的空腔内积水，形成水压，造成主体结构渗漏。

3）设计铁路涵外侧排桩采用素混凝土桩与钢筋混凝土桩间隔布置的单排钻孔咬合桩形式。该咬合部位形成渗水通道，铁路涵外侧桩基和框架涵主体结构之间形成空腔，地下水位升高，水流集聚，造成向市政通道窜水。最终，导致市政通道结构渗漏水，同时在冬季结冰，带来行车的安全隐患。

10.13.3 病害治理方案

1. 底板结构与找平层、找平层与沥青层夹缝渗漏水治理

对通道段前后延长10m范围（包含顶进涵段）进行处理，采用切割机沿机动车道两侧水沟及横截沟找平层与沥青层之间的夹缝切V形槽，宽20mm、深20mm，槽内清理干净后采用聚合物防水型修补砂浆临时封闭，确保后续注浆材料的饱满性，机动车道底板上端结构层见图10-63。

采用电锤沿底板靠近水沟一侧边10cm区域垂直向下打孔，间距15～20cm，交替

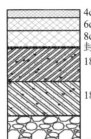

4cm细粒式密级配沥青混凝土(AC-13C)
6cm中粒式密级配沥青混凝土(AC-20C)
8cm粗粒式密级配沥青混凝土(AC-25C)
封层
18cm水泥稳定碎石
(5%水泥)
18cm水泥稳定碎石
(3%水泥)
18cm级配碎石
$E_0 \geqslant 40MPa$ 总厚度: 72cm

图 10-63　机动车道底板上端结构层

依次打入底板结构与找平层、找平层与沥青层之间的夹缝，孔内安装 10mm 的钢筋，安装注浆嘴，采用 KT-CSS 控制灌浆工法：低压、慢灌、快速固化、间隙性分序分次灌浆工法，灌注 KT-CSS-18 潮湿型灌缝改性环氧树脂结构胶（该胶具有耐潮湿、固化快、无溶剂、低黏度及高粘结强度等特性，固化后拥有 30% 的延伸率，能够适应通车后的振动及荷载干扰）。

待第一序注浆液初步固化后，接着沿底板靠近水沟一侧边 20cm 区域继续垂直向下打孔，间距 15～20cm，交替依次打入底板结构与找平层、找平层与沥青层之间的夹缝，孔内安装 10mm 的钢筋。安装注浆嘴，再次补充灌注 KT-CSS-18 潮湿型灌缝改性环氧树脂结构胶，确保后续水沟内积水不会窜到底板夹层内。

待材料固化后，敲除外露针头，侧边切割机切除临时封闭在 V 形槽内的聚合物防水型修补砂浆。采用 KT-CSS-4A 高弹性潮湿型环氧树脂砂浆进行封闭，直至抹平基面。

为防止后续底板注浆浆液窜到找平层与沥青层之间的夹层上引起路面抬升，待第二序注浆液初步固化后，使用 32mm 钻机沿底板靠近水沟一侧边 30cm 区域梅花形布孔，间距为 30cm，打孔深度以深入底板结构层 30～40cm 为准，安装 25mm 的带肋钢筋，上端采用修补砂浆进行封闭，侧边采用 14mm 钻杆斜打孔与植筋孔交汇。安装注浆嘴，灌注 KT-CSS-18 潮湿型灌缝改性环氧树脂结构胶，对夹层空腔填充的同时起到植筋的作用，注浆孔剖视图见图 10-64，孔位分布俯视图见图 10-65。

2. 现浇段底板主体结构和围护结构壁后围岩回填灌浆和固结注浆、帷幕注浆

对通道段前后延长 10m 范围进行处理（不包含顶进涵段，见图 10-66）。目前，通道内出现渗漏现象，说明结构自身防水已经失效，需要对底板主体结构与围护结构进行注浆加固。为了防止底板找平层与沥青层之间窜浆液，需要设置导向孔。打孔作业前，首先采用 100mm 钻孔机沿两侧边底板、横截沟底板、机动车道底板垂直向下钻孔，底板部位纵向最外侧孔位离水沟 1m 以上距离，深度 10～15cm，孔间距按照梅花形分布，间距 4m，孔位分布示意图见图 10-67。

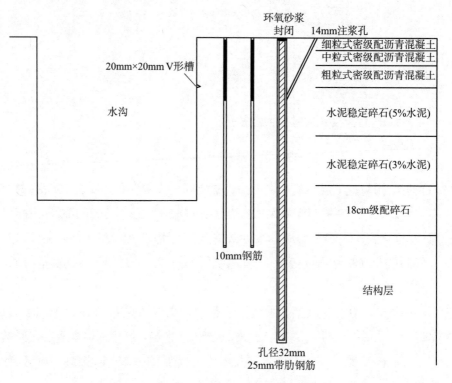

图 10-64 底板结构与找平层、找平层与沥青层夹缝打孔注浆孔剖视图

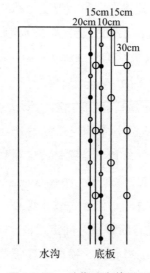

图 10-65 孔位分布俯视图

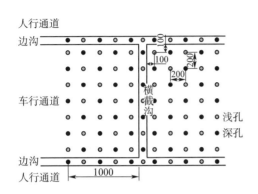

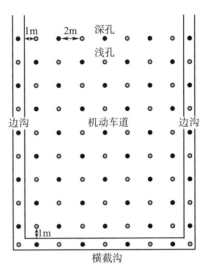

图 10-66　机动车道底板横截沟前后
各延长 10m 打孔示意图

图 10-67　机动车道水沟、
底板孔位分布俯视图

采用钻孔设备沿着钻设好的导向孔垂直向下打孔，孔深以打穿主体结构后继续深入围岩 50～100cm 为准，靠近顶进涵一侧采用钻孔设备沿市政通道段斜 20°～30° 打孔入铁路涵洞段，市政通道段与顶进箱涵段打孔示意图见图 10-68。安装快速注浆嘴装置对结构背后进行灌浆，采用低压、慢灌、快速固化、分层分次分序 KT-CSS 控制灌浆工法，压力控制在 0.3～0.5MPa，采用 KT-CSS-9908 水泥基特种灌浆料（具有早凝、早强、无收缩、微膨胀、抗分散、固化后具有一定弹性模量等特性，正常固化时间 30～90min，浆液固结 2h 强度可迅速达到 C15 以上，28d 后强度达到 C35 以上）。把结构背后的空腔水变成裂隙水，把压力的水变成微压力水，从源头上减少、降低出水量，对底板结构背后加固的同时增加其抗渗能力；注浆过程中对路面进行观测，抬升高度控制在 2cm 以内。常规施工队伍壁后注浆材料采用纯水泥或双液浆进行灌注，纯水泥浆液受路面车辆及上方列车运行时振动及荷载扰动的影响，影响材料的固化。双液浆材料固化后具有收缩性且呈现脆性，容易压裂，耐久性能也不好。

待第一序材料初步固化后，继续采用 100mm 钻机沿两侧边沟底板、横截沟底板、机动车道底板垂直向下布置导向孔，深度 10～15cm。孔间距按照梅花形分布，间距 4m，与第一序孔位交替分布，最终孔间距控制在 2m 左右。

接着，继续采用钻孔设备沿着钻设好的导向孔垂直向下打孔，孔深以打穿主体结构后继续深入围岩 150～200cm 为准，安装快速注浆嘴装置。继续补充灌注 KT-CSS-9908 水泥基特种灌浆料，并修复填充结构背后渗水空隙和细小通道的同时增加结构的抗压、抗渗能力，最终实现综合、有效解决渗漏问题的目标。

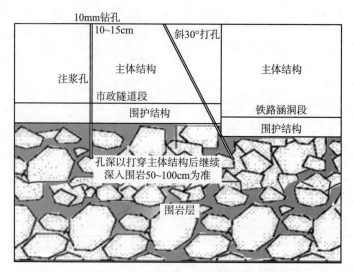

图 10-68 市政通道段与顶进箱涵段打孔示意图

待灌浆材料固化后拆除注浆嘴，清理基面，采用高弹性潮湿型环氧树脂砂浆进行封闭，上端沥青层则用沥青修补料进行修补，恢复原样。

3. 机动车道边沟渗漏水区域做保温处理

对通道段前后延长 15m 范围进行处理，沿水沟底板向上 10cm，左右两侧各 5cm 区域立模，采用高聚合物防水修补砂浆浇筑，处理范围示意图见图 10-69。

图 10-69　边沟及横截沟做保温处理范围示意图

待砂浆强度达到设计要求后，在上端先铺设一层聚丙烯苯板，起到保温作用。

在聚丙烯苯板上方铺设一块长约 50cm、厚约 5cm、宽度比水沟内侧小 3～4cm 的预制水沟盖板。水沟盖板内部采用单层钢筋预制，以便于后期随时清理水沟。

水沟盖板上方再整体铺设电伴热橡胶带，能够确保冬季低温环境下水沟内的水能够正常引排而不结冰，最后防止电伴热橡胶带裸露在外侧而受破坏漏电。

在电伴热橡胶带上方采用钢筋网预制的盖板，一块长约 50cm、厚 2～3cm、宽度比水沟内侧小 3～4cm 的预制水沟盖板进行铺盖，对电伴热橡胶带起到保护作用。最后，在两块盖板四周空隙部位采用橡胶密封材料进行封闭，渗漏水区域水沟做排水保温措施见图 10-70。

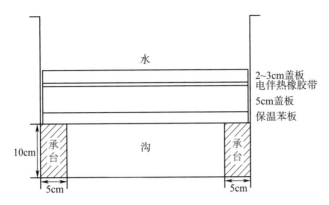

图 10-70　渗漏水区域做排水保温处理示意图

最后，在盖板上留排水管，将通道水沟内雨水由集水井收集至提升泵站排出。

4. 顶进涵段底板及两侧人行通道侧墙主体结构和围护结构壁后回填灌浆、固结注浆、帷幕注浆

采用专业钻孔设备沿顶进箱涵段底板（包括机动车道及非机动车道）及两侧人行通道侧墙进行打孔，孔位区域示意图见图 10-71。顶进箱涵底板部位纵向最外侧孔位离水沟 1m 以上的距离，两侧边墙纵向打孔时，最下端孔位离路面向上 1m 距离，先打第一序浅孔，孔间距按照梅花形分布，间距 4m，底板打孔深度以打穿主体结构后继续深入围岩 50～100cm 为准，两侧边墙以打穿主体结构后继续深入 50cm 为准。同时，顶进箱涵段水沟内同样采用钻杆进行同步打孔。

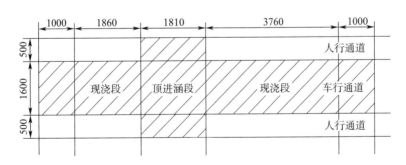

图 10-71　打孔区域俯视示意图

安装快速注浆嘴装置对结构背后进行灌浆，采用低压、慢灌、快速固化、分层分次分序 KT-CSS 控制灌浆工法，压力控制在 0.3～0.5MPa。采用 KT-CSS-9908 水泥基特种灌浆料，把顶进箱涵段结构背后的空腔水变成裂隙水，把压力水变成微压力水。从源头上减少、降低出水量，加固结构的同时增加其抗渗能力。

待第一序材料初步固化后，继续采用钻孔设备进行第二序打孔，孔间距按照梅花形分布，间距 4m。第一序孔位交替分布，最终孔间距控制在 2m 左右（顶进箱涵段侧墙纵向打孔示意图见图 10-72，底板打孔示意图见图 10-73）。底板孔深以打穿主体结构后继续深入围岩 150～200cm，两侧边墙打孔深度以打穿结构背后继续深入 150～200cm 为准。安装快速注浆嘴装置，继续补充灌注 KT-CSS-9908 水泥基特种灌浆料，以修复填充结构背后渗水空隙和细小通道，增加结构的抗压、抗渗能力，恢复顶进箱涵段原来设计指标，最终达到综合、有效地解决渗漏问题的目标。

待壁后灌浆结束，再将主体结构变形缝灌注液体橡胶，同时填塞非固化橡胶密封胶，并采用 W 形钢带将中埋止水带进行外置，结构施工缝灌注潮湿型灌缝改性环氧树脂结构胶及填塞高弹性潮湿型环氧树脂砂浆。

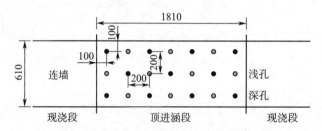

图 10-72 顶进箱涵段侧墙纵向打孔示意图

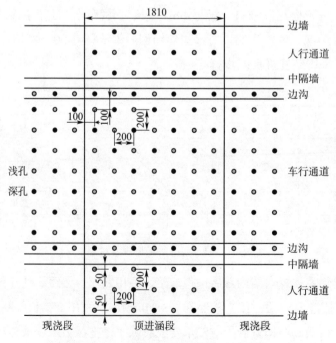

图 10-73 顶进箱涵段底板打孔示意图

10.13.4 结束语

严寒地区市政下穿铁路框构桥渗漏水缺陷整治技术的应用，不仅解决了结构表面渗漏水和结冰影响行车安全的难题，还彻底地根治了围护结构之间的缝隙窜水和围岩裂隙水造成主体结构渗漏的源头问题。在下穿铁路框构桥的建设与运营过程中，必然会出现类似渗漏水病害情况，这里阐述的整治技术为同类型严寒地区地下结构渗漏水病害治理提供了有益参考。

10.14 哈大高铁下穿隧道运营后渗漏水病害综合整治技术 [①]

10.14.1 工程概况

该隧道位于辽宁省，线路总体为西南走向（往大连方向），为单洞双线隧道，全长2440m，采取350km/h 标准设计，隧道施工工法采用以明挖为主，下穿铁路专用线采用暗挖的方案。其中，共1930m 采用放坡明挖，中部基坑较深460m 段采用钻孔灌注桩围护结构明挖，下钻铁路专用线段共50m 采用暗挖法施工，隧道两端与路基 U 形槽封闭结构相接，见图10-74。

图 10-74 隧道各区段开挖设计示意图

10.14.2 历年来治理情况

隧道在建设期，原施工单位按照"以排为主、以堵为辅"的原则对隧道渗漏水进行整治，长期引排导致隧道周边回填层土体流失和流动，地表受严寒地区反复冻胀造成回

① 陈森森、李康、孙晨让、祁兆亮、顾生丰、叶锐。南京康泰建筑灌浆科技有限公司。南京，邮编210046。

填土层酥松，结构背后空腔逐渐变大，土体透水率增加，使得水分聚集，对隧道结构造成了更大的危害。

隧道在运营期，经过长期引排，结构背后空腔存水量持续变大。此外，冬季反复冻胀对隧道主体结构造成破坏，冻胀加剧了隧道后回填土层的空隙率和透水率，造成隧道内日排水量再次不断增加。原设计的集水泵房日排水量为 $90m^3$；但截至 2023 年，日均排水量已高达 $3058m^3$，远超原设计的 30 倍。

10.14.3 渗漏水病害综合整治技术

1. 隧道外地表补强区域主体结构与围护结构壁后注浆

地表注浆采用专业钻孔设备，沿隧道渗漏冻害集中区域垂直向下钻孔。首先，进行第一序打孔，间距 4m，梅花形布置，孔深以打至隧道拱顶以上 1m 为止。两侧最外排注浆孔深度打至隧道仰拱层以下 2m。打孔剖视图见图 10-75，地表帷幕注浆纵断面见图 10-76。打孔作业前，甲方需要提前联系项目部技术人员及专业测量团队对现场打孔孔位进行测量、标记，并对打孔深度进行全程跟踪。

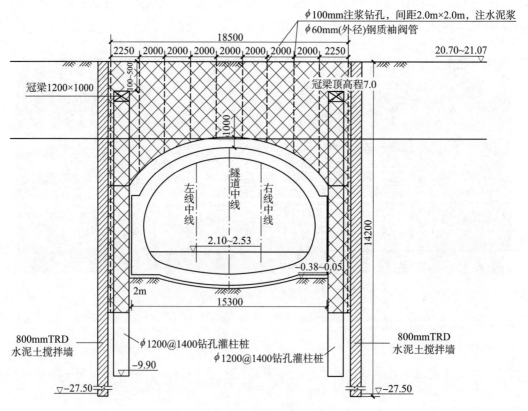

图 10-75　洞外地表打孔剖面示意图

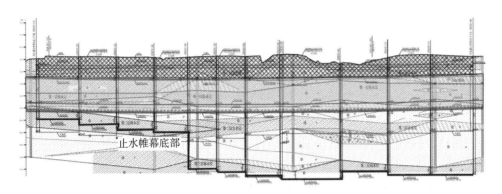

止水帷幕底部

图 10-76　地表帷幕注浆纵断面图

安装注浆花管，采用 KT-CSS 控制灌浆工法，低压、慢灌、快速固化、间隙性分层分次分序灌浆工艺，灌浆 KT-CSS-9908 特种水泥基无收缩灌浆料（具有早凝、早强、无收缩、微膨胀、抗分散、固化后具有一定弹性模量等特性，浆液固结 2h 强度可迅速达到 C15 以上，28d 后强度达到 C35 以上），加固回填结构层，让隧道初支与围岩层之间形成一个不透水的"硬壳"，把结构背后的空腔水变成裂隙水，把压力水变成微压力水，从源头上减少、降低出水量（洞外钻孔和注浆时，必须在洞内加强监测和监控措施）。

待第一序注浆材料初步固化再打第二序孔，孔间距依然按照 400cm 梅花形分布，最终孔间距 200cm 梅花形均匀分布，确保单孔注浆 200cm 范围有效扩散半径。安装注浆花管，继续补充灌注 KT-CSS-9908 特种水泥基无收缩灌浆料。对结构背后回填层加固的同时，增加其抗渗能力。

2. 隧道内衬砌空洞及不密实整治

对空洞及不密实区域进行探查，在渗漏水区域采用钻孔设备打孔，深入空腔及不密实区域，安装快速注浆嘴装置，采用 KT-CSS 控制灌浆工法：低压、慢灌、快速固化、间隙性分层分序分次灌浆工法，压力控制在 0.3～0.5MPa，向内灌注水泥基特种灌浆料（精灌），对结构加固的同时增加其抗渗能力，见图 10-77。

对衬砌空洞及不密实区域进行扩大 30～50cm 区域处理，采用 14mm 的钻杆进行梅花形布孔，先布第一序浅孔，孔深控制在结构厚度的 40%～50%，间距为 30～40cm，安装注浆嘴。为确保灌浆的饱满度，采用低压、慢灌、快速固化、分层分序分次灌浆的控制灌浆工法，采用 KT-CSS-4F/KT-CSS-18 专利配方的改性环氧结构胶，可以对 0.1mm 裂缝进行填充，确保灌浆饱满度超过《混凝土结构加固设计规范》GB 50367—2013 要求的 85%。采用 KT-CSS 控制灌浆工法：低压、慢灌、快速固化、间隙性分序分次灌浆工法，可以达到饱满度 95% 左右的行业内高标准。

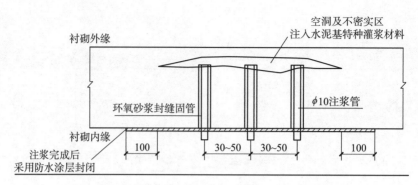

图 10-77　空腔及不密实区域打孔注浆示意图

待第一序注浆材料初步固化，再补第二序深孔。第二序深孔依然按照梅花形布置，孔深控制在结构厚度的 80%～90%，间距 30～40cm，与第一序浅孔交替分布。最终孔间距控制在 15～20cm。安装注浆嘴，继续补充灌注改性环氧结构胶（精细灌）。第二次序注浆的目的，首先是对第一次序注浆效果的检查，看看注胶是否密实。其次是对第一次序注浆不到的位置进行补充灌胶，对于第一次序注胶不能扩散到的空隙进行补灌，这个第二次序对灌浆效果非常重要。

待材料固化后，敲除外露针头，采用 KT-CSS-3A 潮湿型环氧树脂裂缝封闭胶进行封闭，直至抹平基面，最终达到地下工程防水设计标准，见图 10-78。

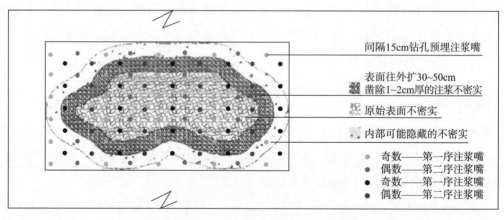

图 10-78　衬砌空洞及不密实整治示意图

3.隧道内无砟轨道多层结构夹层之间窜水注胶封闭

对于两侧边底板部位出现的开裂渗漏水，需要进行打孔植筋，灌注低黏度改性环氧结构胶，充填底板和找平层之间的夹层空隙，把夹层的水挤出，并粘接水沟底部和底板之间，从根本上解决阴角渗漏水的问题。同时，对阴角再采用环氧改性的聚硫密封胶填塞，进一步巩固阴角渗漏水的整治效果，预防通车后的振动和荷载扰动而造成的再次开裂渗漏水。

对于无砟轨道板阴角有渗漏水或以前有渗漏水记录的，证明无砟轨道与底板结构层之间存在夹层离缝，见图 10-79。为确保通车后的振动和荷载扰动及剪切力，造成翻浆冒泥的情况，防止有水窜到夹层的离缝位置，必须采用耐潮湿、耐严寒的改性环氧结构胶灌注到这个夹层的离缝内；并且，还同时需要植筋锚固无砟轨道和底板之间的剪切力造成的摩擦力。需要在无砟轨道上垂直钻孔，孔径 14mm，深度 35~40cm，安装 12mm 直径的螺纹钢作为植筋，见图 10-80。安装注浆针头，采用 KT-CSS 控制灌浆工法（低压、慢灌、快速固化、间隙性分层、分序灌浆工法），灌注改性环氧植筋胶，此胶需要耐潮湿、耐严寒、水中固化，高强度，无溶剂，低黏度，固化后有一定韧性（延伸率在 25% 左右），在灌浆改性环氧材料的选择上采用耐潮湿、低黏度改性有韧性的环氧树脂结构胶灌浆材料（符合国家行业标准《混凝土裂缝用环氧树脂灌浆材料》JC/T 1041—2007、《工程结构加固材料安全性鉴定技术规范》GB 50728—2011），可以抵抗通车后的振动和荷载扰动及剪切摩擦力，孔之间的间距 30~40cm，梅化形布置。无砟轨道板的阴角位置需要清理，临时先用聚合物快干胶泥封闭，防止灌注环氧树脂后漏胶，确保灌浆的饱满度和灌浆效果。灌注潮湿型灌缝改性环氧树脂结构胶见图 10-81。

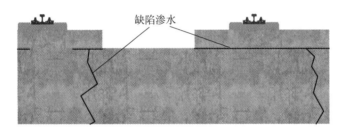

图 10-79　无砟轨道与底板结构层之间有夹层离缝示意图

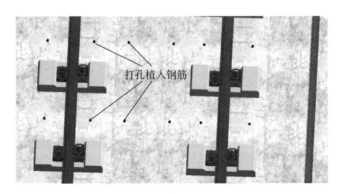

图 10-80　无砟轨道上垂直钻孔植筋

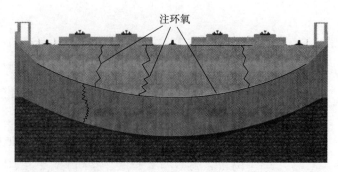

图 10-81　无砟轨道与底板结构层之间夹层离缝灌注潮湿型灌缝改性环氧树脂结构胶

4. 隧道内底部结构泄压排水

处理过渗漏水的无砟轨道板的阴角、水沟电缆沟的阴角堵漏完成，清除前面临时封堵的胶泥。阴角切 2cm 的 V 形槽，清理干净，保持干燥，采用环氧改性聚硫密封胶封闭，进一步巩固离缝和夹层的堵漏效果，为确保通车后的振动和荷载扰动而不再渗漏水，刚柔相济。

对严重漏水地段的位置，在水沟侧墙采用专用的钻机，钻透水沟和矮边墙的二衬结构，钻到初期支护。把二衬背后的细微裂隙水泄压引流到水沟内，恢复设计横向排水盲管的功能，一部分原有透水软管，因为浇筑结构压扁或水垢堵塞失去作用，采用 10cm 的孔径。纵向间距 2～3m 布置一个水平向钻孔，因为结构背后的围岩空隙不确定性，一般不会每个钻孔都会泄压引流出来水，需要多布置孔来增加泄压引排水的效率。

在两侧的侧边中间水沟位置，采用专用钻机 10cm 的孔径。垂直钻孔，打穿仰拱结构，把仰拱下面的细微裂隙水泄压引排到水沟内。建议间距 4～5m 布置一个泄压孔，泄压引排示意图见图 10-82。

在无砟轨道的中间的底板，在渗漏水严重的位置，需要采用专用钻机 10cm 的孔径。垂直钻孔，打穿仰拱结构，把仰拱下面的细微裂隙水泄压引流排出来，减少底板水的压力。然后，再开深槽或钻孔，向中心排水盲管内引流，做保温措施，再采用专用改装的深槽开槽机（槽宽度 15cm 左右，深度 80cm），采用涂过环氧防腐涂层的槽钢宽 10cm，保持盲沟的空间高度在高 20cm、半圆槽留地漏的位置，垂直预留直径 8cm 的 PVC 管，槽钢上面做土工布和苯板保温层 10cm，再采用非固化橡胶沥青密封胶封闭 2～3cm。然后，使用无收缩聚合物防水型高强度修补砂浆把槽浇筑完成，刚柔相济，确保与底板结构平整。见图 10-83。

电力信号电缆槽和通信信号电缆槽存在积水的，沿电缆槽斜向两侧水沟打孔，将积水引排到侧沟内。见图 10-84。

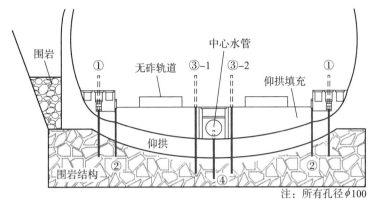

图 10-82　泄压排水孔分布示意图

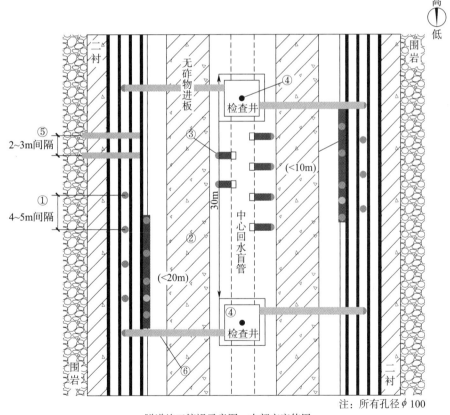

图 10-83　保温水沟处理示意图

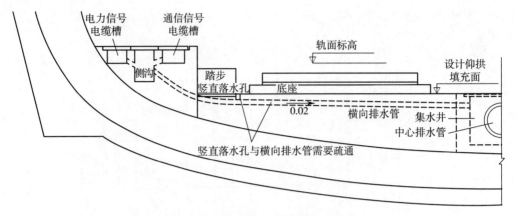

图 10-84　电缆槽侧沟开槽排水示意图

要求在两侧侧沟上方盖板背面增设保温板，起到保温的作用，见图 10-85。

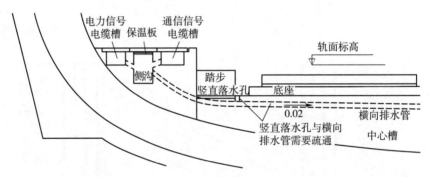

图 10-85　两侧侧沟顶部增设保温盖板

在中间有检查井的位置，在井壁侧边，采用专用钻机，孔径 10cm，水平钻孔穿过无砟轨道下面的底板结构一直钻到两侧中间水沟的底部。再采用钻机，在侧边水沟垂直钻孔，与这个水平钻孔相连通，以确保侧边水沟内的水引排到中心保温水沟内。在水沟电缆沟侧边纵向排水槽内，也垂直钻孔与这个水平钻孔相连通，让泄压引排的水能引流引排到中心排水保温沟内。以前预留的钢丝软管因为浇筑混凝土的时候，将排水管压扁或流水泥浆、水垢堵塞，直接重新水平钻孔恢复原来设计的横向排水盲管功能，见图 10-86。

对于水沟和无砟轨道之间的底板，紧靠电缆沟侧墙，设计有半圆槽的位置，采用专用钻机 10cm 的孔径。垂直钻孔，打穿仰拱结构，建议间距 4～5m 布置一个泄压孔，再采用专用改装的深槽开槽机连续开槽，见图 10-87。开槽完毕，采用切割机和电镐对两侧残余混凝土结构层进行切割清理，确保盲沟的空间高度在 20cm 高度，槽内首先倒扣 10cm 宽涂刷环氧防腐涂层的槽钢，槽钢上面做土工布和聚苯板保温层 10cm，再采用非

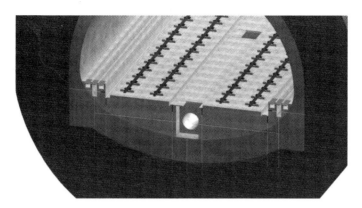

图 10-86　泄压排水孔分布示意图

固化橡胶沥青密封胶封闭 2～3mm。然后，采用无收缩聚合物防水型高强度修补砂浆把槽浇筑完成，刚柔相济，按照设计标准预留半圆槽，与周边的半圆槽相顺接，排水沟做保温措施，示意图见图 10-88。

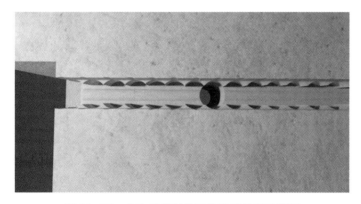

图 10-87　水沟采用深槽开槽机开槽后示意图

图 10-88　排水沟做保温措施示意图

10.14.4 结束语

相较于传统的"以排为主、以堵为辅"的治理工艺，未能根本解决隧道渗漏水问题，特别是在反复出现渗漏及冻胀病害严重的情况下，影响行车安全和结构安全。这里提出的高铁下穿隧道运营后渗漏水病害综合整治技术，遵循"以堵为主、以排为辅、堵排结合、限量排放、综合治理"的原则，通过对隧道内外的同步综合治理，实现了更有效的整治效果。该技术工法在京沈高铁、商合杭高铁等下穿城市或湖泊的高铁隧道项目中已成功应用，为隧道运营后渗漏水病害的综合整治技术研究提供了重要的理论和实践基础。

10.15 某科创中心地下室筏板涌泥涌沙综合整治技术 [①]

10.15.1 前言

苏滁科创中心位于安徽省滁州市城东开发区苏滁产业园徽州路与中心二路交叉口东北侧，其中主楼为地上18层，地下3层框筒结构房屋，裙房为地上三层，地下三层框架结构房屋，房屋总建筑面积约为58000m²，目前主体已竣工。

10.15.2 现场病害调查情况

目前，地下室渗漏水较为集中部位位于裙房地下负三层人防区域，近半年内连续多次大雨使地库筏板出现隆起现象，部分柱根部有涌泥涌沙现象。其中，裙房地下负三层6—E轴、T6—G轴、11—E轴、12—G轴柱底部与承台顶部交接处渗水量最为严重，该4处柱下为等边三桩承台（图10-89）。

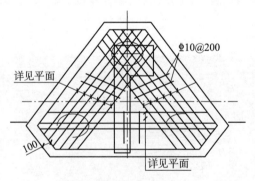

图10-89 等边三桩承台

① 陈森森、李康、孙晨让、祁兆亮、顾生丰、叶锐。南京康泰建筑灌浆科技有限公司。南京，邮编210046。

10.15.3　地下室筏板涌泥涌沙综合整治技术

1. 对地下室底板 T6—G 轴、12—G 轴渗漏水区域进行固结注浆、回填注浆、帷幕注浆

采用砖砌或防汛沙袋堆砌的方法对 T6—G 轴柱心向西 3m、东至东侧侧墙、北至柱心向北 3m、南至柱心向南 3m 做挡水围岩；确保施工过程中不会污染到其他区域（图 10-90）。

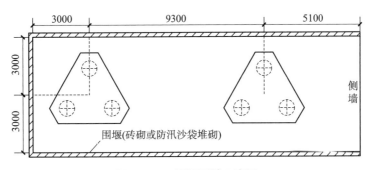

图 10-90　围堰区域示意图

采用钻孔设备沿围堰向内 20cm 区域布置第一序注浆孔，注浆孔按照深浅孔交替分布（例如，先对 1、3、5……深孔进行注浆，后对 2、4、6……浅孔进行注浆），打孔作业前采用钢筋检测仪进行检测，避开结构内部钢筋，深孔采用 22mm 钻杆打孔，孔深以打穿底板回填土层后继续深入 0.5m 为准，浅孔采用 14mm 冲击电锤打孔，孔深以打穿承台结构层后深入回填土层 2m 左右为准，间距控制在 1.3～1.4m，围绕围堰均匀分布，深孔安装注浆花管（25mm 钢管，管壁采用 8mm 钻孔，15cm 梅花形布置），采用 M19 高压自吸注浆设备，注浆压力控制在 0.8～1MPa，浅孔安装注浆嘴。采用小型螺杆注浆设备，注浆压力控制在 0.3MPa 左右，最大不超过 0.5MPa，通过低压、慢灌、快速固化分层分次分序控制灌浆工艺，灌注 KT-CSS-9908 水泥基特种灌浆料、KT-CSS-101 水中不分散特种水泥基灌浆料及 KT-CSS-1022 特种聚合物砂浆材料，对地下室底板结构壁后存水空腔区域进行固结注浆、回填注浆、帷幕注浆，形成隔离墙，确保后续注浆的饱满度。

待第一序灌浆料初步固化后，在 T6—G 轴、12—G 轴中线处同样布置注浆孔，间距 1.2m 梅花形布置四排，孔位间距达 2m 处进行额外补孔。同样，按照深浅孔交替分布，深孔以打穿底板回填土层后继续深入 0.5m 为准，浅孔以打穿承台结构层后深入回填土层 2m 左右为准，深孔安装注浆花管，浅孔安装注浆嘴，继续对地下室底板结构壁后存水空腔区域进行固结注浆、回填注浆、帷幕注浆，从源头上减少、降低出水量，降低回填土层透水率。第一、二序孔注浆相当于对施工区域形成全包围隔离墙，具有铁桶效应。

待承台外围注浆作业结束，继续在承台上部布置注浆孔，根据结构图纸避开下方桩基，间距1.5m布置，对布孔位置进行标记，采用1.5～2m钻杆进行打孔，安装注浆嘴，采用小型特种注浆设备灌注水泥基特种灌浆料、水中不分散特种水泥基灌浆料及特种聚合物砂浆材料，对承台底部回填土层进行加固，为后续承台加固施工做准备（图10-91～图10-95）。

2. 承台范围渗漏水缺陷治理

对承台上方找平层进行凿除，确定承台范围，沿承台边界向外扩大50cm凿除找平层。对承台结构层进行凿除，深度30cm，清理基面。对承台底板凿除后区域及承台周边存在不规则裂缝和不密实部位进行渗漏水缺陷治理（图10-96）。

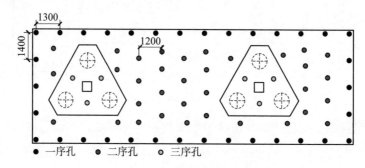

图10-91　围堰区域孔位分布示意图

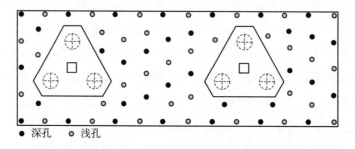

图10-92　围堰区域深浅孔分布示意图

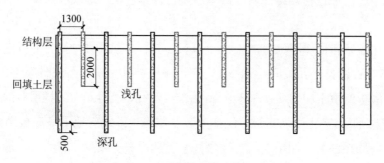

图10-93　围堰区域深浅孔剖面示意图

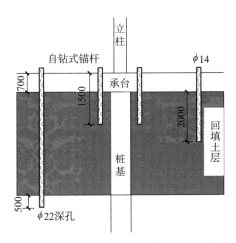

图 10-94　底板回填土层固结注浆前示意图

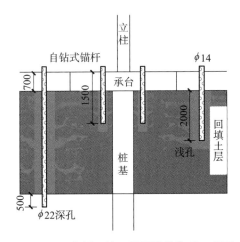

图 10-95　底板回填土层固结注浆后示意图

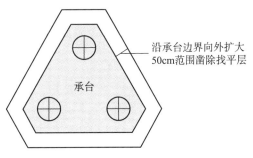

图 10-96　承台及边界 50cm 范围凿除找平层

1）不规则裂缝处理

采用切割机对不规则裂缝切 V 形槽，宽 20mm、深 20mm，清理基面，采用聚合物防水型修补砂浆进行临时封闭，形成密闭的空间，以便后期注胶的效果。

采用 14mm 钻头沿着裂缝两侧左右交替打孔，间距 30～40cm，先打浅孔，孔深至结构 1/3～1/2 处，清除孔内灰尘，植入 10mm 钢筋，安装注浆嘴，灌注潮湿型灌缝改性环氧树脂结构胶（图 10-97）。

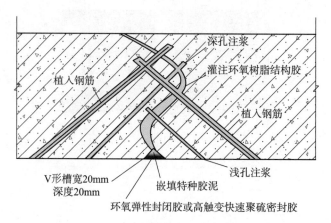

图 10-97　不规则裂缝注胶型植筋示意图

待浅孔材料初步固化，继续沿着裂缝左右交替打孔，间距还是控制在 30～40cm，与第一序孔错开布置，最终孔间距控制在 15～20cm。孔深至结构 1/2～2/3 处，清除孔内灰尘，植入 10mm 钢筋，安装注浆嘴。继续补充灌注 KT-CSS-18 潮湿型灌缝改性环氧树脂结构胶（采用 KT-CSS 控制灌浆工法：低压、慢灌、快速固化、间隙性分序分次灌浆工法），可以达到饱满度 95% 左右的行业内高标准。见图 10-98。

待材料固化后，敲除外露针头，清理基面，切割机清理临时封闭在缝上的聚合物防水型修补砂浆，清理基面，采用高弹性潮湿型环氧树脂砂浆（环氧密封胶）进行封闭。

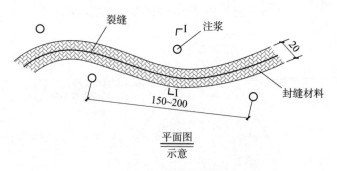

图 10-98　不规则裂缝处理孔位分布图

2）混凝土空洞不密实处理

对不密实和细小孔洞区域进行扩大 30～50cm 区域处理，采用 14mm 的钻杆进行梅花形布孔。先布第一序浅孔，孔深控制在结构厚度的 40%～50%，间距 30～40cm，安装注浆嘴。为了实现灌浆的饱满度，采用低压、慢灌、快速固化、分层分序分次灌浆的控制灌浆工法（KT-CSS 控制灌浆工法，已经申请专利），采用 KT-CSS-4F/KT-CSS-18 专利配方的改性环氧结构胶，确保灌浆饱满度超过《混凝土结构加固设计规范》GB 50367—2013 要求的 85%。采用 KT-CSS 控制灌浆工法：低压、慢灌、快速固化、间隙性分序分次灌浆工法，可以达到饱满度 95% 左右的行业内高标准。

待第一序注浆材料初步固化，再补第二序深孔，第二序深孔依然按照梅花形布置，孔深控制在结构厚度的 80%～90%，间距 30～40cm，与第一序浅孔交替分布。最终，孔间距控制在 15～20cm，安装注浆嘴，继续补充灌注改性环氧结构胶。第二次序注浆的目的，首先是对第一次序注浆效果的检查，看看注胶是否密实。其次，对第一次序注浆不到的位置进行补充灌胶，对于第一次序注胶不能扩散到的空隙进行补灌。见图 10-99。

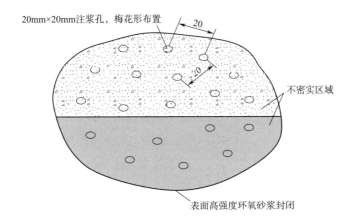

图 10-99　混凝土空洞不密实孔位分布示意图

3. 承台范围防水

对凿除后承台底部向上 5cm 高度相邻结构侧墙部位凿出一条 5cm 深、2～3cm 高的凹槽，安装钢边止水带或 W 形钢带，采用聚合物细石混凝土修补砂浆对凿除区域进行封闭处理，钢边止水带或 W 形钢带内外两侧采用弹性密封胶封闭。

对承台凿除区域进行植筋处理，使用 25mm 钻杆进行钻孔，钻孔深度控制在 20cm 左右，钢筋外露高度 10cm 以上。使用高压风清除孔内灰尘，孔内采用潮湿型灌缝改性环氧树脂结构胶作底涂，嵌入潮湿型韧性环氧树脂植筋胶，装入 18mm 的钢筋，间距 25cm 布置，通过挤压法植筋，通过钢丝网进行横向连接。

止水带上方承台与相邻结构之间区域，提前放置 2cm 厚的泡沫板，对承台凿除区域采用 KT-CSS-18 潮湿型灌缝改性环氧树脂结构胶作为底涂进行涂刷，确保后续浇筑材料与基面充分粘结，立柱阴角部位采用 KT-CSS-4A 高弹性潮湿型环氧树脂砂浆进行封闭，最后采用聚合物细石混凝土修补砂浆对凿除区域进行浇筑。

电镐对预留的泡沫板进行凿除，深度 8cm 左右，基面清理干净后涂刷 KT-CSS-18 潮湿型灌缝改性环氧树脂结构胶作为界面剂，填塞 5cm 左右 KT-CSS-1019 柔性密封胶，填塞完毕后继续涂刷 KT-CSS-18 潮湿型灌缝改性环氧树脂结构胶作为界面剂，最后采用 KT-CSS-1013 弹性密封胶进行封闭（图 10-100）。

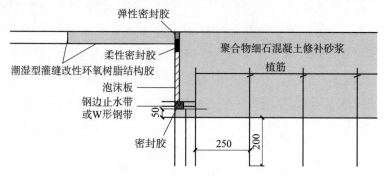

图 10-100　承台范围防水处理示意图

10.15.4　结束语

通过对某科创中心地下室筏板涌泥涌沙综合整治，恢复了承台主体结构的功能，修复了混凝土结构的缺陷，增加了承台结构与底板结构之间的节点防水措施。对底板结构下存水空腔和松散透水的回填土层进行了回填灌浆、固结注浆、帷幕注浆，达到了加固土层和增加抗渗能力的效果，从根本上整治了地下室筏板涌泥涌沙的病害。结构堵漏的同时必须要进行加固，通过采用水泥基特种灌浆材料对结构壁后涌泥涌沙进行固结注浆加固。此综合整治技术为类似地下室筏板涌泥涌沙治理提供了重要的理论和实践参考。

10.16　重庆走马岭岩溶隧道涌水量初步研究 [①]

10.16.1　引言

在西部大开发的战略思想指导下，重庆公路建设取得了长足的发展，但是随之也遇

① 康小兵、张强、许模。成都理工大学环境与土木工程学院。成都，邮编610059。康小兵，1981 年出生于成都市，成都理工大学副教授，硕士研究生导师，地质灾害防治与地质环境保护国家重点实验室固定研究人员。2009 年在成都理工大学获博士学位后留校任教。现任四川省地质学会水文地质工程地质专委会委员，国际工程地质与环境学会（IAEG）会员。研究工作涉及水文地质、环境地质等领域，专长岩溶水文地质、工程水文地质、环境水文地质问题、建设工程地下水环境影响、区域水资源开发与保护分析评价、水库岩溶渗漏分析、裂隙岩体水力学特性、深埋长大隧道环境效应评价、水文地质数值模拟等。先后主持和主研了科研项目 20 余项，涉及大型水利水电工程建设、高等级铁路公路建设、矿山开采中的重大水文与环境地质问题。科研成果获四川省科技进步三等奖一项，以第一作者公开发表论文 20 余篇，申报发明专利 1 项、实用新型专利 3 项。

到了许多问题。重庆地区岩溶面积广大，岩溶涌水灾害在公路隧道中十分普遍。岩溶地区由于岩溶发育分布的特殊复杂性，隧道开挖常因突发事故导致人身伤亡、工期延误，从而造成巨大的经济损失。据不完全统计，国内外隧道大型涌突水事件中，70%都发生在岩溶隧道中。

走马岭隧道位于重庆万州走马镇，是石万公路关键性控制工程。隧道由南向北穿越方斗山背斜（最高海拔 1250m），起止桩号 K46+614～K49+077，全长 2.469km，标高约 690m，最大埋深近 400m（图 10-101）。

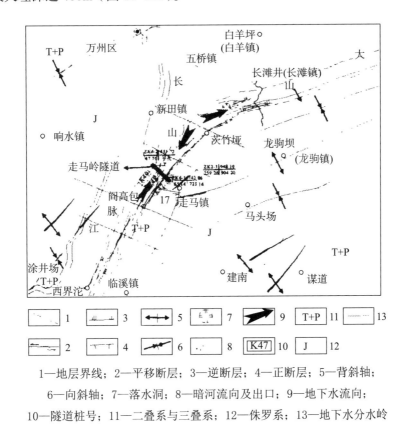

1—地层界线；2—平移断层；3—逆断层；4—正断层；5—背斜轴；

6—向斜轴；7—落水洞；8—暗河流向及出口；9—地下水流向；

10—隧道桩号；11—二叠系与三叠系；12—侏罗系；13—地下水分水岭

图 10-101　走马岭隧道地质平面图

10.16.2　地质条件

1. 地层岩性

隧道穿越的主要地质构造单元为方斗山背斜，隧道方向与背斜轴近于正交，于地面桩号 K47+300～400 处穿越本区最大的断层 F18（钻孔 ZK2-4 揭露）（图 10-102）。背斜自两翼向轴部为三叠系上统须家河组砂岩（T_3xj）、中统巴东组泥灰岩（T_2b）、下统嘉陵江组（T_1j）和大冶组灰岩（T_1d）组成。背斜核部岩溶发育，其中钻孔 ZK2-3 水位

906.20m，高出隧道标高 200 多米，初步确定岩溶水具有承压性。隧道主要工程问题是可能遭遇高压岩溶涌突水（泥）突发性地质灾害。

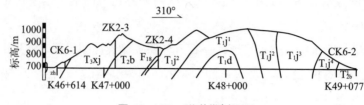

图 10-102　隧道纵剖面图

2. 岩溶水文地质条件

隧址区基岩裸露，地表岩溶发育，地表径流条件、地下水赋存条件好。深部岩溶发育减弱，以溶蚀裂隙和构造裂隙为主，次为溶蚀孔隙。该区地下水类型主要为岩溶裂隙、孔隙水及砂岩裂隙水。其中，大冶组、嘉陵江组及巴东组第三段为可溶性碳酸盐岩层，岩性为灰岩、白云质灰岩、泥质灰岩及少量的非可溶岩夹层，为区内主要岩溶裂隙（或孔隙）含水岩层。须家河组砂岩岩层，为区内砂岩裂隙含水层。其余泥岩、砂质泥岩、泥灰岩地层为隔水层。隧道以北约 18km 附近的长江水面（三峡工程蓄水前标高 117.50m）为本区最低侵蚀基准面，隧道路面平均标高（约 680m）高出最低基准面562.50m，隧道洞身处于岩溶地下水垂直交替带中，岩溶发育，地下水交替频繁，故本区水文地质条件属较复杂类型。

10.16.3　隧道涌水监测资料分析

为便于监测隧道涌出水量，除动态监测隧道开挖过程中出水点的水量、水质、水头压力等性状，进行原因调查分析，同时在隧道进出口两侧布设现场流量监测设备、长期观测隧道涌出水量。从 2004 年 5 月开始进行监测，图 10-103 为隧道进口段涌出水量逐日监测动态曲线。该曲线清楚地表明隧道在开挖过程中的水量变化过程和演化趋势。

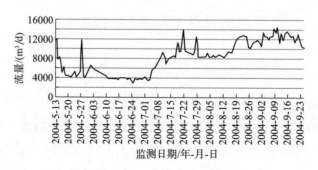

图 10-103　观测资料分析表

在 2004 年 5 月 27 日前，由于隧道进口段开挖揭示为三叠系须家河组砂页岩，其地下水类型主要为基岩裂隙水，水量不大但动态稳定。5 月 28 日进入三叠系巴东组泥灰岩地层（K47+013.5m）后，在两组地层交接部位出现较大涌水（图中异常点），最大流量为 11884.3m³/d，而后迅速减小并基本稳定在 4320～5184m³/d 之间。7 月 4 日隧道开挖至 K47+194m，由于构造作用致使薄层泥灰岩挤压揉皱挠曲强烈，隧道围岩破碎，地下水活动加强，涌出水量逐渐增大，2004 年 7 月 21 日达到同期最大值 14000m³/d，而后水量逐渐回落。至 2004 年 8 月 17 日接近断层破碎影响带，水量又开始增加，9 月份每天平均水量 12395.6m³。由每日监测数据计算出各月的平均流量（表 10-10）。

观测资料分析表　　　　　表 10-10

日期	5 月	6 月	7 月	8 月	9 月
流量（m³/d）	5985	4307	8249	10066	12396
地层	须家河组砂岩	巴东组泥灰岩	薄层泥灰岩	马东组木端 F_{18} 断层破碎带	

图 10-104 中为万州地区 2004 年的降雨量曲线，丰水期明显，是一标准降雨曲线。图 10-103 中隧道涌水量在 7 月份增大，出现第一次峰值，但丰水期后涌水量仍呈增加趋势，可见隧道涌水量与降雨量关系不明显。而涌水量的这个特征与实际地质情况是相符合的。隧道开拓时初始涌水较大，原因是掘进工作面处水从隧道掌子面及周围侧壁上流入（图 10-105），在隧道掘进掌子面处有较高的水压。加上隧址区地下水未经开发使用，储存量较大，贮存在隧道相邻岩体内空隙中的水是初始涌水的来源，但过一段时间后便被排干了。所以，隧道涌水量将遵循由大到小，而后趋于稳定的量变过程。这就是图 10-103 中 5、6 月份出水量变化的原因。

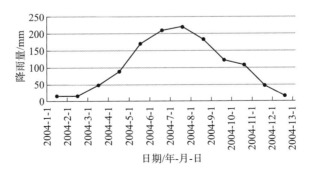

图 10-104　2004 年万州降雨量曲线图

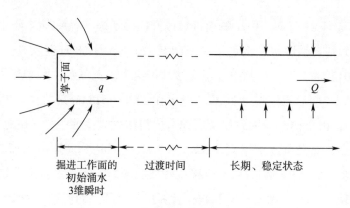

图 10-105 初始涌水与稳态涌水示意图

隧道涌水量指整条隧道的涌水量，即长期稳态涌水量。隧道详勘报告中预测计算隧道涌水量，地下水动力学法为 $12497m^3/d$，大气降水入渗法为 $12370m^3/d$，与监测水量有较大出入。隧道进口目前才开挖 600 余米，为全长四分之一，平均每天涌水量已达 $12396m^3$（表 10-10），可见预测与实际相差甚大。究其原因，应该是未能充分考虑本区地质条件，对汇水面积、渗透系数等参数选取不合理所致。而且在 T_1j 灰岩段近 $1525m$ 无勘探、试验数据，采用地下水动力学法受限，预测水量与实际相差较大。

10.16.4 隧道涌水量预测

1. 地下水径流模数法

走马岭隧道属于岩溶区山岭隧道，其地表水体不发育，可采用地下水径流模数法计算。本次计算参数 M 值参考 1：20 万区域水文地质报告（万县幅和忠县幅）。根据各岩组地层出露位置、地貌形态、岩溶发育部位结合本水文地质单元中的径流条件，含水层厚度从隧道轴线中断面上量取，面积范围取值从 1：5 万地质图及遥感解译图上量取，采取以下公式：

$$Q = 864 \cdot M \cdot F$$

式中，Q 为地下水天然资源量（m^3/d）；M 为径流模量 [$L/(s \cdot km^2)$]；F 为计算单元面积（km^2）。

计算结果如表 10-11 所示。表明在枯季，径流模数法计算地下水资源量为 $34623 m^3/d$。

径流模数法计算枯季地下水资源量　　　　　　　　　表 10-11

地层	面积（m^2）	地下水径流模数 M [$L/(s \cdot km^2)$]	枯季地下水天然资源量（m^3/d）
T_1j	44942319	6.00	23298
T_2b	25448349	3.96	8707

地层	面积（m^2）	地下水径流模数 M[L/（s·km^2）]	枯季地下水天然 资源量（m^3/d）
T$_3$xj-J	40401235	0.75	2618
合计	110791903	10.71	34623

2. 大气降水入渗法

根据隧址区的地下水类型、地形地貌、地层岩性、自然地理特点和雨量分布状况将计算区域分为两个计算单元，以山顶分水岭为界，东翼岩溶槽谷洼地区（46992976m^2）和西翼宽大陡坡区（8292878m^2），计算公式为：

$$Q=AF\alpha/365$$

式中，Q 为年渗入补给量（m^3/d）；α 为入渗系数；A 为多年平均降雨量（mm）；F 为计算单元面积（m^2）。单元面积 F 在 1：50000 的水文地质图上量得；根据当地气象资料计算近 20 年以来年平均降水总量为 1213.7mm，日最大降雨量为 111.367mm；入渗系数 α 参考万县忠县幅 1：20 万水文地质普查报告中的有关数据分别取 0.15、0.70。经计算，东西两翼渗入补给量分别为 23439m^3/d 和 19303m^3/d，计算区域合计为 42742m^3/d。隧道详勘报告中大气降水入渗法计算为 12370m^3/d，究其原因是分水岭没有划分正确，汇水面积偏小所致，这是两者差别所在。

3. 隧道涌水量预算评价

由以上两种结果稍有偏差，但仍具参考价值。根据现有的监测涌水数据与隧道开挖长度的关系，再参照该区岩溶大泉流量反演比拟法得出的隧道涌水量结果 33696m^3/d，预测结果的平均值 38683m^3/d 可作为以后施工的依据。需要注意的是，据地面水文地质调绘，地表溪沟、泉点丰水期流量比平水期一般增大至 3 倍左右，丰水期隧道流量相应亦是平水期流量的 3 倍左右，可达 116049m^3/d。

10.16.5　结语

（1）必须选用多种方法进行综合预测计算、相互印证，并对取得的结果结合勘测区水文地质条件进行综合评判。

（2）对隧道涌水预测计算这一课题要树立贯穿于从勘测设计到施工这一整个过程的概念，在施工阶段对设计阶段的计算成果要不断地进行反演修正。

（3）本次涌水量预测与详勘报告出入较大，但施工验证与实际情况相符。

10.17　水利大坝河底廊道渗漏维修施工技术 [①]

山西省某水库河底廊道年久失修，变形缝、施工缝、拱顶、侧壁均出现不同程度的渗漏，尤以变形缝渗漏更为严重。业主多方征求治理方案，均不符合治理目标的严格要求，未被业主采纳，经我公司总工唐东生的仔细研判，出具了较系统的根治方案，得到业主采用。现就本工程治漏方案与施工技术作简要叙述，供广大从业者借鉴和参考。

10.17.1　工程概况

1）本工程位于山西省晋城市某山区水库临近大坝河床底部，廊道主要用于穿越河道行人通道、应急抢险、小型材料设备运输通行等。廊道采用 C35 钢筋混凝土现浇结构，顶部为卷拱顶，厚度为 3m，因年久失修渗漏严重，造成底板积水达 20cm 深左右，影响行人通行和设备运行的安全，急待修缮。如图 10-106 所示。

图 10-106　廊道渗漏状况

---

①　唐灿、姚志强、陈修荣、陈长文、肖凌云。湖南创马建设工程有限公司。唐灿，2000 年 12 月 16 日出生于衡阳，2020 年 6 月毕业于湖南工程职业技术学院，主要从事建筑修缮、建筑防水、防腐、保温施工技术研究。

2）廊道总长 50m，宽 1m，高 2m，设有多条变形缝，采用中埋式橡胶止水带和嵌填密封胶止水，变形缝渗漏达 90% 以上，大部分是涌水，尤以拱顶和墙板渗漏更为严重，如图 10-107 所示。

图 10-107　变形缝 90% 流水不断

3）廊道底板两侧临墙根各设置一条 0.1～0.2m 排水沟，墙根上返 300mm 高设有一道施工缝，采用钢板止水带止水，不同区域均呈现不同等级的渗漏，大多为快渗等级，如图 10-108 所示。

图 10-108　底板两侧排水沟渗漏

4）廊道墙板不同区域分布有不同形态的贯通性裂缝，大多呈快渗等级，渗漏处附着有大量锈迹及构造内离析出来的钙质沉积物，如 10-109 所示。

5）廊道墙板、拱顶遍体呈洇湿状态，表面附着大量水珠，局部区域有弥漫性渗漏，大部分为冷凝结露现象。

图 10-109　廊道墙板裂缝渗漏

10.17.2　治理方案

遵循《水工混凝土施工规范》SL 677、《地下工程渗漏治理技术规程》JGJ/T 212、《地下防水工程质量验收规范》GB 50208 与《建筑工程裂缝防治技术规程》JGJ/T 317 等相关标准的要求，采用刚柔相济、多道设防、防排结合、综合治理的措施，以结构补强加固为主，以修复抗水压渗透、修复柔性止水带为辅，结合负压背覆技术，采用多种材料与多种工艺组合成治理体系，对本工程进行全方位治理，以达到标本兼治、长防久固的目标。

1）治理变形缝渗漏。将渗漏最严重的构造渗漏量控制，针对变形缝构造劣化较严重的工况，首选中埋式橡胶止水带壁后迎水面缝口灌注水下抗分散无机水泥注浆和化学压密注浆止水，将渗漏的大水控制为小水，将无序水约束成有序水，将渗漏源阻隔于变形缝构造以外，随后采用挤密法结合外贴可卸式 W 形钢带止水带压合止水措施，对变形缝进行系统根治。

2）针对施工缝渗漏，采用精准定位化学注浆补强加固措施，结合扩创补强加固法，对该构造进行内部深层补强加固止水，外部嵌填背覆加固阻水，实现多道设防、刚柔相济的设防目标。

3）针对贯通性裂缝渗漏，采用二序孔深层布设化学注浆孔，结合扩创补强加固法，对该构造进行内部深层补强加固止水，外部嵌填背覆加固挡水，实现多道设防、刚柔相济的设防目标。

4）针对结构表层弥漫性渗漏及隐性裂缝，在基层处理到位的前提下，采用潮湿型薄涂快固环氧树脂界面剂对基面进行强化处理，同时封闭水汽通道及吐碱通道，随后采用潮湿型快固微弹环氧树脂涂料，在结构背水面满涂 2~3 遍，以达到负压抗渗、防水、防潮的目标。

10.17.3 施工技术

1. 变形缝治渗工法

1）沿变形缝两侧避开中埋橡胶止水带，采用 $\phi16$ 钻花斜向变形缝迎水面钻孔，钻透混凝土构造直至缝口，安装挤入式快捷无机注浆管及排水卸压管，同步作为引浆排气管。如图 10-110 所示。

图 10-110 在止水带两侧斜向钻孔安装注浆管

2）开启轻便式无机水泥注浆机，确认运行正常后，制备水下抗分散无机水泥注浆料，接驳快接头与注浆管，打开节流阀排水卸压，由低速缓慢转入中速低压徐灌水下抗分散水泥注浆料，压力控制在 0.2～0.4MPa 之间。根据引浆排气孔溢浆情况，采用叠浆法适时调整注浆料黏度、注浆压力、间隙注浆时间、注浆总量，经填充和压密，将渗漏水的大水控制为小水、将无序水约束成有序水，如图 10-111 所示。

图 10-111 灌注水中抗分散浆料

3）开启轻便式双液化学注浆机，确认运行正常后，按厂家配料说明书及现场环境温度制备高固含丙烯酸盐注浆料，接驳注浆牛油头，采用点枪法低压徐灌配制好的化学注浆料，根据导浆排水铝管溢浆情况，采用间隙注浆法将浆液注入紧贴中埋橡胶止水带的迎水面与无机浆液结石体的夹层内，在变形缝口迎水面再造一道自愈型的耐久防水层，彻底将渗漏源阻隔于构造之外。如图 10-112 所示。

图 10-112　在止水带迎水面灌注丙烯酸盐堵漏液

4）沿变形缝口内壁外延至缝口两侧 200mm 范围内，采用专用打磨杆及金刚石磨片将缝口内壁及两侧基层打磨去除污物及碳化层，刷涂潮湿型快固环氧树脂界面剂，如图 10-113 所示。

图 10-113　在止水带背水面两侧涂刷环氧界面剂

5）采用挤密法在缝内紧贴橡胶止水带背水面逐层压入浸渍饱和聚脲密封胶的聚酯布，捣紧压实作为背衬密封和抗扰动密封，如图 10-114 所示。

图 10-114　在止水带背水面填充聚脲密封胶浸渍的聚酯布

6）再造抗扰动橡胶止水带

配制速凝聚合物砂浆，一边在缝口内放置 $\phi50$ 硬质 PPR 曲柄限位造腔管，一边挤压抹紧速凝聚合物砂浆，趁速凝砂浆成塑性体时，缓慢抽动并向前抽动造腔管，依次在变形缝内施作一道通畅、顺直的注浆空腔，趁塑性砂浆表干前插入引浆排气铝管和止水针头，如图 10-115 所示。

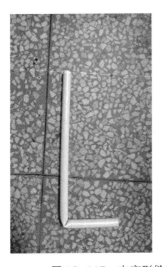
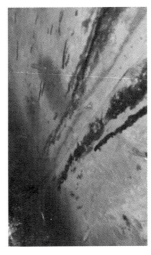

图 10-115　在变形缝内施作一道注浆空腔

确认塑形注浆空腔的聚合物砂浆完全固化后，采用轻便式钨钢泵单液化学注浆机低压徐灌低模量Ⅱ型聚脲注浆液，注浆压力控制小于 0.2MPa，经多次复灌压密后，确保注浆液在注浆空腔内充盈饱满，注浆液固化后，即可在缝口内再造一道抗扰动性能优良的橡胶止水带，如图 10-116 所示。

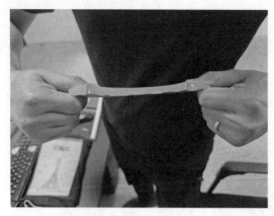

图 10-116　在背水面缝口再造一道抗扰的橡胶止水带

7）可卸式压合外贴 W 形钢板止水带

制作 W 形不锈钢带，在缝口试铺配装合格后，沿缝口两侧刮涂潮湿型非下垂柔性环氧树脂胶泥，随后在 W 形不锈钢压合面满涂不少于 20mm 厚非下垂柔性环氧树脂胶泥，现场制作成可卸式压合外贴止水带。

将现场制作而成的可卸式压合外贴止水带紧贴缝口外壁铺装于缝口，一边挤压排出空气，一边用橡皮锤锤紧压实，确认铺装无翘曲张口现象后，采用炮钉枪（间距 100～150mm）锚固于缝口两侧基面，随后用柔性环氧树脂胶泥将止水带做好封边收头密封。如图 10-117 所示。

图 10-117　在止水带背水面缝口安装可卸式外贴 W 形钢板止水带

2. 施工缝治漏工法

1）沿缝 500mm 宽打磨平整，清洗干净；

2）沿缝两侧斜向交叉低压慢注潮湿型快固微弹环氧树脂注浆液，并复灌 1～2 次密实内部，无任何渗水为止；

3）在背水面缝的表面骑缝涂刮 500mm 宽、2mm 厚的环氧防水涂料，并夹贴一层玻纤网格布增强。

以上做法如图 10-118 所示。

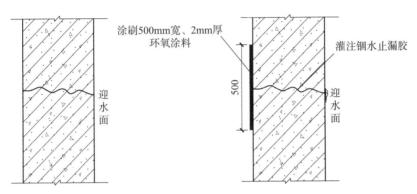

图 10-118　灌注锢水止漏胶密实内部，表面环氧涂料增强

3. 贯通裂缝治漏工法

1）骑缝开 U 形槽，宽 40mm、深 100mm 左右；

2）用压力水将缝槽内的杂物、浮灰和浮尘冲洗干净；

3）沿变形缝两侧斜向布孔与裂缝交叉，埋设止水针头，对 U 形槽充填环氧砂浆，并捣压密实；速凝聚合物胶泥封缝，抹压平整、密实。

4）用灌浆机的注浆嘴顶住 U 形槽，低压（0.2～0.3MPa）慢注潮湿型高渗透环氧注浆液，让浆液渗入缝隙与迎水面缝口；

5）已注浆无渗水后，对 U 形槽三面涂刷环氧界面剂一道；

6）撤除止水针头，并用环氧砂浆封堵注浆孔；

7）背水面缝口嵌填 20mm 厚弹性密封胶（膏）；

8）背水面骑缝刮涂 300mm 宽、2mm 厚的环氧防水涂料，夹贴一层玻纤网格布增强。以上做法如图 10-119 所示。

4. 廊道内壁满面涂抹 2mm 厚环氧防水涂料

采用金刚石磨片将廊道内壁整体打磨，直至基面完全显露出新鲜的原始基层，高压水枪冲洗干净，有明水渗漏处，采用速凝止水胶泥用力抹压止水，确认无明水渗漏后，刷涂或滚涂潮湿型快固环氧树脂界面剂强化和封闭基面，再连续刷涂或滚涂两遍潮湿型快固微弹环氧树脂涂料。在廊道背水面施作一道优良的负压抗渗防潮涂膜，以达到整体抗渗的效果。如图 10-120 所示。

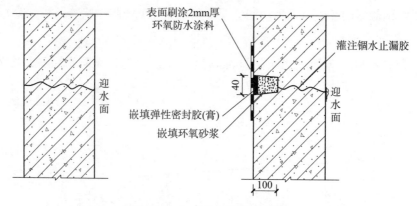

图 10-119　贯通裂缝修填措施

图 10-120　廊道内壁整体涂刷环氧树脂防水涂料 2mm 厚

10.17.4　质量验收

1. 防水商提供材料复验报告单与产品合格证

2. 防水商提供施工记录与细部验收复印件

3. 防水商带验收人员到工地查看施工现场

4. 防水商递交质保函

5. 验收人员座谈评判并逐一签字认可

10.17.5　结语

本工程采用多种先进工艺，优选多种优质材料，结合多种施工技术，组成"组合拳"进行全方位的系统性治理，以点、线、面合成一体的思路根治了渗漏。施工后进入汛水蓄水期，在河道及水库满蓄水情况下进行验收，达到纸巾擦拭无湿痕的检验效果。

附录1　拉丁字母与希腊字母表

（一）拉丁字母表

字母	国际音标	字母	国际音标	字母	国际音标	字母	国际音标
Λ a	［ei］	H h	［eitʃ］	O o	［əu］	V v	［vi:］
B b	［bi:］	I i	［aɪ］	P p	［pi:］	W w	［'dʌblju:］
C c	［si:］	J j	［dʒei］	Q q	［kju:］	X x	［eks］
D d	［di:］	K k	［kei］	R r	［ɑ:］	Y y	［wai］
E e	［i:］	L l	［el］	S s	［es］	Z z	［zed］
F f	［ef］	M m	［em］	T t	［ti:］		
G g	［dʒi:］	N n	［en］	U u	［ju:］		

（二）希腊字母表

希腊字母	汉语拼音读法/汉字注音读法	希腊名称	希腊字母	汉语拼音读法/汉字注音读法	希腊名称
$A\ \alpha$	alfa	Alpha	$N\ \nu$	niu	Nu
$B\ \beta$	bita	Beta	$\Xi\ \zeta$	ksai	Xi
$\Gamma\ \gamma$	gama	Gamma	$O\ o$	omikron	Omicron
$\Delta\ \delta$	dêlta	Deltg	$\Pi\ \pi$	pai	Pi
$E\ \varepsilon$	êpsilon	Epsilon	$P\ \rho$	rou	Rho
$Z\ \zeta$	zita	Zeta	$\Sigma\ \sigma\ (s)$	sigma	Sigma
$H\ \eta$	yita	Eta	$T\ \tau$	tao	Tau
$\Theta\theta\ (\theta)$	sita	Theta	$\Phi\ \varphi\ \phi$	fai	Phi
$I\ \iota$	yota	Iota	$X\ \chi$	hai	Chi
$K\kappa\ (\kappa)$	kapa	Kappa	$\Upsilon\ \upsilon$	yupsilon	Upsilon
$\Lambda\ \lambda$	lamda	Lambda	$\Psi\ \psi$	psai	Psi
$M\ \mu$	miu	Mu	$\Omega\ \omega$	omiga	Omega

注：表中汉语拼音读法和汉字注音读法仅供参考。

附录2　计算防水工程量常用公式

1. 矩形（含正方形、长方形）面积 = 长 × 宽 = $L \times b$

2. 三角形面积 = $\dfrac{底 \times 高}{2}$ = $\dfrac{L \times h}{2}$

3. 梯形面积 = $\dfrac{（上底 + 下底） \times 高}{2}$ = $\dfrac{（L_1 + L_2） \times h}{2}$

4. 圆形面积 = 半径 × 半径 × 3.14 = $R^2 \times \pi$

5. 圆柱侧面积 = 2 × 3.14 × 半径 × 高 = 直径 × 3.14 × 高 = $2 \times \pi \times r \times h$

6. 圆锥侧面积 = 3.14 × 半径 × 高 = $\pi \times r \times h$

7. 圆台侧面积 = 3.14 × （上截面半径 + 下截面半径） × 高 = $\pi \times （r + R） \times h$

8. 椭圆面积 = 3.14 × 长半径 × 短半径 = $\pi \times 长r \times 短r$

9. 平行四边形面积 = 长边长 × 长边高 = 短边长 × 短边高 = $L \times h$

10. 弧形屋面弧线长度计算图例

湖南跳水训练地弧形屋顶渗漏需要维修，在二层平屋面测出弧形屋顶弦长为 35m，矢高 6.8m，屋顶长度为 124m，求弧长 L 与屋顶面积？如附图 1 所示。

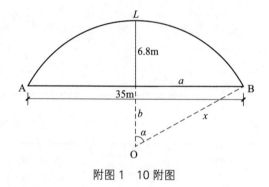

附图 1　10 附图

【解】弧形屋面测得跨度为 35m，矢高 6.8m，长 124m。将矢高延长至 O，连接 BO 并假设长度为 x，则 $x^2 = 17.5^2 + （x-6.8）^2$，$x = 25.92$m。

$$\sin\alpha = \frac{a}{x} = \frac{17.5}{25.92} = 0.675154\cdots\cdots,\ \alpha \approx 42°$$

$L = （2 \times 42°）/360° \times 2\pi \times 25.92 = 37.98（m）$

弧顶面积 = 124m × L = 124m × 37.98m = 4709.52m^2

11. 环形面积 = 大圆面积 − 小圆面积 = $R^2 \times \pi - r^2 \times \pi$

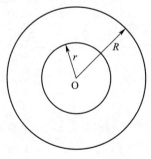

附图 2　11 附图

附录3　防水常用计量单位表

（一）国际单位制计量单位

1. 长度

名称	千米（公里）	百米	十米	米	分米	厘米	毫米	丝米	忽米	微米	纳米
代号	km	hm	dam	m	dm	cm	mm	dmm	cmm	μm	nm
等量	1000米	100米	10米	10分米	10厘米	10毫米	10丝米	10忽米	10微米		十亿分之一米

2. 面积

名称	平方千米（平方公里）	平方米	平方分米	平方厘米	平方毫米
代号	km^2	m^2	dm^2	cm^2	mm^2
等量	1000000平方米	100平方分米	100平方厘米	100平方毫米	

3. 体积

名称	立方米	立方分米	立方厘米	立方毫米
代号	m^3	dm^3	cm^3	mm^3
等量	1000立方分米	1000立方厘米	1000立方毫米	

4. 质量

名称	吨	公担	千克（公斤）	百克	十克	克	分克	厘克	毫克
代号	t	q	kg	hg	dag	g	dg	cg	mg
等量	1000千克	100千克	1000克	100克	10克	10分克	10厘克	10毫克	

5. 密度

名称	密度	名称	密度	名称	密度
汽油	$0.7g/cm^3$	水银	$13.6g/cm^3$	不锈钢	$7.78g/cm^3$
煤油	$0.8g/cm^3$	铝	$2.7g/cm^3$	钢	$7.8g/cm^3$
水	$1g/cm^3$	锌	$7.05g/cm^3$	黄铜	$8.2g/cm^3$
海水	$1.03g/cm^3$	生铁	$7.3g/cm^3$	铅	$11.4g/cm^3$
硫酸	$1.8g/cm^3$	熟铁	$7.7g/cm^3$	混凝土	$2.25g/cm^3$

（二）市制计量单位

1. 长度

名称	里	丈	尺	寸	分	厘	毫
等量	150 丈	10 尺	10 寸	10 分	10 厘	10 毫	

2. 面积

名称	平方里	平方丈	平方尺	平方寸	平方分	平方厘	平方毫
等量	22500 平方丈	100 平方尺	100 平方寸	100 平方分	100 平方厘	100 平方毫	

（三）计量单位比较

1. 长度

1 千米（公里）= 2 里 = 0.621 英里 = 0.540 海里
1 米 = 3 尺 = 3.281 英尺

1 里 = 0.500 千米（公里）= 0.311 英里 = 0.270 海里
1 尺 = 0.333 米 = 1.094 英尺

1 英里 = 1.609 千米（公里）= 3.219 里 = 0.868 海里
1 英尺 = 0.305 米 = 0.914 尺

1 海里 = 1.852 千米（公里）= 3.704 里 = 1.150 英里

2. 面积

1 公顷 = 15 亩 = 2.47 英亩

1 亩 = 6.667 公亩 = 0.164 英亩

1 亩 = 60 平方丈 = 666.7 平方米

1 英亩 = 0.405 公顷 = 6.070 亩

3. 质量（重量）

1 千克（公斤）= 2 斤 = 2.205 磅（英制）

1 斤 = 0.500 千克（公斤）= 1.102 磅

1 磅 = 0.454 千克（公斤）= 0.907 斤

4. 容量

1 升 = 0.220 加仑（英制）	
1 加仑 = 4.546 升	

（四）计算机存储容量单位

1 字节（8 位二进制数）表示一个存储单元；

1KB = 1024 个字节；

1MB = 1024KB。

附录 4　元素周期表

注：原子量录自 1971 年国际原子量表，以 $O^{12}=12$ 为基准。原子量体的准至印正常字体的准至末位数±1，印小号字的准至 3。

周期	族 I A	II A	III B	IV B	V B	VI B	VII B	Ⅷ			I B	II B	III A	IV A	V A	VI A	VII A	O	电子层	电子数
1	H 1 氢 1.00797																	He 2 氦 4.00260	K	2
2	Li 3 锂 6.941	Be 4 铍 9.01218											B 5 硼 10.81	C 6 碳 12.01115	N 7 氮 14.0067	O 8 氧 15.9994	F 9 氟 18.99840	Ne 10 氖 20.179	L K	8 2
3	Na 11 钠 22.98977	Mg 12 镁 24.305											Al 13 铝 26.98154	Si 14 硅 28.080	P 15 磷 30.97376	S 16 硫 32.06	Cl 17 氯 35.453	Ar 18 氩 39.948	M L K	8 8 2
4	K 19 钾 39.098	Ca 20 钙 40.03	Sc 21 钪 44.9559	Ti 22 钛 47.90	V 23 钒 50.9414	Cr 24 铬 51.996	Mn 25 锰 54.9380	Fe 26 铁 55.847	Co 27 钴 58.9332	Ni 28 镍 58.71	Cu 29 铜 63.546	Zn 30 锌 65.38	Ga 31 镓 69.72	Ge 32 锗 72.59	As 33 砷 74.9216	Se 34 硒 78.96	Br 35 溴 79.904	Kr 36 氪 83.80	N M L K	8 18 8 2
5	Rb 37 铷 85.4678	Sr 38 锶 87.62	Y 39 钇 88.9059	Zr 40 锆 91.22	Nb 41 铌 92.9064	Mo 42 钼 95.94	Te 43 锝 98.9062	Ru 44 钌 101.07	Rh 45 铑 102.9055	Pd 46 钯 106.4	Ag 47 银 107.868	Cd 48 镉 112.40	In 49 铟 114.82	Sn 50 锡 118.69	Sb 51 锑 121.75	Te 52 碲 127.60	I 53 碘 126.9045	Xe 54 氙 131.30	O N M L K	8 18 18 8 2
6	Cs 55 铯 132.9054	Ba 56 钡 137.34	57~71 La~Lu 镧系	Hf 72 铪 178.49	Ta 73 钽 180.947g	W 74 钨 183.85	Re 75 铼 186.2	Os 76 锇 190.2	Ir 77 铱 192.22	Pt 78 铂 195.09	Au 79 金 196.9665	Hg 80 汞 200.59	Tl 81 铊 204.37	Pb 82 铅 207.2	Bi 83 铋 208.9804	Po 84 钋	At 85 砹	Rn 86 氡	P O N M L K	8 18 32 18 8 2
7	Fr 87 钫	Ra 88 镭 226.0254	89~103 Ac~Lw 锕系	104	105															

元素符号 → K 19 ← 原子序数　钾 ← 元素名称　39.098 ← 原子量

57~71 镧系元素	La 57 镧 138.9055	Ce 58 铈 140.12	Pr 59 镨 140.9077	Nd 60 钕 144.24	Pm 61 钷	Sm 62 钐 150.4	Eu 63 铕 151.96	Gd 64 钆 157.26	Tb 65 铽 158.9254	Dy 66 镝 162.50	Ho 67 钬 164.9304	Er 68 铒 167.26	Tm 69 铥 168.9342	Yb 70 镱 173.04	Lu 71 镥 174.97
89~103 锕系元素	Ac 89 锕	Th 90 钍 232.0381	Pa 91 镤 231.0359	U 92 铀 238.029	Np 93 镎 237.0482	Pu 94 钚	Am 95 镅	Cm 96 锔	Bk 97 锫	Of 98 锎	Es 99 锿	Fm 100 镄	Md 101 钔	No 102 锘	Lw 103 铹

附录5　2012—2022年中国建筑防水材料产量

参考文献

[1] 鞠建英. 实用地下工程防水手册［M］. 北京：中国计划出版社，2002.

[2] 刘尚乐. 建筑防水材料试验室手册［M］. 北京：中国建材工业出版社，2006.

[3] 杨泗德. 中国涂料工业100年［M］. 北京：化学工业出版社，2015.

[4] 叶林标，曹征富. 建筑防水工程施工新技术手册［M］. 北京：中国建筑工业出版社，2018.

[5] 叶林昌. 防水工手册［M］. 北京：中国建筑工业出版社，1998.

[6] 中华人民共和国住房和城乡建设部. 地下工程防水技术规范：GB 50108—2008［S］. 北京：中国计划出版社，2008.

[7] 中华人民共和国住房和城乡建设部. 建筑与市政工程防水通用规范：GB 55030—2022［S］. 北京：中国建筑工业出版社，2023.

[8] 中华人民共和国住房和城乡建设部，中华人民共和国国家质量监督检验检疫总局. 建筑防腐蚀工程施工规范：GB 50212—2014［S］. 北京：中国计划出版社，2014.

[9] 黄玉媛，陈立志，刘汉涂，等. 小化工产品配方［M］. 北京：中国纺织出版社，2008.

[10] 沈春林. 建筑防水工程常用材料［M］. 北京：中国建材工业出版社，2019.

[11] 沈春林. 建筑防水工程施工技术［M］. 北京：中国建材工业出版社，2019.

[12] 黄伯瑜，皮心喜. 建筑材料［M］. 北京：中国建材工业出版社，1978.

[13] 曹征富. 建筑防水工程修缮技术培训教材［M］. 北京：中国建筑工业出版社，2023.

[14] 冈田清. 建筑材料学［M］. 张传镁，张绍麟，译. 长沙：湖南科学技术出版社，1982.

[15] 徐艳萍，杜薇薇. 涂料与颜料［M］. 北京：科学技术文献出版社，2001.

[16] 中华人民共和国住房和城乡建设部，中华人民共和国国家质量监督检验检疫总局. 建筑工程施工质量验收统一标准：GB 50300—2013［S］. 北京：中国建筑工业出版社，2013.

[17] 中华人民共和国住房和城乡建设部，中华人民共和国国家质量监督检验检疫总局. 地下防水工程质量验收规范：GB 50208—2011［S］. 北京：中国建筑工业出版社，2011.

[18] 中华人民共和国住房和城乡建设部，中华人民共和国国家质量监督检验检疫总局. 屋面工程质量验收规范：GB 50207—2012［S］. 北京：中国建筑工业出版社，2012.

[19] 薛炜，古伟斌，胡文东. 建筑工程灌浆技术及应用［M］. 北京：中国建筑工业出版社，2022.

[20] 陈宏喜，文忠，唐东生. 建设工程渗漏治理手册［M］. 北京：中国建筑工业出版社，2024.

[21] 许增贤. 房屋建筑工程渗漏防治［M］. 北京：中国建筑工业出版社，2022.

[22] 张道真. 建筑防水构造图集WSA［M］. 北京：中国建筑工业出版社，2024.